JN228701

AIには何ができないか

データジャーナリストが現場で考える

ARTIFICIAL UNINTELLIGENCE Meredith Broussard

How Computers Misunderstand the World

メレディス・ブルサード

北村京子 訳

作品社

AＩには何ができないか＊目次

第Ⅰ部　コンピューターはどうやって動くのか

第1章　ハロー、読者のみなさん　009

第2章　ハロー、ワールド　027

第3章　ハロー、AI　057

第4章　ハロー、データジャーナリズム　073

第Ⅱ部　コンピューターには向かない仕事

第5章　お金のない学校はなぜ標準テストで勝てないのか　089

第6章　人間の問題　117

第7章　機械学習――ディープに学ぶ　151

第8章　車は自分で走らない　211

第9章　「ポピュラー」は「よい」ではない　261

第Ⅲ部　力を合わせて

第10章　スタートアップ・バスにて　285
第11章　「第三の波」AI　307
第12章　加齢するコンピューター　335

謝辞　347
訳者あとがき　349
参考文献　*14*
註　*7*
索引　*1*

AIには何ができないか

――データジャーナリストが現場で考える

家族へ

第Ⅰ部　コンピューターはどうやって動くのか

第1章　ハロー、読者のみなさん

わたしはテクノロジーが大好きだ。このテクノロジー熱は、わたしがごく幼いころからのもので、両親が組み立て玩具（エレクター・セット）を買ってくれたときには、その中に入っている穴の空いた小さな金属片を組み合わせて、(わたしにとっては)巨大なロボットを作り上げた。ロボットは、電池式の小型モーターで動く仕組みになっていた。わたしは想像力豊かな子供だったから、このロボットは完成したら、わたしと同じようにスイスイと家の中を動き回るだろうし、自分には新しいロボットの親友ができるのだと思い込んでいた。ロボットにダンスを教えよう。ロボットは家中どこへでもわたしのうしろをついてきて、(うちのイヌがやらない)「取ってこい」をやってくれるに違いない。

2階の廊下に敷かれた赤いウールのラグの上に何時間も座り込み、あれこれと妄想を膨らませながら、わたしはロボットを組み立てた。エレクター・セットに入っていた子供サイズの小さなレンチを使って、何十個ものボルトとナットを締めた。いちばんワクワクしたのは、あとはモーターの電源を入れるばかりとなった瞬間だった。わたしは母と一緒に、そのためだけに店まで行って、モーターに合った電池を買ってきた。家に着くと大急ぎで2階に上がり、裸線をギアにつないでロボットのスイッチを入れた。このときのわたしはまるで、キティホークに立ったオーヴィルとウィルバーのライト兄弟のような気持ちでいた。新しく作った機械を空へ飛ばそう、きっと世界が変わるぞ。そんな気分だ。

しかし何も起こらない。

わたしは設計図をチェックした。スイッチを何度かカチカチと切ったり入れたりした。電池の向きを変えてみた。やはり何も起こらない。わたしのロボットは動かなかった。わたしは母を呼びに行った。

「2階に来てよ。ロボットが動かないの」。しょんぼりとしてわたしは言った。

「スイッチを切ってから、また入れてみた?」と母は聞いた。

「やってみた」

「バッテリーをひっくり返してみた?」

「みたよ」。少しイライラしてきた。

「じゃあ見てみようか」。わたしは母の手を握り、2階へ引っ張っていった。母はロボットをちょっと触り、説明書を見ながらワイヤーをいじくり、スイッチを何度か切ったり入れたりした。「動かないね」。やがて母はそう言った。

「なんでだめなの」とわたしは聞いた。ただモーターが壊れているとだけ言って済ませることもできただろうが、母はきちんとした説明というものを大事にする人だった。母はわたしにモーターが壊れていると告げ、それからグローバル・サプライ・チェーンと組立ラインについても説明して、ほら、工場がどんな仕組みになっているか知っているでしょう、『セサミストリート』の、巨大な産業機械から箱入りのクレヨンができてくる回のビデオをよく見ていたじゃない、と言った。「ものを作るときには、うまくいかないこともあるんだよ。このモーターを作るときに、何かがうまくいかなくて、それがあなたのキットに入れられてしまったわけ。だから、今からちゃんと動くやつを手に入れようね」。説明書に印刷されているエレクターの問い合わせ番号に電話をすると、おもちゃ会社の親切な人たちが、新しいモーターを郵送してくれた。そのモーターは1週間ほどで届き、それをつなぐと、わたしのロボットは動いた。ただしその瞬間は、まったく盛り上がりに欠けていた。たしかに動きはしたのだが、なんとも物足りなかった。堅木の床の上であれば、ロボットはゆっくりと移動することができたが、ラグの上では立ち往生した。どうやらこれは、わたしの新しい親友にはなってくれそうにない。数日後、わたしはロボットを解体して、キットに入っている次の課題である観覧車に取りかかった。

このロボット制作によって、わたしはいくつかのことを学んだ。工具を使ってテクノロジーを構築する方法、そしてものづくりは楽しいということだ。わたしは、自分にはパワフルな想像力があることを発見したが、現実のテクノロジーはその想像におよばなかった。わたしはまた、部品は壊れるということも学んだ。

数年後にコンピューター・プログラムを書き始めたとき、ロボット制作から学んだこうした教訓がコンピューター・コードの世界にも生かせることを、わたしは知った。とてつもなく複雑なコンピューター・プログラムを思い描いたとしても、コンピューターが*実際に*できることは、たいていの場合期待外れだった。コンピューター内部のどこか1カ所にミスがあるせいで、プログラムがうまく動かないという状況に陥ることもしばしばだった。それでもわたしはこの世界を離れようとは思わなかったし、テクノロジーを構築したり、使ったりすることは、今も好きでたまらない。ソーシャル・メディアのアカウントなら数え切れないほどの数を持っている。ある料理プロジェクトのために、保温調理鍋（クロックポット）のプログラムに侵入し、11キロ分のチョコレートをテンパリングするデバイスを作ったこともある。自動的に庭に水撒（ま）きをするコンピューター・システムなどというものも構築した。

しかしながら、このところわたしは、テクノロジーが世界を救うという言説に首を傾（かし）げたい気持ちになっている。大人として生活し始めたころからずっと、耳に入ってくるのは、世界をよりよくするためにテクノロジーにはこんなことができるという希望に満ちた話ばかりだ。わたしがハーヴァード大学でコンピューターサイエンスを学び始めたのは、1991年9月のことで、それは欧州原子核研究機構が運営する素粒子物理学研究施設「CERN（セルン）」にいたティム・バーナーズ＝リーが、世界初のウェブサイトをローンチした数カ月後にあたっていた。わたしが2年生のとき、ルームメイトがNeXTcube（ネクスト・キューブ）を購入した。バーナーズ＝リーがCERNでウェブサーバーとして使っていたものと同じ、黒くて四角いコンピューターだ。これは実に楽しかった。ルームメイトは寮の続き部屋で高速接続を利用できるようにし、わたしたちは彼の5000ドルのコンピューターを使ってEメールをチェックした。もうひとりのルームメイトは、しばらく前にゲイであることをカムアウトしたものの、年齢的にボストンのゲイバー界隈に出没するには若すぎたことから、このコンピューターを、オンラインの掲示板をうろついて男の子と出会うために使っていた。わたしたちはいとも簡単に、自分たちはいつの日か、あらゆることをネット上で済ませるようになるだろうと思い込んだ。

わたしと同世代の若き理想主義者たちにとってはまた、自分たちがネット上に作り上げている世界は、既存の世界よりも優秀かつ公正であると信じるのも容易いことだった。1960年代、わたしたちの親世代は、ドロップアウトしたり、コミューンで暮らしたりすることでよりよい世界を作れると考えていた。その親たちが結局はまっとうな生き方をするようになったことも、コミューンは解決策とはほど遠いものだったことも、わたしたちは知っていた——それでもわたしたちの目の前には、このまったく新しい「サイバースペース」という未知の世界があり、それは自分たちの手でこれから作りあげていくものだった。

こうした過去との類似は、たんに比喩的なものではない。新たに生まれつつあった当時のインターネット・カルチャーは、1960年代の新コミュナリズム運動に強い影響を受けていた。これについては、フレッド・ターナーが、デジタル・ユートピア的理想論の歴史を紐解いた著書『カウンターカルチャーからサイバーカルチャーへ——スチュアート・ブランド、ホール・アース・ネットワーク、デジタル・ユートピア的理想主義の隆盛（*From Counterculture to Cyberculture: Stewart Brand, the Whole Earth Network, and the Rise of Digital Utopianism*）』の中で書いている。[★1] 雑誌『ホール・アース・カタログ』を創刊したスチュアート・ブランドは、『タイム』誌の1995年の特別号「サイバースペースへようこそ」に「すべてはヒッピーのおかげ」というエッセイを寄稿し、カウンターカルチャーとパーソナル・コンピューター革命との関係を説明してみせた。[★2] 初期のインターネットは、まさに流行の最先端だった。

3年生になるころには、わたしはウェブページを作ったり、ウェブサーバーを立ち上げたり、6種類のプログラミング言語でコードを書いたりすることができるようになっていた。当時数学、コンピューターサイエンス、エンジニアリングを専攻していた学部生としては、これはまったく普通のことだった。ただし女性としては、普通ではなかった。わたしは６人いたコンピューターサイエンス専攻の女性学部生のうちのひとりだったが、大学には学部生・大学院生あわせて２万人の学生がいた。コンピューターサイエンスをとっている女性のうち、わたしが知り合いだったのは２人だけだ。ほかの３人については、噂だけの存在のように感じていた。わたしは孤独で、科学・技術・工学・数学（ＳＴＥＭ）のキャリアから女性をドロップアウトさせる典型的な要因のすべてを、身をもって実感していた。このシステム内部のどんなところが、わたしやほかの女性たちにとっての不具合となっているのかはわかっていたが、それをどうにかするだけの力はわたしにはなかった。そしてわたしは専攻を変えた。

大学卒業後、わたしはコンピューターサイエンティストとして職を得た。わたしの仕事は、たとえて言うなら機関銃を持った１００万匹のミツバチが一度に襲ってくるようなシミュレーターを作ることだった。その目的は、あるソフトウェアをミツバチに襲撃させて、実装された際、そのソフトウェアが落ちないかどうかをテストするためというものだった。いい仕事ではあったが、不満はあった。ここでもまたわたしは、自分の周囲に、わたしと同じような見た目だったり、わたしと同じような話し方をしたり、わたしが興味を持つようなことに興味を持っている人はだれもいないと感じていた。わたしはこの仕事を辞め、ジャーナリストになった。

数年先まで話を進めよう。わたしはデータジャーナリストとして、コンピューターサイエンスの世界に戻ってきた。「データジャーナリズム」とは、数字の中にストーリーを見出し、数字を使ってストーリーを語る仕事だ。データジャーナリストとして、わたしは調査報道活動のためにコードを書く。わたしは大学の教授でもある。この仕事はわたしに向いている。ジェンダー・バランスも悪くない。

ジャーナリストはものごとを疑ってかかれと教えられる。わたしたちの間では、よくこんな言葉が交わされる。「母親に愛していると言われたら、それが本当かどうかよく調べろ」。もう何年も前から、世間では多くの人が、「テクノロジーの発達した明るい未来」というお決まりのセリフを繰り返し口にしているが、わたしの目に見えているのは、「現実」世界の不平等がデジタル世界にそのまま複製されるさまだ。たとえば、技術系労働力における女性やマイノリティーの割合が大幅に増加したことは、これまで一度もない。インターネットは新たな公共領域となったが、友人や同僚たちからは、かつて経験したことがないほど激しいハラスメントをネット上で受けているという話を聞く。出会い系のサイトやアプリを利用した女性の友人たちのところには、レイプしてやるという脅しやわいせつな画像が送られてくる。荒らしやボットのせいで、ツイッターは不快な騒音を撒き散らしている。

テック文化の明るい未来というものに、わたしは疑問を感じ始めた。人々がテクノロジーについて語る内容と、実際にデジタル・テクノロジーができることにズレがあるという事象が、目に付くようになった。コンピューターを使ってわたしたちが行なうことは、突き詰めればすべてが数学であり、それを使って人間ができる（すべき）ことには根本的な限界がある。わたしたちはおそらく、その限界にたどり着いたのだろう。アメリカ人は、ありとあらゆる作業――雇用、運転、支払い、デート相手の選択――にテクノロジーを用いることに熱心になるあまり、今では自分たちの新しいテクノロジーに対して「善きもの」であれと望むのをやめるところまできてしまった。

だれもが、コンピューター技術を人生のあらゆる側面に利用しようとやっきになり、結果として、おそまつな設計のテクノロジーが山ほど生み出された。そうしたできの悪いテクノロジーは、日々の生活を楽にするどころか、その妨げとなっている。新しい友人の電話番号や最新のメールアドレスを探すといったシンプルな作業には、今では長い時間がかかる。ここでの問題点は、多くのケースと同様、テクノロジーばかりが過剰に投入され、人手が少なすぎることだ。わたしたちは記録の管理を、コンピューターを利用したシステムに任せる一方で、情報を最新に保ってくれる人間を全員、お役御免にしてしまった。あらゆる機関の住所氏名録に掲載されているあらゆる連絡先が正確かどうかを一つひとつ確かめてくれる人がいないせいで、だれかと連絡を取ることは、かつてないほど困難になっている。ジャーナリストとして仕事をしていると、知り合いでない人たちに連絡を取らなければならないという事態がよく発生する。だれかにコンタクトをとることは今や、以前よりも厄介で、コストの高い作業になってしまった。

こんな言い回しがある。「ハンマーだけしか手元にないときには、あらゆるものが釘に見える」。コンピューターはわたしたちにとってのハンマーだ。このあたりでそろそろ、デジタル的な未来に向かってがむしゃらに突き進むのをやめて、いつ、どんな理由でテクノロジーを使うべきかについて、より思慮深く、賢明な決定を下すべきだろう。

そこでこの本だ。

本書は、テクノロジーにできることの限界を理解するためのガイドブックだ。人間の業績と人間の本質とが交わる最先端（ブリーディング・エッジ）を、みなさんに理解してもらうことをテーマとしている。そのエッジとはいわば崖のようなもので、それを越えた先には危険が待ち受けている。

世界はすばらしいテクノロジーに溢れている。インターネット検索、音声コマンドを認識するデバイス、さらには『ジェパディ！』〔米の人気クイズ番組〕や囲碁などのゲームにおいて、それに秀でた人間と渡り合えるコンピューターもある。そうした業績に喝采を送る際、重要なのは、興奮のあまり、クールなテクノロジーを手に入れたのだから、これであらゆる問題が解決できるなどと思い込まないことだ。わたしが授業で大学生に教えている基本事項のひとつに、「限界は存在する」というものがある。数学や科学について人間にわかっていることに本質的な限界があるのと同じように、テクノロジーを用いてできることにも本質的な限界がある。わたしたちがテクノロジーを何に使うべきかということにも、同じく限界がある。常に電子計算機技法（コンピュテーション）というレンズを通して世界を見たり、大きな社会問題をテクノロジーだけを使って解決しようとしたりするとき、人は得てして同じような間違いを起こすものであり、それが進歩の阻害や不平等の強化につながる。この本は、テクノロジーができることの限界はどこにあるかを、どう理解すればよいかについて書かれている。そうした限界を理解することは、わたしたちがよりよい選択をし、また世界をすべての人にとって真の意味でよりよくしていくうえで、テクノロジーを使ってできることや、わたしたちがなすべきことについて、社会全体で対話する際の助けとなる。

　わたしがこうした社会正義についての話をしようと考えたのは、ジャーナリストとしての立場からだ。わたしはデータジャーナリズムの中でもとくに、「コンピュテーショナル・ジャーナリズム」、あるいは「アルゴリズムの説明責任報道（アカウンタビリティ）」と呼ばれるものを専門としている。「アルゴリズム」とは、結果を引き出すための計算手順のことで、レシピがある特定の料理を作るための手順であることとよく似ている。アルゴリズムの説明責任報道においては、近年、人間に代わって意思決定を任されることが増えているアルゴリズムの調査をするために、記者が自らコードを書くこともある。あるいは、おそまつな設計のテクノロジーや、誤った解釈をされているデータを検証し、それらについて警鐘を鳴らすことも、わたしの仕事だ。

本書において警鐘を鳴らしたいことのひとつに、わたしが「技術至上主義（テクノショーヴィニズム）」と呼んでいる、ある誤った信条がある。技術至上主義とは、テクノロジーが常にソリューションであるという信念を指す。デジタル・テクノロジーは、科学者や官僚にとっては１９５０年代から、一般の人々にとっても80年代以降は、あたりまえのように生活の中に存在してきたが、巧みなマーケティング・キャンペーンによって、今でも多くの人たちが、テクノロジーは何か新しいものであり、大きな変革をもたらす可能性を秘めていると思い込まされている（テクノロジー革命はすでに起こったこと、そしてテクノロジーは今ではありふれたもの、というのが現実だ）。

技術至上主義の信奉者は同時に、以下に列挙するような、類似の信仰を持っていることが多い。アイン・ランド（客観主義を提唱した米の作家。自由放任な資本主義を擁護）的な能力主義社会。テクノ自由至上主義者（リバタリアン）的な政治的価値観。ネット上のハラスメントが問題であることさえ否定するレベルの言論の自由（フリー・スピーチ）への称賛。コンピューターは疑問や答えを数学的評価に落とし込むことができるため、人間よりも〝客観的〟あるいは〝偏見を持っていない〟という考え方。世界でより多くのコンピューターが使われ、これが適切に用いられるようになれば、社会問題はなくなり、人間はデジタルに支えられたユートピアを作ることができるという揺るぎない信仰などなど。これらは真実ではない。人間の本質に関わる重要な問題からわたしたちを解き放ってくれる技術革新は、これまで一度も起こったことはないし、この先起こることもない。それではなぜ人間は、明るいテクノロジーの未来がすぐそこまで来ているという思い込みを捨てようとしないのだろうか。

わたしが技術至上主義について考え始めるきっかけとなったのは、データサイエンティストとして働いているある20代の友人との会話だ。その中でわたしは、フィラデルフィアの学校には充分な数の教科書がないというようなことを口にした。

「なんでラップトップかiPadを使って、電子教科書を買わないの」と友人は言った。「テクノロジーは、なんでも速く、安く、よりよくしてくれるのに」

彼はわたしからたっぷりと説教を聞かされることになった（本書では後に、あなたも同じ話を聞かされることになる）。それでも彼の言葉は、なかなかわたしの頭を離れなかった。その友人は、テクノロジーが常に解決策だと考えていた。わたしは、テクノロジーはそれがタスクに対して適切なツールであった場合にだけ用いることが妥当だと考えていた。

過去20年の間に、どういうわけか、コンピューターは正しく、人間は間違いを犯すという考え方が広く受け入れられるようになってきた。「人間よりも客観的なのだから、コンピューターの方が優秀だ」という意見が聞こえ始めた。コンピューターは生活のあらゆる側面に浸透しており、機械の内部で何かが不具合を起こしたとき、わたしたちは自分に非があると思い込む一方、平均的なコンピューター・プログラムを形作っている数千行のコードのどこかで間違いが起こったのだとは考えない。ソフトウェア開発者ならだれもが知っている通り、実際には、問題はたいていの場合、マシン内部のどこかで起こっている。それは、いい加減に設計あるいはテストされたコードのせいかもしれないし、安いハードウェアのせいかもしれないし、現実のユーザーがシステムをどう使うかについて重大な誤解があったせいかもしれない。

もしあなたが、先ほど登場したわたしのデータサイエンティストの友人に似たタイプであれば、おそらくは疑り深い性格だろう。あなたは携帯電話が大好きかもしれないし、あるいはこれまで生きてきた中でずっと、コンピューターは未来をもたらすものだと聞かされ続けてきたかもしれない。よくわかる。わたしも同じことを聞かされてきた。あなたにお願いしたいのは、わたしがテクノロジーを構築した人々についてのストーリーを語る間、その話にじっと耳を傾けてほしいということ。そしてそれらのストーリーを、現在あるテクノロジーや、それを作った人々について批評的に考察するために役立ててほしいということだ。この本は技術マニュアルや教科書ではない。これはさまざまなストーリーを、ある目的を持って集めた本だ。コンピューター・プログラミングの世界での冒険物語も、いくつか選んで掲載している。どれもわたし自身が、テクノロジーと現代のテック文化について根本的なことを理解するために、身をもって体験したものだ。これらすべてのプロジェクトは、まるで鎖のように互いにつながり合いながら、技術至上主義への反対論を構築している。その途上で、わたしは一部のコンピューター・テクノロジーの仕組みについて解説し、またテクノロジーが仕えている人間たちのシステムを紐解いていく。

第1章〜第4章では、コンピューターはどのように機能するのか、コンピューター・プログラムがどのように構築されているのかについて、基本的なことをいくつかカバーする。もしあなたがハードウェアとソフトウェアとが互いにどのような関係にあるのかを完璧に理解しているか、あるいはコードの書き方をすでに知っているということであれば、コンピュテーションに関する第1章から第3章は簡単に読み飛ばして、すぐにデータをテーマとする第4章に取り掛かってくれて構わない。これら冒頭の章が重要である理由は、人工知能（AI）というものは例外なく、コード、データ、二進法、電気インパルスといった共通した基礎の上に構築されているためだ。AIの中で、どれが現実にあるもので、どれが想像上のものかを理解することはとても大切だ。TVドラマの『パーソン・オブ・インタレスト』や『スタートレック』

に出てくるような人工超知能は、想像上のものだ。もちろん、そうしたものを思い描くのは楽しいことであり、その存在は、ロボットによる統治の可能性など、さまざまな発想を生み出す創造性を育ててくれる――ただしそれは現実ではない。本書は、実際の人工知能という学問における、真の数学的・認知的・計算論的な概念に忠実に従っていく。それはたとえば、知識の表現と推論、論理、機械学習、自然言語処理、検索、計画、機械的構造、倫理といったものだ。

計算論をめぐるひとつ目の冒険（第5章）では、教育改革に20年という月日が費やされてきたにもかかわらず、学校はなぜいまだに生徒たちを標準テスト（米国の大学入学審査に用いられる試験。SATとも呼ばれる）に合格させることができないのかを探っていく。その原因は生徒にあるのでも、教師にあるのでもない。これはそれよりもはるかに大きな問題だ――もっとも重要な州・地方試験を作成している少数の企業は、同時に回答の大半が書かれた教科書も出版している。にもかかわらず、所得の低い学区にはそうした教科書を購入する余裕がないのだ。

この厄介な状況にわたしが気づいたのは、各校の教科書の所有状況についての報告書を作成するために、人工知能ソフトウェアを構築したことがきっかけだった。アソシエイテッド・プレス（AP通信）社が、ある程度決まったテンプレが存在するビジネスやスポーツ関連の記事を作製するのにロボットを使用していることから、近年では「ロボット記者」が大きくクローズアップされるようになった。わたしが作ったソフトウェアは、ロボットの内部に組み込むタイプのものではなかったし（そうしても構わなかったのだが、その必要がなかった）、わたしの代わりに記事も書いてはくれなかった（先に同じ）。わたしが実際に書いたAIプログラムは、古典的な人工知能をまったく新しいやり方で活用したものであり、興味深い実態を探り出すうえで大いに役立ってくれた。コンピューターを用いたこの調査においてとくに驚かされた発見は、現在のようなハイテクな世界においてさえ、いちばんシンプルなソリューション――具体的には子供の手元にある教科書――が、非常に有効であったということだ。これに気づいたときには、すでに安価かつ効果的な解決策が目の前にあるというのに、わたしたちはなぜ、テクノロジーを教室に導入するためにあれほどの大金を費やしているのかと悩ましい気持ちになった。

続いての章（第6章）では、コンピューターの歴史をざっと振り返る。とくに焦点をあてるのはマーヴィン・ミンスキー――一般に人工知能の父として知られる――と、本書が執筆された2017年の時点で存在したインターネットにまつわる信仰が生み出される過程において、1960年代のカウンターカルチャーが果たした重大な役割だ。この章でわたしは、特定の個人の夢や目標が、科学的な知識、文化、ビジネス話法、さらには今日のテクノロジーの法的枠組みを、意図的な選択を通してどのように形成してきたかを明らかにしていく。たとえば、ネット上に国ごとの領域が存在しないのは、インターネットを作った人々の多くが、自分たちには政府を超越した新しい世界を作ることができると信じていたからだ。これは、かつて人々がコミューンの中に新しい世界を作ろうとした（そして失敗した）構図とよく似ている。

テクノロジーについて考えるときには、もうひとつの重要な文化の試金石、つまりハリウッドを、頭の片隅に置いておくことを忘れてはならない。人々が、テクノロジーを使って作りたいと夢見るものの大半は、映画、TV番組、本からの影響を受けている（子供時代のわたしが作ったロボットも例外ではない）。わたしたちコンピューターサイエンティストが「人工知能」に言及する際には、汎用型AIと特化型AIとを明確に区別している。「汎用型AI」とは、ハリウッド版のAIのことだ。これはロボット執事の頭脳となる類のＡＩであり、場合によっては感覚を持ったり、政府を乗っ取ったりすることになっているし、『ターミネーター』のアーノルド・シュワルツェネッガーが現実となったかのような、さまざまな恐ろしい存在を生み出す可能性を秘めている。たいていのコンピューターサイエンティストは、そうしたＳＦ小説や映画の基礎知識はひと通り持っており、汎用型ＡＩが持つ仮説的可能性についておしゃべりをするのが嫌いではない。

　コンピューターサイエンティストの業界内では、汎用型ＡＩについては、すでに１９９０年代に見切りが付けられている。[★3] 今では汎用型ＡＩは、「古き良き人工知能（ＧＯＦＡＩ、Good Old-Fashioned Artificial Intelligence）」と呼ばれている。「特化型ＡＩ」は、現実に存在するものを指す。特化型ＡＩは純粋に数学的なＡＩだ。ＧＯＦＡＩほど派手ではないが、驚くほどうまく機能するし、これを使えばいろいろとおもしろいことができる。問題は、言葉の使われ方のせいで多分に誤解が生じていることだ。広く普及しているＡＩの一形態である機械学習（マシンラーニング）は、ＧＯＦＡＩではない。機械学習は特化型ＡＩだ。この名称は混乱を招く。わたしでさえ、「機械学習」という言葉からは、コンピューターの中に感覚を持つ存在がいるという印象を受ける。

　重要な違いをまとめる。汎用型ＡＩとは、人々が望み、求め、想像するもの（ただしＳＦ全盛期に活躍した邪悪なロボット君主を望む人はいないだろうが）で、特化型ＡＩとは今ここに存在するものだ。つまりこれは、夢と現実との違いだ。

　次の第7章では、機械学習の定義について述べ、タイタニックの衝突事故においてどの乗客が助かったかを予想することを通して、機械学習の「やり方」を説明する。この定義は、四つ目のプロジェクト（第

8章）を理解するために必要となる。第8章では、わたしが自動運転の車に乗り、なぜ自動運転のスクールバスが衝突事故を起こす運命にあるのかを説明する。わたしが自動運転車に初めて乗ったのは2007年のことだが、そのときはボーイング社の駐車場で、コンピューター制御の「ドライバー」によってあやうく殺されそうになった。テクノロジーはそれから大いに進化したものの、自動運転はまだ根本的に人間の頭脳と同じようには機能しない。サイボーグが活躍する未来は、そうすぐにはやってこない。ここではテクノロジーが人間に取って代わるという空想について考察し、テクノロジーが、人間が望むほどには有能ではないことを認めるのが、なぜそれほど難しいのかを探っていく。

第9章は、なぜ「ポピュラーである」ことが「よい」ことと同じでないのか、またこの混同──機械学習技術によって、「ポピュラー」と「よい」との混同は、この世界に永続的な影響をおよぼし続けている──が、どのように危険を生み出すのかを探るための足がかりとなる章だ。第10章および第11章でもまた、プログラムをめぐる冒険を紹介する。ここではわたしが、全国を横断するバスの中で行なわれるハッカソン〔参加チームが短期間でプログラミングを行ない、その成果を競い合うイベント〕（これは〝ポピュラー〟だが、〝よい〟ものではない）に参加して、ピザの数を数える会社を立ち上げたり、2016年の米大統領選（これは〝よい〟ものだが、〝ポピュラー〟ではない）の際に、選挙運動資金システムに関するAIソフトウェアを作ったりした話を披露する。どちらのケースにおいても、わたしはきちんと機能するソフトウェアを構築する。ただしそれは同時に、こちらの期待通りの結果をもたらさない。これらの冒険の幕切れは、有益な教訓を含んでいる。

本書においてわたしが目指すのは、テクノロジーに関わる人々をエンパワーすることだ。コンピューターの仕組みを理解することを通じて、人々がソフトウェアに怖気（おじけ）づかずに済むようになってくれたらと願っている。だれもが一度は、そうした立場にいたことがあるはずだ。だれもが一度は、簡単なはずのシンプルなタスクが、技術的なインターフェースのせいですんなりとこなせずに困惑し、いらだった経験があるだろう。デジタル・ネイティブと呼ばれて育ってきたわたしの学生たちでさえ、デジタル・ワールドについては、ややこしい、威圧的、設計がおそまつだと感じる場面は少なくない。

　複雑な社会問題への答えを出すうえで、コンピューターのみに頼るということは、「人工無能（アーティフィシャル・アンインテリジェンス）」に頼るということだ。誤解のないように言っておくが、人工的に無能なのはコンピューターであって、人間ではない。コンピューターは、それ自体が何をしようが、あなたが何をしようが、まったく気にしない。コンピューターはコマンドをその能力で可能な限りこなしたら、あとはじっと次のコマンドを待つ。そこには感覚はなく、魂もない。

　人間は常に知的だ。しかし賢明で善良な人たちも、技術至上主義者のようにふるまうことがある。たとえばそれは、コンピューターによる意思決定の欠陥を理解していない場合や、コンピューターに不向きなことであろうとお構いなしに、ありとあらゆることにこれを用いようとするくらい、コンピューターの活用という概念に過剰に固執している場合などだ。

　もっとすぐれたやり方があると、わたしは思っている。コンピューターがどのように動くのかを理解して初めて、わたしたちはテクノロジーにより高い品質を求めることができる。本当の意味で、ものごとをより安く、より速く、よりよくしてくれるシステムを求めることができるようになるのだ。そうなれば、進歩を約束しながらも、実際にはものごとを不必要に複雑にするシステムに甘んじなくともよくなるだろう。わたしたちは、テクノロジーがその下流にもたらす効果についてよりよい決断を下すことを学び、ひいては複雑な社会システムの内部に想定外の被害が生じるのを防ぐことができる。そしてわたしたちは、必要がないときにはテクノロジーに対して自信を持って「ノー」と言うことができるようになり、それによってよりよい、よりコネクトされた日々を送り、テクノロジーがこの世界をさらに魅力的にするために実現できる、またすでに実現している、さまざまな恩恵を享受することができるだろう。

第2章　ハロー、ワールド

コンピューターに何ができ、何ができないかを理解するには、コンピューターが得意なこと、そしてコンピューターがどのように動くのかを理解するところから始める必要がある。そのためにまずは、シンプルなコンピューター・プログラムを書いてみたい。何か新しい言語を学ぶたび、プログラマーはいつもあることをいちばん最初に行なう。それは「Hello, world（ハロー、ワールド）」プログラムを書くことだ。だれかがプログラミングを学ぼうとするとき、そこが短期集中プログラムであれ、スタンフォード大学であれ、地域のコミュニティー・カレッジであれ、オンラインであれ、その人はきっと「Hello, world」を書いてみようと勧められるはずだ。「Hello, world」の起源は、ブライアン・W・カーニハンとデニス・M・リッチーが1978年に出版した伝説的な書籍『プログラミング言語C（*The C Programming Language*）』において最初に登場するプログラムにある。この本を読む人たちは、（Cプログラム言語を使って）「Hello, world」と印字するプログラムの作り方を学ぶ。カーニハンとリッチーはベル研究所で働いていた。現代のコンピューターサイエンスにとって、ベル研究所というシンクタンクは、いわばチョコレートにとってのハーシー社のような存在だ（ちなみにAT&Tベル研究所は、わたしを数年間雇ってくれるくらい寛容なところだ）。同研究所からは非常に数多くのイノベーションが誕生しており、たとえばレーザー、電子レンジ、Unix（ユニックス。リッチーはC言語のほか、Unixの開発も手がけた）などもここから生まれた。C言語という名称は、ベル研究所の職員が「B」と呼ばれる言語を作ったあとに開発されたことに由来する。今も広く使われているC++（シープラスプラス）と、そのいとこにあたるC#（シーシャープ）は、どちらもC言語の子孫だ。

わたしは伝統を重んじるたちなので、この本でも「Hello, world」から始めることにする。まずは紙を1枚と筆記具を用意して、その紙に「Hello, world!」と書いてほしい。

すばらしい！　これは簡単だったはずだ。

ただしこの作業の背後には、もう少し込み入った仕組みが働いている。あなたは意志を定め、その意志を実行するために必要な道具を集め、一方の手に文字を形成するようメッセージを送り、もう一方の手あるいは体のその他の部位を使って、文字を書く間、紙を押さえて、この場における物理的過程を進行させた。あなたは自らの体に対し、特定の目標を達成するための一連の段取りに従うよう指示を出した。

さて、今度はコンピューターに、これと同じことをさせなければならない。

文書処理プログラム――Microsoft Word、Notes、Pages、OpenOfficeなど――を開き、新規文書を作成する。その文書に「Hello, world!」と打ち込む。気が向いたら、これを印刷しても構わない。

またもや成功だ！　あなたは先ほどとは別のツールを用いて、意志や物理的過程といった、先ほどと同じタスクをこなした。悪くない。

図 2.1 ユーティリティー・フォルダのターミナル・プログラム

次は、少し毛色の異なる方法を用いて、コンピューターに「Hello, world!」と印字させることにチャレンジしたい。コンピューターの画面上に「Hello, world!」と印字するプログラムを書くのだ。Python（パイソン）というプログラミング言語を使うが、これはMacであればあらかじめインストールされている（Mac以外を使う場合は、プロセスがやや異なる。やり方はネットで確認してほしい）。Macのアプリケーション・フォルダを開き、その中にあるユーティリティー・フォルダを開く。ユーティリティーの中には、「ターミナル（Terminal）」というプログラムがある（図2・1参照）。それを開く。

おめでとう！ たった今、あなたのコンピューター・スキルはレベルアップした。いよいよメタルが近づいてきた。

「メタル」とはコンピューターのハードウェアのことで、チップ、トランジスター、ワイヤーなど、コンピューターの物理的な実体を構成するものを指す。ターミナル・プログラムを開くと、洗練された設計のグラフィカル・ユーザー・インターフェース（GUI）〔本書47ページ〕を通してウィンドウが開き、ここからメタルにさらに接近することができる。このターミナルを使って、コンピューター画面上に「Hello, world!」と印字するプログラムをPythonで書いていこう。

　ターミナルにはチカチカと点滅するカーソルがある。その位置がいわゆる「コマンド・ライン」だ。コンピューターは、まさに文字通り、少しの曖昧さも許容せずに、あなたがコマンド・ラインにタイプしたものすべてを解釈する。一般に、Return / Enterキーを押したときに、コンピューターはあなたが直前に打ち込んだものすべてを実行しようとする。では、以下の文字列を打ち込んでみよう。

```
python
```

　すると、こんな感じのものが表示されるはずだ。

```
Python 3.5.0 (default, Sep 22 2015, 12:32:59)
[GCC 4.2.1 Compatible Apple LLVM 7.0.0 (clang-700.0.72)] on darwin
Type "help," "copyright," "credits" or "license" for more information.
>>>
```

三つ並んだ大なり記号（>>>）は、あなたが今、通常のコマンド・ライン・インタープリター（インタープリターとは、人間がプログラミング言語で書いたソースコードを、コンピューターで実行できる形式に変換・実行する仲介プログラム）ではなく、Python インタープリターの中にいることを告げている。通常のコマンド・ラインは、「シェル言語」と呼ばれるプログラミング言語を使う。一方、Python インタープリターは、Python プログラミング言語を使う。話し言葉に多様な方言があるように、プログラミング言語にも多くの方言がある。

次に以下の文字列をタイプし、Return / Enter を押そう。

```
print("Hello, world!")
```

おめでとう！　あなたはたった今、コンピューター・プログラムを書き上げた。どんな気分だろうか。

これでわたしたちは、同じことを三つの方法で実行したことになる。そのうちのどれかが、ほかの方法よりも快適だったかもしれない。どれかひとつが、ほかよりも速くて簡単だったかもしれない。どれが簡単で、どれが速く感じたかという判断は、あなた個人の体験によって変わってくるだろう。ただしこれだけは言える。どれかひとつが、ほかのものよりもすぐれているわけではない。何かものごとを行なう際にテクノロジーを使った方がいいという意見は、Python で「Hello, world!」と書く方が、紙に手書きするよりもいいと言っているようなものだ。一方がもう一方よりも本質的にすぐれた価値を持っているということはありえない。大切なのは、個人がそれをどのように体験し、また現実世界における重要度がどうなっているかということだ。「Hello, world!」の場合、どの方法で書こうとも重大な差異はない。

大半のプログラムは「Hello, world!」よりも複雑だが、単純なプログラムを理解すれば、より複雑なプログラムへと理解を広げていくことができる。科学計算から最新のソーシャル・ネットワークまで、すべてのプログラムは人間によって作られている。その人たち全員が、ひとりの例外もなく、「Hello, world!」を作るところからプログラミングを始めている。洗練されたプログラムを構築する際、彼らはまずシンプルな建材（たとえば「Hello, world!」のような）から始めて、徐々に要素を追加しながら、より複雑なプログラムを作っていく。コンピューター・プログラムは魔法ではない。人間によって作られるものだ。

たとえば、わたしが「Hello, world!」と10回印字するプログラムを書くとする。この場合、同じラインを何度も繰り返すという手もある。

```
print("Hello, world!")
print("Hello, world!")
```

いや、これはかんべんしてほしい。2回目でもう飽き飽きだ。Ctrl＋Pを押して、あと8回これをペーストするとしても、キーを叩く回数があまりに多すぎる（コンピューター・プログラマーらしい思考をするには、面倒くさがりになるのがおすすめだ）。多くのプログラマーは、タイピングは退屈でつまらないことだと考えているため、その回数をできるだけ減らそうとする。同じラインを繰り返し打ち込んだり、コピー＆ペーストをしたりするよりも、わたしならその命令を10回繰り返せとコンピューターに指示するループを書く。

```
x=1
while x<=10:
    print("Hello, world! \n")
    x+=1
```

この方がずっと楽しい。こうしておけば、コンピューターがわたしの代わりに仕事をぜんぶこなしてくれる。ではここで何が起こっているのか、くわしく見てみることにしよう。

わたしはxの値に1を設定し、停止条件である`x>10`に到達するまで動き続ける「WHILE」ループを作った。最初にこのループを通る際には、xの値は1だ。プログラムは「Hello, world!」に続けて、キャリッジ・リターンを印字する。キャリッジ・リターンとは行末文字のことで、`\n`（バックスラッシュnと読む）で表される。バックスラッシュはPythonにおいては特別な文字だ。Pythonインタープリターは、この特別な文字を読んだとき、そのすぐあとに来る文字によって何か特別なことをしなければならないことが「わかる」ようにプログラムされている。今回のケースでは、わたしはコンピューターにキャリッジ・リターンを印字しろと命じている。何もできないハードウェア相手にゼロから始めて、毎度代わり映えのしない基本的な機能、たとえばテキストを読んでそれをバイナリー（0と1の二進値）に変換する、あるいは特定のタスクを、こちらが指定したプログラミング言語の文法に沿って遂行するといったことをプログラムするのはめんどうだ。これでは作業はちっともはかどらない。だからこそ、すべてのコンピューターにはもともといくつかの機能が内蔵されており、さらに機能を追加することもできるようになっている。わたしは便宜上「わかる」という言葉を使っているが、知覚力を持つ存在が「わかる」のと同じようにコンピューターが「わかる」ことはないことを覚えておいてほしい。コンピューターの内部に意識はない。そこにあるのは、黙々と、いっせいに、美しく動いている機能の集合体だけだ。

次の行 x+=1 で、わたしは x の値を1増やしている。この仕様はとくにエレガントだと、わたしは思う。以前のプログラミングでは、変数を増やして次のループを実行する場合、毎回 x=x+1 と書く必要があった。Python を作った人たちは、そんなかったるいことはごめんだと思い、ショートカットを作った。x+=1 と書くことは、x=x+1 と同じだ。このショートカットはC言語から取られたものだ。C言語では、x++ あるいは ++x と表記することで変数の値を加算することができる。ほぼすべてのプログラミング言語にはこれと似たようなショートカットが用意されているが、それは値を1増やすという作業を、プログラマーが何度も、何度も、何度も行なうためだ。

1増やすと x=2 となり、コンピューターはループの末端に到達する。「while」ステートメントの下の行が字下げ（インデント）してあるのは、それらの行がループの一部であることを示している。ループの最後まで来たら、コンピューターはループ――「while」ライン――の先頭に戻り、再び条件の評価を行なう。x<=10？（x は10と等しいか、それよりも小さいだろうか？）答えはイエスだ。そこで、コンピューターはもう一度命令を実行し、「Hello, world!\n」と印字する。画面にはこんな文字が表れるはずだ。

```
Hello, world!
```

そしてxの値はまた1増加する。今度はx=3だ。コンピューターは繰り返しループの頭まで戻っていき、やがてx=11となる。x=11になると、停止条件が成立してループは終了する。わかりやすいよう言葉を使って書けば、こんな風になるだろう。

```
IF: x<=10
THEN: DO_THE_INSTRUCTIONS_INSIDE_THE_LOOP
ELSE: PROCEED_TO_THE_NEXT_STEP.
```

〔もしxが10と等しいかそれ以下だったなら
そうである場合：ループ内の命令を実行せよ
そうでない場合：次のステップへ進め〕

一つひとつのルーチン（あるいはサブルーチン）は小さなステップだ。小さなステップをたくさん集めれば、とても大きなことができる。コンピューター・プログラマーをやっていると、タスクをよく調べ、それを小さなパーツに分割し、その小さなパーツそれぞれを適切に処理するようコンピューターをプログラミングすることがとてもうまくなる。その後、パーツをひとつにまとめて、それらが互いに協力して機能するようちょっとした調整を加えたら、もう立派に機能するコンピューター・プログラムの完成だ。現代のプログラムはモジュール方式、つまり、ひとりのプログラマーがひとつ目のモジュールを作り、別のプログラマーがふたつ目のモジュールを作って、そのふたつをうまく組み合わせれば両方のモジュールが連携して機能するという形式になっている。

さて、プログラムがひとつ書けたところで、今度はデータの話をしよう。データとは、プログラムへの入力内容あるいは出力内容であるとも言える。わたしたちは実にさまざまなやり方で、この世界に関するデータ、つまり多様な情報を集めたもの、あるいは情報のユニットを作り出している。米国立気象局は、毎日、数千カ所におよぶアメリカの町の最低・最高気温に関するデータを集める。歩数計は、あなたの1日の歩数を数え、1日、1週間、1年ごとの歩数のパターンを提示してくれる。わたしが知っている幼稚園の先生は、毎週月曜日、教室にいるクラスメート全員の服に付いているポケットの数を合わせると、全部でいくつになるかを、園児たちに数えさせている。データは、特定の帽子を購入した人の数を教えてくれる。データは、絶滅の危機にある野生のシロサイが何頭残っているかを教えてくれる。データは、極地の氷床がどのくらいの速さで融解しているかを教えてくれる。データはすばらしい。データを見ることで、人は物事を深く洞察することができる。データは、世界について学び、現時点の理解を超えた概念に取り組むためのきっかけをくれる（ただし、この本を読むのに充分な年齢であるみなさんは、いまさらほかの人のポケットの数を確かめる必要はないだろうが）。

データが生成される方法はさまざまだが、今挙げたどの例にも共通することがひとつある。それは、あらゆるデータは人によって作られるということだ。そこに例外はない。究極まで突き詰めれば、すべてのデータは、人が何かを数えているものだということになる。あまり深く考えずに、データは全能の神の頭の中ですっかりできあがってから世界に飛び込んでくるものだと思っている人もいるかもしれない。人は、そこにデータがあるのだから、そのデータは本当に違いないと思い込む傾向にある。本書が提示するひとつ目の原則はこれだ。「データは社会的に構築される」。データが人以外の何かによって作られるという考えは、どうかここで捨て去ってほしい。

「だったら、コンピューター・データはどうなの」。ポケットのデータを集めている賢い幼稚園児なら、そう聞いてくるかもしれない。いい質問だ。コンピューターが生成したデータは、結局のところは社会的に構築されたものだと言える。なぜならコンピューターを作るのは人間だからだ。数学は、完全に人間によって作られた記号のシステムだ。コンピューターはコンピュート（計算）するマシンであり、大量の数学的な計算を実行する。コンピューターは何かしら絶対普遍の、もしくは自然の原則に従って作られているのではない。コンピューターは、特定の組織的なコンテクストの中で働く人たちが、何らかの意図のもとに、何百もの小さな設計上の決定を下した結果として生み出されたマシンだ。データと、データを生成・処理するコンピューターを理解するうえでは、データを作るコンピューターを人間が作ることを可能にしている、社会的および技術的コンテクストの理解が不可欠となる。

コンピューターから出てくるものを理解するには、コンピューターの中に何が入れられているかを理解するのも役立つだろう。コンピューターには特定の物理的な実体がある。大半のコンピューターは硬いケースに守られており、その中には大量の回路基板をはじめ、さまざまなものが入っている。この「さまざまなもの」について、もう少し具体的に書いてみよう。重要な部分は、電源、画面との接続部、トランジスター、内蔵メモリー、書き込み可能メモリーなどだ。これらはすべて「ハードウェア」というカテゴリーに属する。ハードウェアは物理的なもので、ソフトウェアはハードウェアの上で走るものすべてを指す。

わたしがコンピューターの物理的実体について最初に学んだのは、１９９０年代、高校でのことだ。わたしは、ロッキード・マーティン社が出資する、子供向けの特別なエンジニアリング・プログラムを履修していた。わたしが住んでいたニュージャージー州の小さな町には、ロッキードの工場があった。その建物は戦艦のような形状で、周囲には使われていない農地が何キロも続いていた。当時の噂では、その工場では核兵器が作られており、琥珀色の実りの波の下にはミサイル・サイロがあって、ソ連からの攻撃があれば、それがせり上がって核ミサイルを発射するのだと言われていた。時は冷戦時代が終わる直前で、核による大災害後の世界を描いた恐ろしいＴＶ映画『ザ・デイ・アフター』をだれもが見ていたので、米軍のミサイルがどこにあるとか、ソビエトのミサイルはどこに着弾するとか、そうなったらどうしたらいいかといったことが、しょっちゅう話題にのぼっていた。月に何度か、わたしはスクールバスに乗ってロッキードの工場へ行き、地域の他校からくる数人の生徒たちと一緒に、エンジニアリングについて学習した。

コンピューターは脳のようなものだと言う人もいる。これは誤りだ。もし脳から一部分を取り出したなら、脳はその埋め合わせとして、経路を別の場所へつなぎ直すだろう。アリゾナ州選出の連邦下院議員ガブリエル・ギフォーズが外傷性脳損傷を負った、２０１１年の事件を思い出してほしい。ギフォーズが、スーパーマーケット「セーフウェイ」の駐車場で有権者を集めた会合を開いていたとき、銃を持ったジャレッド・リー・ロフナーがひとりで現れ、至近距離から彼女の頭部を撃った。ロフナーはさらに駐車場内でやみくもな発砲を続け、６人を殺害して18人に怪我を負わせた。ロフナーは以前から、ギフォーズをストーキングしていた。

ギフォーズ議員事務所のインターンであるダニエル・ヘルナンデスJr.は、弾丸が駐車場を飛び交う中、議員を直立の状態に支えて、傷に圧迫を加えた。じきに周囲の人々がロフナーを捕え、警察と救急が到着した。ギフォーズは危篤状態だった。医師たちは緊急の脳外科手術を行ない、脳の治癒をうながすために彼女を医学的に昏睡状態に誘導した。襲撃から4日後、ギフォーズは目を開けた。話すことはできず、目もほとんど見えなかった——それでも、彼女は生きていた。

ギフォーズは回復への長い道のりに果敢に挑んだ。集中的な治療により、話し方を学び直した。同様の外傷性脳損傷を負った多くの人と同様、ギフォーズの声は襲撃前とは大きく変わった。彼女の新しい話し方はゆっくりで、大変な労力のもとに発話しているのがわかった。話をすると、彼女はくたくたになった。ギフォーズの脳は、失われたかつての経路の代わりに、新しい経路を作り上げた。これは脳が持つ驚くべき能力のひとつだ。脳は、きわめて特異な条件下において、きわめて特異な方法で、自らを修復することができる。

コンピューターにはこれはできない。もしその内部から何かをひとつ取り出したなら、コンピューターはそれだけで動かなくなる。コンピューター・メモリーの中に収納されているものは、すべて物理アドレスを持っている。本書の原稿の下書きは、わたしのコンピューターのハードドライブ上の特定の場所にしまわれている。もしその場所が消去されたら、わたしは手塩にかけた原稿をすべて失うだろう。そうなったら大変だ。わたしはしばらくの間落ち込み、締め切りを破ってしまうかもしれない。それでも、おおよその内容はまだわたしの頭の中に残っているだろうし、もし必要ならもう一度テキストを打つことはできる。脳はハードドライブよりも柔軟で融通がきく。

これは、わたしがロッキード社で学んだ有益なことのひとつだ。あの場で学んだことはほかにもあり、たとえばそれは、テック企業には、社員たちがコンピューターを最新の機種に乗り換えたり、退社したりするせいで、いつでも少しだけ古くなったスペア・パーツがそこらへんに転がっている、というものだった。プログラムに参加した10代の学生たち全員には、Apple IIコンピューター用のケース、回路基板、メモリーチップ、鮮やかな色のリボンケーブルのほか、(もしかしたら核兵器を作っている)工場のあちこちのオフィスから拾い集められたこまごまとしたパーツが配られた。わたしたちはそうした部品を組み上げ、そして講師は、それぞれのパーツが何をしているのかを教えてくれた。ケースは汚れていて、キーボードは少しべとついていて、集積回路はどれも煤(すす)けていたが、気にする者はいなかった。わたしたちは自分だけのコンピューターを作っているのであり、それは実に楽しかった。コンピューターが組み上がったら、BASIC(ベーシック)と呼ばれるシンプルなプログラミング言語を使って、それをプログラムすることを学んだ。学期の最後には、そのコンピューターを家に持ち帰ることができた。

わたしがこの話をするのは、コンピューターのことを、人間が手で構築することができる、そして実際に人間によって作られている物体として認識することが重要だからだ。わたしが教えているジャーナリスト向けのプログラミング授業に参加する学生の中には、テクノロジーに対して恐怖心を抱いている者も少なくない。彼らは、自分がコンピューターを壊したり、何か破滅的な失敗を犯したりすることを恐れている。「コンピューターを壊すための唯一の方法は、ハンマーを持ってくることです」とわたしは言う。ほとんどの学生は、最初はその言葉を信じないが、学期が終わるころには自信をつけている。もし何かを壊したとしても、修理するか、その原因を突き止めることはできると考えられるようになるのだ。この自信

図 2.2　デスクトップ・コンピューターの内部

が、テクノロジー・リテラシーにおいては重要な鍵となる。

読者のみなさんはわたしの教室にいるわけではないので、ここでコンピューターを手渡すというわけにはいかないが、可能であればぜひとも古いマシンを一台、分解してみてほしい。家のどこかに転がっているものがあるかもしれないし、リサイクルショップに行けば、中古品が手頃な値段で売られているだろう。職場で聞いて回るという手もある。システム管理者やウェブ担当者は、古い機械をそのへんに飾っていたり、リサイクルにまわすつもりで放っておいたりしているものだ。今回のような目的には、デスクトップ・コンピューターの方が扱いやすい。

では、コンピューターを分解していこう。もしラップトップを分解するなら、小さめのドライバーが必要になる。デスクトップ・コンピューターの内部は、おそらく図2・2のような見た目をしているはずだ。

各パーツと、それらがどんな風に組み合わさっているかを見てみよう。入力端子（USBポート、ビデオ・ポート、スピーカー・ポートなど）から出ているワイヤーをたどり、それがどこにつながっているかを確認する。回路基板にぴたりと接着されているように見える長方形の出っ張りを触ってみよう。マイクロプロセッサー・チップはどこだろう。おそらくは「Intel」と書いてあるその部品が、分解作業全体の鍵となる。チップは重要な部品だ。コンピューター・ハードウェアをモニターにつないでいるプラグを見つけよう。そこにはきっと、とても頑丈かつ柔軟な、プラスチックのような素材の帯がつながっているだろう。この帯によってグラフィックに関する情報が画面に届けられると、画面はプログラムで指定されているグラフィックを表示する。

Python のプログラムを書いたとき、あなたはキーボードに文字を打ち込んだ。その情報はキーボードからコンピューター本体に運ばれ、そこで一文字一文字、機械言語へと翻訳された。そしてコンピューターは、命令を本体からまた別の場所――モニター――へと送り出し、「Hello, world!」と印字せよと伝える。このサイクルが、単純なものであれ複雑なものであれ、命令があるたびに繰り返される。

コンピューターの分解は、子供と一緒にやるのにもってこいの作業だ。わたしも以前、小学生だった息子と一緒に、ラップトップをバラバラにしたことがある。そのときはいくつかリサイクルに出したいラップトップがあり、まずはハードドライブを引っ張り出してそれをハンマーで叩いてから、リサイクル業者のところへ持っていこうとしていた（それまでの経験から、ハードドライブはデータを消去するよりも叩き壊した方が楽だし、スッキリ感が得られると知っていたのだ）。コンピューターからハードドライブを取り出すのを手伝いたいかとわたしが尋ねると、息子は答えた。「冗談でしょ。全部バラバラにさせてよ」。そこでわたしたちは、それからの数時間、キッチン・カウンターの上で2台のラップトップを分解しながら愉快に過ごした。

大学で受け持っている授業では、まずは学生たちと一緒にハードウェアをいじくりまわして遊んでから、ソフトウェアの話へと進み、「Hello, world」もここで登場する。ソフトウェアとは、ハードウェア上で走るものすべてを指す。ソフトウェアがあるからこそ、わたしたちはキーボード上で命令を書き、その命令をマシンに実行させることができる。ソフトウェアがあるからこそ、「Hello, world」プログラムを走らせることができる。あなたには見えないところで、あなたが書いているテキストは、マシンが実行可能な命令へと翻訳されている。ハードウェアは物理的なものであり、ソフトウェアはそれ以外のすべてだ。「コンピューター・プログラミング」と「ソフトウェアを書くこと」は通常、同じ行為を指す。

わたしは嘘は言わない。プログラミングは数学だ。もしだれかがあなたにプログラミングは数学ではないとか、プログラミングは数学なしに学ぶことができると言ってきたなら、その人はきっとあなたに何かを売りつけようとしているに違いない。

ただし、初歩のプログラミングに必要な数学は、小学校4年生か5年生くらいで習う程度のものだ。足し算、引き算、掛け算、割り算、分数、割合、余りなどについては、理解しておく必要がある。面積、周、半径、円周といった基本的な幾何学も必要だ。x軸、y軸、z軸などの基本的なグラフ用語も知っておきたい。最後にもうひとつ、関数の基礎も必要になる——2を22に変えるには、数学的な関数を実行するからだ。

数学が大の苦手という人は、このあたりで本を閉じたくなっているかもしれない。でもどうか心配しないでほしい。世間には、だれもがプログラミングを学ぶべきだという言説が溢れているが、わたしはそうは思わない。もし数学が本当に苦手なら、コードを書くという作業はその人にとって辛いものになるだろう。とはいえ、レストランでチップを計算することができて、自宅の居間に必要なラグの大きさの目安を付けるなどの日常生活に必要な作業がこなせるのであれば、問題はない。

初歩的なプログラミングから、さらに中級のプログラミングに進むには、線形代数と、ある程度の幾何学、微積分学が必要となる。しかしたいていの人は、初歩的なプログラミング技術のみで問題なく仕事をこなしている。プログラミングは芸術であると同時に、技能でもある。技能としてのプログラミングについては、だれかしら師匠について学べば、そこそこの生活費を稼ぐことができる。芸術としてのプログラミングとなると、熟練の技能に加えて高度な数学の訓練が必要となる。この本を読んでくださっているみなさんは、基本的に技能の方に興味をお持ちだろうと想定している。

専門的な言葉を使って、ソフトウェアとハードウェアがどのように連携して働くのかについて説明することはできる。しかしここではとりあえず、比喩を使ってみようと思う。コンピューターの階層を理解することは、ターキー入りのクラブ・サンドイッチを構成している層を理解することと似ている（図2・3）。

ターキーのサンドイッチは日常的によく見かけるものだ。サンドイッチの中にはさまざまなものがはさまっているが、そのすべてが協力して力を発揮し合い、おいしいサンドイッチを作り上げている。人が特定の効果を得ることを目的として、特定の順序でターキー・クラブ・サンドを作るように、コンピューターも特定の順序で稼働する。

ターキー・サンドの調理は、ベース層であるパンからスタートする。これはコンピューターでいえばハードウェアにあたる。ハードウェアは何も〝知らない〟——ハードウェアが知っているのは、0と1の二進法（バイナリー）データの扱いだけだ。「扱い」というのはこの場合、「計算する」ことを指す。くれぐれも忘れないでほしいのは、コンピューターにできることはすべて、究極まで突き詰めれば数学であるということだ。

ハードウェアの上には、言葉をバイナリー（0か1）に翻訳してくれる層がある。これを「機械語層」と呼ぶことにする。クラブ・サンドでいえば、パンの次に来るターキーの層にあたる。機械語層は記号をバイナリーに翻訳し、コンピューターが計算を実行できるようにする。この記号とは、われわれ人間が互いに意味を伝え合うために使う文字や数字を指す。機械語層とは、記号がバイナリーに置き換えられるよう構築されているシステムだ。あなたが機械語を〝話す〟ために使用するこうした特殊な言語は、「アセンブリー言語」と呼ばれる。アセンブリー言語の記号はここで、機械コードに置き換えられる。

図 2.3　ターキーのクラブ・サンドイッチ

アセンブリー言語は難しい。以下に、「Hello, world」と10回書くためのアセンブリー言語プログラムのサンプルを挙げておく。これはStack Overflow（スタック・オーバーフロー）という開発者向けサイトへの投稿をコピーしたものだ。

```
org
    xor ax, ax
    mov ds, ax
    mov si, msg
boot_loop:lodsb
    or al, al
```

```
    jz go_flag
    mov ah, 0x0E
    int 0x10
    jmp boot_loop
go_flag:
    jmp go_flag
msg db 'hello world', 13, 10, 0
        times 510-($-$$) db 0
    db 0x55
    db 0xAA
```

アセンブリー言語は、読むのも書くのも容易ではない。この言語を書くために何日も費やしたいと思う人はほとんどいない。人間がもっと手軽に命令を伝達できるようにするために、機械語層の上にはあるものが置かれている。これを「オペレーティング・システム」と呼ぶ。わたしのMacの場合、オペレーティング・システムはLinuxで、この名称は開発者のリーナス・トーバルズに由来する。Linuxは「Hello, world」で有名なデニス・リッチーが開発したUnixをベースとしている。オペレーティング・システムについては、たとえその名称を聞いたことがなくとも、あなたもよく知っているはずだ。１９８０年代のパーソナル・コンピューター革命は、ある意味、機械語層の上で走り、人間であるユーザーとのやりとり

をそれまでよりも格段に容易にしたオペレーティング・システムの勝利であった。

オペレーティング・システムがあればその時点で、それは(簡素ではあるが)ばっちり使えるコンピューターとなる。Linuxを使うだけで、ありとあらゆる種類の刺激的で興味深いプログラムを走らせることができるのだ。しかしながら、Linuxは根本的にテキストベースで、直感的に動かすことができない――そのためMacには、もうひとつ別のOSXというオペレーティング・システムが入っており、これがユーザーが目にするMacのインターフェースとなる。これはグラフィカル・ユーザー・インターフェース(GUI)と呼ばれる。GUIはスティーヴ・ジョブズが生み出したすばらしいイノベーションのひとつだ。ジョブズはテキストベースのインターフェースを使用するのは容易ではないことに着目し、テキストの上に絵(アイコン)をのせて、さまざまな絵をマウスを使って操るという方法を広く普及させた。デスクトップGUIとマウスを組み合わせるというジョブズの発想は、もとはゼロックス・パロアルト研究所(PARC)のアラン・ケイのチームから得たものだ。PARCは、1973年にGUIとマウスを用いたコンピューターを発表している。世間はいつも、技術革新を特定の個人の功績にしたがる傾向にあるが、現代のコンピューター関連のイノベーションの中で、たったひとりの発明家によって創り上げられた例はほとんどない。よく調べてみれば、論理上の先駆者や、数カ月~数年前に同じアイデアを追求していた研究チームが、例外なく存在するものだ。ジョブズは有料のゼロックスPARCの見学ツアーに参加して、GUIのアイデアを目にし、その特許を取った。ゼロックスPARCのマウスとGUIを使ったコンピューターは、それよりも前に開発されたoN-Line System(NLS)から派生した技術だ。NLSは、1968年の計算機械学会の会合において、ダグラス・エンゲルバートが発表したシステムであり、このときの実演（デモ）は「すべてのデモの母」として知られている。こうした込み入った歴史については、第6章でくわしく取り上げる。

　次に登場する層は、また別のソフトウェアの層であり、具体的にはオペレーティング・システムの上で走るプログラムがこれにあたる。ウェブブラウザー（Safari、Firefox、Chrome、Internet Explorerなど）は、ウェブページを閲覧できるようにしてくれるプログラムだ。Microsoft Wordは文書処理プログラムで、Minecraft（マインクラフト）などのデスクトップ・ゲームもまたプログラムだ。こうしたプログラムはどれも、各種オペレーティング・システムが提供する特定の基本機能を利用して動くよう設計されている。Windowsのプログラムをそのままmacで走らせることができないのはこのためだ（ただしまた別のソフトウェア――エミュレーター――の助けを借りれば、これも可能になる）。こうしたプログラムは、とても簡単に使えるとユーザーが感じられるように設計されているが、その実、非常に精密なものだ。

　もうちょっと複雑な例で考えてみよう。あなたはジャーナリストで、毎週ネコについてのオンライン・コラムを書いているとする。あなたは記事を書くためにソフトウェア・プログラムを使用する。大半のジャーナリストは、Microsoft WordやGoogleドキュメントといった文書処理プログラムで原稿を書く。どちらのプログラムも、ローカルあるいはクラウド上で走らせることができる。「ローカルで」というのはつまり、そのプログラムをあなたのコンピューターのハードウェアの上で走らせるということであり、「クラウド上で」というのは、プログラムをほかのだれかのコンピューターの上で走らせるということだ。雲（クラウド）というのは美しい比喩ではあるが、実際のところ「雲」とはたんに、「おそらくは隣接する三つの州のどこかにある大型倉庫の中に、ほかの大量のコンピューターと一緒に並んでいる別のコンピューター」を意味する。あなたが作るコンテンツは、あなたの想像力によって生み出された唯一無二のものだ。あなたは優美かつ簡潔な筆致で、心をこめて、ロボット掃除機のルンバに乗っているネコか何かについてのコラムを書き上げる。一方、コンピューターにとっては、記事はどれも同じであり、たんにハードドライブのどこかに収納されている0と1の集合体にすぎない。

記事が書き上がったら、それをコンテンツ管理システム（ＣＭＳ）に入れれば、まずは担当編集者、そして最終的には読者のもとにあなたの文章が届くことになる。ＣＭＳは現代の報道機関にとって必須のソフトウェアだ。報道機関は一日も欠かすことなく、何百本という記事を扱う。記事の一本一本は、一日のうちの異なる時刻に仕上げられる。記事の一本一本は、ありとあらゆる時刻に、ありとあらゆる編集（あるいは混乱）段階にある。記事の一本一本は、印刷する、あるいはウェブに上げるために異なる見出しをつけられる。記事の一本一本は、各ソーシャル・メディアのプラットフォームに適応させるためにさまざまに要約される。記事の一本一本には、関連の画像、動画、データ可視化（ヴィジュアライゼーション）、コードが付随する。記事の一本一本は、賛辞や支払いや管理を必要とするひとりの人間によって執筆されている。そしてこれらすべてが24時間、３６５日間続く。その規模は膨大だ。どんな形容詞をもってしても、これを存分に言い表すことはできない。こうした類の仕事をソフトウェアなしで管理しようというのは馬鹿げている。ＣＭＳは、報道機関が印刷物やウェブコンテンツとして発行する記事や画像のすべてを管理するためのツールなのだ。

また、ＣＭＳを使えば、各記事に対して統一されたデザインのテンプレートを適用し、どの記事もほぼ似たような見栄えに仕上げることが可能になる。これはブランディングのために有効であるだけなく、実用的でもある。もし一本一本の記事を、独自のデザインでデジタル表示しなければならないとしたら、それがどんな内容であれ、発行までに果てしない時間がかかってしまう。一方、ＣＭＳなら、あなたのような記者がそこに入力する生(なま)のテキストの上に、標準化されたデザイン・テンプレートをあてはめてくれる。

想像してみてほしい。自分の記事にデザイン・テンプレートのどの部分を取り入れて装飾するかを決めるのに、どれだけの手間がかかるだろう。リードは付けるか。ハイパーリンクを使うか。発言を引用した人たちのソーシャル・メディアへの投稿を記事に埋め込むか。これらこまごまとした決断のすべてが、読み手が受ける印象に影響を与える。

そして最後に、記事を世界に配信しなければならない。ＣＭＳから記事を取り出し、読み手のもとに届けるのは、また別のソフトウェアであるウェブサーバーだ。読み手は、ChromeやSafariといったウェブブラウザーを通して記事にアクセスする。このウェブブラウザーは「クライアント」と呼ばれる。ウェブサーバーは（ＣＭＳがＨＴＭＬページに変換した）記事を、クライアントに提供する。このクライアント／サーバー方式、つまりはクライアントとサーバーの間で無限に続く情報の送受信こそが、ウェブが動く仕組みだ。「クライアント」と「サーバー」という言葉は、レストランに由来する。クライアント／サーバー方式を理解するには、レストランにいる給仕(サーバー)を思い浮かべるといい。給仕は、店に来た顧客(クライアント)に食事を提供する。

これこそが、あなたがウェブで何かにアクセスをするたびに（ほぼ）毎回行なわれている基本的なプロセスだ。このプロセスには多くの段階があり、その分だけ、途中で何かがうまくいかなくなる余地もたくさんある。実際のところ、間違いがもっと頻繁に起こっていないことが不思議なくらいだ。

コンピューターを使うたびに、あなたはこの複雑に重なり合ったひと揃いの層を使っていることになる。そこには魔法などなく、ただ驚くような結果が得られるせいで、不思議に思えてしまうだけだ。技術の実際の姿を理解することは重要であり、なぜならそれを理解していれば、コンピューター化が進んだ環境の中で、どこで、なぜ、どのように間違いが起こるかを予測できるようになるからだ。コンピューターが自分に向かって話しかけているように感じたり、コンピューターと意思の疎通ができている気がしたりしたとしても、あなたが実際にやっていることは、思考、感情、偏見、背景を持つ人間によって書かれたプログラムとのやりとりだ。

プログラムと人間とのやりとりが、ごく自然に成り立つ場合も少なくない。１９６６年に発表された、テキストで対話をするボットEliza（イライザ）とのやりとりは実に楽しい。Elizaは質問に対して、ロジャーズ派の精神療法士が用いる手法で応答する。現在もまだツイッター上には、Elizaがその先鞭をつけたパターンを用いてユーザーに返答をするボットが存在する。インターネットで少し検索すれば、Elizaのコードの実例が山ほど出てくる。[★1] Elizaが発する決まりきった返答は、ユーザーによるインプットに基づいている。返答としてはたとえば、以下のようなものがある。

わたしには～ができると思いませんか。
おそらくあなたは～ができるようになりたいのでしょう。
あなたはわたしに～ができるといいと思っているのですね。
おそらくあなたは～がしたくないのでしょう。

そうした感情についてもっと話してください。
どのような答えがあなたをいちばん喜ばせますか。
あなたはどう思いますか。
あなたが本当に知りたいことは何ですか。
なぜあなたは~ができないのですか。
わからないのですか。

試しにElizaボットをひとつ作ってみるといい。そうすれば、こうした定型表現の限界にすぐに気づくだろう。あなたには、どんな状況にも対応できる返答をひと揃い、用意することができるだろうか。それはとうてい無理な話だ。大半の状況に対応できる返答を考えつくことはできるかもしれないが、すべてというのは難しい。コンピューターが人間に対する返答として言えることには、常に限界がある。なぜなら人間のコンピューター・プログラマーの想像力には、常に限界があるからだ。クラウドソーシングを利用したとしても、まだ足りないだろう。なぜならこれまでに生じた、あるいは将来生じるであろう、あらゆる状況を余すところなく予測できるだけの人数は、決して集められないからだ。世界は変わる。会話のスタイルもまた変わる。ロジャーズ派の精神療法でさえ、もはや最新かつ最高の対話スタイルとは認識されていない。今では、認知行動療法の方がはるかに人気がある。

ボットのために、起こりうる対応をすべて予想しようというのはどだい無理な話であり、その理由のひとつは、想定外のできごとを避けることはだれにもできないからだ。この話で思い出すのは、ある友人が、ニューヨークの地下鉄で列車に飛び込んで自殺を図ったという知らせを聞いたときのことだ。そんなことが起ころうとはわたしは思ってもみなかったし、それを聞いたあと、どうすべきなのかもわからなかった。しばしの間、すべてが止まったように感じられた。

やがて衝撃が去ると、悲しみがやってきた。しかし実際にことが起こるまで、この特定の悲劇を自分が受け入れなければならない事態になるなどと、わたしにはどうしたって予測できなかった。この点においては、だれもが平等だ。意外かつ恐ろしい状況を予想する能力に、一般の人たちよりもプログラマーの方がすぐれているということはない。社会集団というものは、最悪を想像することにおいて、集団ならではの盲点を持っている。それは一種の認知バイアスであり、社会学者のカレン・A・セルロは著書『予想外のできごと――最悪を想像するための文化的挑戦（*Never Saw It Coming: Cultural Challenges to Envisioning the Worst*）』の中で、これを「肯定的な非対称」と呼んでいる。「肯定的な非対称」とは、「最善の、あるいはもっとも肯定的なケースだけを強調する傾向」のことだ。文化というものは、肯定的な部分に注目する者たちを持ち上げ、マイナス面に言及する者たちを避けたり、罰したりする傾向にある。ある製品に対して、こんな新しい支持者が付くかもしれないと発言するプログラマーの方が、新製品が嫌がらせや詐欺に使われる可能性を指摘するプログラマーよりも多くの関心を集める。★2

Elizaの応答には、その設計者の基本的に陽気なものの見方が反映されている。Elizaの応答を見ていると、アップル社のSiriなどの音声アシスタントが、どのようにプログラムされているかがよくわかる。オリジナルのElizaに用意されていた応答は、全部で数十種類だった。一方、Siriには実にたくさんの人々によって作られた、実にたくさんの応答が入っている。Siriは、たとえばメッセージを送る、電話をかける、カレンダーに最新のアポイントを書き入れる、アラームをセットするなど、さまざまなタスクを実行することができる。Siriにあれこれと話しかけてみるのは楽しい。小さな子供たちはとくに、Siriがどこまで返答をくれるのか、その限界を試してみるのが大好きだ。それでも、Siriをはじめとする音声アシスタントが言葉で応答できる内容は、それぞれのプログラマーたちが結集した想像力〔と肯定的な非対称〕によって限界が決まっている。スタンフォード大学医学部のチームは、さまざまな音声アシスタントに対し、それらが健康の危機を認識できるか、丁寧な言葉で応答ができるか、適切なリソースにあたるよう、ユーザーに指示できるかのテストを行なった。音声アシスタントの反応は「一貫性がなく不十分」だったと、2016年に医学専門誌『JAMAインターナル・メディシン』に発表された論文にはある。「対話型エージェントが健康問題に充分かつ効果的に応答するには、その性能を大きく向上させる必要がある」[★3]

技術至上主義者（テクノショーヴィニスト）たちは、大半のタスクにおいて、コンピューターの方が人間よりもこれをうまくこなせると信じたがる。コンピューターは数学的ロジックに基づいて稼働するものであり、彼らはそのロジックを変換させて、オフラインの世界にうまく適用することは可能だと考えている。彼らの理屈にも一理ある。計算という分野において、コンピューターは人間だけで取り組むよりもはるかに優秀な仕事をする。この点については、学生の数学の論文を採点した経験がある人なら、だれもが進んで認めるだろう。それでも、特定の状況においては、コンピューターができることには限界がある。

たとえば、タココプターのことを思い出してほしい。この奇抜なアイデアは、一時期ネットで大いに話題を呼んだ〔タココプターはアイデアが発表されたのみで、実際の営業は行なわれていない〕。たしかに楽しそうではある。クアッドコプター〔四つの回転翼を用いる航空機〕のドローンが、できたてホヤホヤのおいしいタコスが詰まった袋を自宅に直接届けてくれるのだ。しかし、ハードウェアとソフトウェアについて考えてみれば、このアイデアには欠陥があることがすぐにわかる。ドローンとは基本的に、コンピューターとカメラがついた遠隔操作のヘリコプターだ。雨が降ったら、ドローンはどうなるだろう。電気製品は雨、雪、霧の中は得意ではない。うちのケーブル・テレビは、暴風雨のときにはいつも調子が悪くなるが、ワイヤレスのドローンはそれよりもはるかに脆弱(ぜいじゃく)だ。タココプターは窓からやってくるのか、それとも玄関からだろうか。どうやってエレベーターのボタンを押したり、階段室のドアを開けたり、インターホンを鳴らしたりするのだろうか。こうした日常のタスクは、人間にとっては簡単だが、コンピューターにとっては恐ろしく難しい。もしかしたら、タココプターがタコス以外の、食料でもなく合法でもない物質を運ぶのに流用されるかもしれない。恐怖にかられた家主に、飛んでいるところを銃で撃ち落とされたらどうなるだろう。技術至上主義者でもなければ、人間をベースとした現存のシステムよりもタココプターの方がいいとは考えないはずだ。

もしSiriに、タココプターはいいアイデアだと思うかと尋ねたなら、Siriはタココプターという言葉をネットで調べてくれるだろう。そしてあなたに提示されるのは、Siriが見つけ出したタココプターについての一連のニュース記事で、その中には雑誌『Wired』(この雑誌と創始者のひとりであるスチュアート・ブランドについては、第6章で取り上げる)に掲載された、タココプターのコンセプトの欠点を、わたしがここで書いているよりも徹底的に指摘しているものも含まれているはずだ。タココプターを発案した女性は、これが物流管理的に不可能であり、とくに連邦航空局が定める無人航空機の商業利用に関する規則が大きな障壁となることを認めている。それでも、このアイデアの具体化を追求し続けることはやはり重要だと、彼女は主張する。「たとえばサイバーパンクは、インターネットに影響を与えた。これにはそんな風に、さまざまな可能性についてじっくりと検討を加え、人々に考察の対象を提供するという意味がある[★4]」

こうした態度に欠如しているように思えるのは、タココプターが実現した世界はどんな場所かということについての、より徹底的に考え抜いたビジョンを描くことだ。人間ではなくドローンにとって使いやすいビルや都市環境を設計することは、何を意味するだろうか。もし窓が、料理を運ぶドローンのドッキング・ステーションになるとしたら、人間が光や空気を取り入れるやり方はどう変化するだろう。袋詰めにされた料理がひとりの人間から別の人間に手渡されるという、これ以上ないほど日常的でささいなやりとりが根絶されることは、どんな社会的コストをともなうだろうか。果たしてわたしたちはその現実を、「Hello, world」と明るく迎え入れたいだろうか。

第3章　ハロー、AI

　ここまででハードウェア、ソフトウェア、プログラミングについてはカバーできた。そろそろ、より高度なプログラミングについてのトピックに移ろう――人工知能だ。「人工知能」という言葉を聞くと、大半の人たちは、テレビや映画の世界を連想するのではないだろうか。たとえば『新スタートレック』に登場する人間そっくりのサイボーグ、データ少佐や、『2001年宇宙の旅』のHAL9000、『her／世界でひとつの彼女』のAIサマンサ、マーベル社のコミックや映画の中でアイアンマンを助けるAI執事ジャーヴィスなどだ。いずれにせよ、これだけは覚えておいてほしい。そうしたものは想像上の存在だ。頭で考えることと現実にあることを、人は簡単に混同してしまう。とくに、こうなってほしいと強く願っていることに関してはその傾向が強い。AIが実在したらいいのにと思っている人は少なくない。そうした人々が手に入れたいと望むのは、たいていの場合、日常のこまごまとした作業を手伝ってくれるロボット執事だ（白状しておくと、わたしはこれまでに、深夜に学部生たちとロボット執事を持つことの実用的・倫理的な問題について話し合ったことがいく度もある)。テクノロジーを作る人たちのうち、異様なほど多くの割合が、ハリウッド的なロボットを何がなんでも現実のものにしたいと望む陣営に属している。フェイスブックのマーク・ザッカーバーグがＡＩベースのホーム・オートメーション・システムを開発したとき、彼はこれを「ジャーヴィス」と命名した。

　わたしが現実のＡＩと想像上のＡＩが混同されていることを如実に示す出来事に遭遇したのは、ＮＹＣメディアラボが毎年開催するシンポジウムに参加したときのことだった。このシンポジウムはいわば、大人向けの科学フェアのようなものだ。わたしはそこで、自分が作ったＡＩシステムのデモを行なっていた。テーブルの上に置かれたモニターには、デモを見せるためのラップトップが接続されていた。1メートルほど離れたところにあるテーブルでは、データ・ヴィジュアライゼーションを作ったアートスクールの学部生が、また別のデモを披露していた。徐々に見物人の数が減り、退屈してきたところで、わたしたちはなんとなくおしゃべりを始めた。

「そちらはどんなプロジェクトなんですか」と彼は尋ねた。

「ジャーナリストが、選挙資金データについての新しい記事のアイデアをすばやく効率的に発見するのを助ける人工知能ツールですよ」とわたしは答えた。

「ワオ、ＡＩ」と彼は言った。「それって本物のＡＩですか？」

「もちろん」。わたしはちょっと気分を害し、こんなことを考えた。まともに動くものを作っていなかったら、一日中このテーブルでデモをしているわけがないではないか。

　その学生はこちらのテーブルまでやってくると、モニターに接続されたラップトップをじっくりと眺め始めた。「どうやって動くんですか」と彼は聞いた。わたしは三つの文で説明した（みなさんにはもっと長い説明を第11章で読んでいただく）。彼の顔には、とまどい、ややがっかりしたような表情が浮かんだ。

「てことは、これは本物のＡＩじゃないんですね」

「いやいや、本物ですよ」とわたしは言った。「しかもかなりいい出来です。だけどほら、その、マシンの中に作りものの人間は入ってません。そういうものは存在しないんです。計算論的に不可能なので」

彼は顔を曇らせた。「ＡＩっていうのは、そういうものだと思ってました。ＩＢＭのWatson（ワトソン）とか、囲碁のチャンピオンを負かすコンピューターとか、自動運転車の話があるじゃないですか。本物のＡＩが発明されたんだと、僕は思ってたんですが」。彼はすっかり落胆した様子だった。彼がラップトップを眺めていたのはおそらく、その中に何か――〝本物の〟機械の中のゴースト（哲学者ギルバート・ライルの著書『心の概念』（１９４９年）に由来する表現。ゴーストとは意識・魂などの意）か何か――がいると思ったからなのだろう。幻想を壊して申し訳ない気持ちになったわたしは、彼を元気づけようと、話題を無難なもの――じきに公開になる『スター・ウォーズ』の映画――へと切り替えた。

このやりとりがずっと頭から離れないのは、これがコンピューターサイエンティストのＡＩに対する考え方と、一般の人々――テクノロジーを学んでいる知識豊富な学部生を含む――のＡＩに対する考え方の違いを、改めて思い出させてくれるからだ。

「汎用型ＡＩ」とは、ハリウッド的なＡＩのことだ。汎用型ＡＩとは、知覚力を持つロボット（世界征服を目論んでいるものも、いないものも含む）、コンピューターの中に存在する意識、永遠の生命、人間のように〝考える〟機械などと関連するもの全般を指す。一方、「特化型ＡＩ」とは、予測のための数学的手法だ。

このふたつはしょっちゅう混同されており、技術システムを作る人々の間でさえ似たような誤解が生じる。もう一度確認しておくが、汎用型ＡＩは一部の人たちが望むもの、特化型ＡＩは現実にあるものだ。

特化型ＡＩについては、たとえばこんなものだと考えてもいいだろう。特化型ＡＩは、数字で答えられるあらゆる質問に対して、もっとも有望な答えを提供することができる。特化型ＡＩは定量的予測を行なう。特化型ＡＩは強化された統計学である。

特化型ＡＩは、現存のデータセットを分析し、そのデータセット内のパターンや確率を明らかにし、そうしたパターンや確率をモデルと呼ばれる計算論的な構造物に体系化することによって機能する。「モデル」とは、そこにデータを入力して答えを引き出すことのできる、一種のブラックボックスのようなものだ。われわれはモデルに新しいデータを通して、何かを予測する、数字で表された答えを引き出す。その答えとはたとえば、ページに走り書きされた文字が「Ａ」である可能性はどの程度か、特定の顧客が銀行から借りた住宅ローンを返済する可能性はどの程度か、三目並べ、チェッカー、チェスなどのゲームにおいて次に打つ最善手は何か、といったことだ。特化型ＡＩ関連のコンセプトのうち、現在注目を浴びているものとしては、機械学習、ディープラーニング、ニューラルネットワーク、予測分析などが挙げられる。今日存在するあらゆるＡＩシステムについては、それがどのように動くのかを論理的に説明することができる。計算論理を理解すれば、ＡＩの神秘性は薄くなる。それはちょうど、コンピューターを分解すれば、謎に満ちたハードウェアのことがよくわかるようになるのと同じことだ。

ＡＩとゲームとは、切っても切れない関係にある——それはしかし、ゲームと知性とに何らかの本質的なつながりがあるためではなく、コンピューターサイエンティストたちが、ある種のゲームやパズルを好む傾向にあるためだ。たとえばチェスは彼らの間で人気が高く、囲碁やバックギャモンなどの戦略を駆使するゲームも同様だ。有力なベンチャー資本家や、大物技術者のウィキペディアのページを少し見るだけで、彼らの大半が幼いころに「ダンジョンズ&ドラゴンズ」（テーブルトークRPG）に夢中になっていたことがわかるだろう。

アラン・チューリングが1950年代に、思考する機械のための「チューリング・テスト」を提唱する論文を発表して以来、コンピューターサイエンティストたちは、機械の〝知性〟を測る指標としてチェスを用いてきた。人間たちによる、チェスの達人に勝てるマシンを作るための努力は、半世紀にわたって続けられてきた。そしてついに1997年、IBMのDeep Blue（ディープ・ブルー）が、チェスの世界チャンピオン、ガルリ・カスパロフを破った。2017年に囲碁の世界チャンピオン、柯潔に対して3戦3勝したAIプログラムAlphaGo（アルファ碁）は、汎用型AIが数年のうちに実現する証左として挙げられることが多い。しかしながら、AlphaGoというプログラムとその文化的背景をよく見れば、そこにはまた別のストーリーが見えてくる。

AlphaGoは、ハードウェアの上で走る、人間が構築したプログラムであり、その点では第2章でみなさんが書いた「Hello, world」プログラムと変わらない。プログラムの開発者らは、2016年に国際的な科学誌『ネイチャー』に発表した論文で、その仕組みについて説明している。[★1] 論文の冒頭にはこうある。「すべての完全情報ゲームは、すべてのプレイヤーによる完璧なプレイ下において、あらゆる盤面、つまり状態sからゲームの勝敗を決定する最適評価関数$v^*(s)$を持つ。こうしたゲームは、打つことが可能な手のシーケンスを、およそb^d含む探索木の中で最適評価関数を帰納的に計算することによって解決できる場合がある。bはゲームの幅（ポジションごとに打つことが可能な手の種類数）、dは深さ（ゲームが終わるまでの長さ）を表す」。この文章の意味は、高度な数学を何年も学んだ人にとっては明白かもしれないが、もっとわかりやすい説明を聞きたいという人も多いだろう。

AlphaGoを理解するためには、まずはほとんどの人が子供のころにやったことがあると思われる三目並べについて考えてみるといい。三目並べで先手を取り、九つあるマスの中央を選んだ場合、その人は必ずゲームを勝ちか引き分けに持ち込むことができる。先手を取ることは有利であり、こちらは5手打てるのに対して、相手は4手しか打てない。大半の子供はこの理屈を直感的に把握して、あまり厳しくない年上の相手とやるときには、先手を打たせろとせがむ。

人間相手に三目並べをプレイするプログラムを書くことも、比較的簡単だ。最初のプログラムは1952年に書かれた。三目並べ用のアルゴリズム（一連のルール・手順）を用いれば、コンピューターは常に勝つか、引き分けでゲームを終えることができる。「Hello, world」と同じく、三目並べゲームの構築は、コンピューティングの入門の授業によく登場する。

囲碁は三目並べよりもはるかに洗練されたゲームだが、グリッドの上で行なわれるという点は変わらない。囲碁の場合、それぞれの対局者に、黒あるいは白の石が大量に渡される。初心者は縦横9本の線が引かれた碁盤で対局し、上級者は縦横19本で構成されたものを使う。黒い石を持っている方が先手で、2本の線が交わった点に石をひとつ置く。続いて白が自分の石を、また別の交差点に置く。プレイヤーは交互に石を打っていき、相手の石を反対の色の石で囲むことによって「取る」ことを目指す。

人は3000年前から囲碁を打ってきた。コンピューターサイエンティストや囲碁の熱狂的な愛好者たちは、少なくとも１９６５年から、ゲーム内に見られるパターンの研究を行なっている。最初の囲碁のコンピューター・プログラムは１９６８年に書かれた。コンピューターサイエンスの研究には、囲碁だけに特化した下位分野が存在し、これは「コンピューター囲碁」という（あたりまえすぎる）名称で呼ばれている。

　コンピューター囲碁の棋士と研究者たちは、長年にわたって対局の記録を蓄積してきた。囲碁のゲームの記録は、たとえば以下のようなものだ。

```
(;GM[1]
FF[4]
SZ[19]
PW[Sadavir]
WR[7d]
PB[tzbk]
BR[6d]
DT[2017-05-01]
PC[The KGS Go Server at http://www.gokgs.com/]
KM[0.50]
RE[B+Resign]
```

```
RU[Japanese]
CA[UTF-8]
ST[2]
AP[CGoban:3]
TM[300]
OT[3x30 byo-yomi]
;B[qd];W[dc];B[eq];W[pp];B[de];W[ce];B[dd];W[cd];B[ec];W[cc];B[df];W[cg];B[kc];W[pg];B[p
j];W[oe];B[oc];W[qm];B[of];W[pf];B[pe];W[og];B[nf];W[ng];B[nj];W[lg];B[mf];W[lf];B[mg];W[m
h];B[me];W[li];B[kh];W[lh];B[om];W[lk];B[qo];W[po];B[qn];W[pn];B[pm];W[ql];B[rq];W[qq];B[rm];W
[rl];B[rn];W[rj];B[qr];W[pr];B[rr];W[mn];B[qi];W[rh];B[no];W[on];B[nn];W[nm];B[nl];W[m
m];B[ol];W[mp];B[ml];W[ll];B[np];W[nq];B[mo];W[mq];B[lo];W[kn];B[ri];W[si];B[q
j];W[qk];B[kq];W[kp];B[ko];W[jp];B[lp];W[lq];B[jq];W[jo];B[jn];W[in];B[lm];W[jm];B[ln];W[h
q];B[qh];W[rg];B[nh];W[re];B[rd];W[qe];B[pd];W[le];B[md])
```

このテキストは人間の目には難解に見えるが、実際には、マシンが簡単に処理できるよう、的確に構成されている。この構造はSmart Game Format（スマート・ゲーム・フォーマット、SGF）と呼ばれる。テキストには、だれが対局を行ない、それぞれの手がどこへ打たれたか、対局がどのように決着したかが示されている。

大きなテキスト領域は全着手を表している。碁盤の列には左から右へ、行には上から下へ、順にアルファベットの名称が付けられている。この対局では、黒（B）が先手で、石をq列とd行が交わるところに置いた。これは ;B[qd] と表される。次のテキスト ;W[dc] は、白（W）が石をd列とc行が交わるところに置いたことを表している。これに続く一つひとつの手が、すべてこのフォーマットで並んでいる。対局の決着（RE）はテキスト RE[B+Resign] で示されており、これは黒が投了したことを意味する。

AlphaGo の設計者たちは、3000万局分のSGFファイルという膨大なデータセットを収集した。このデータセットはランダムに生成されたものではない。これら3000万回の対局は、現実の人間（一部はコンピューター）が実際に打ったものだ。アマチュアやプロが、ネット上にあまた存在するサイト上で囲碁を打つ際、そのデータは常に保存されてきた。パソコン上で対局する囲碁プログラムを作るのは難しいことではない。ネット上には多種多様な作り方の説明やコードが投稿されている。どの囲碁ゲームでも当然ながら、対局データの保存が可能だ。保存する人もいれば、保存しない人もいる。だれかが他人の対局データを保存して、それをゲーム会社に提出する報告書に使うこともある。オンラインの囲碁サイトを運営する人たちは、それぞれが保有する対局データを、ネット上で大量に公開していた。そうしたデータが蓄積され、ついには AlphaGo チームが3000万局ものデータを収集するに至った。

プログラマーたちはその3000万局を利用して、「AlphaGo」と名付けられたモデルを〝訓練〟した。ここで重要なのは、プロとして活動している囲碁棋士たちは、コンピューター上での対局に何年もの月日を費やすということだ。彼らはそうやって囲碁の腕を磨く。つまり、記録された3000万局には、世界最強の囲碁棋士たちのデータも含まれている。人間が膨大な時間を費やした努力の結果が、訓練用データを作るために使われたのだ——しかしながら、AlphaGo の話題において焦点があてられるのは、主にアルゴリズムのマジックであり、見えないところで何年もの時間をかけて、訓練用データを作るために（無報酬で）努力した人間には、ほとんど注目が集まらない。

開発者らは、「モンテカルロ探索法」と呼ばれる手法を用いて、3000万局の中からもっとも勝ちにつながる可能性の高い一連の手を選別するよう、AlphaGo をプログラムした。次に彼らは、これとは別のアルゴリズムを使ってその一連の手から次の一手を選ぶよう指示を出した。彼らはまた、AlphaGo に、ルゴリズムを使って、一連の手の中の一手一手に対する勝利の確率を計算させた。計算の規模は、人間にはほとんど想像もつかないほどのスケールとなった。囲碁には可能な局面が 10^{170} 通り存在する。さまざまな計算手法を層のように重ね、常に成功確率がもっとも高い手を選ぶことにより、設計者たちは世界最強の棋士たちに勝てるプログラムを作り上げた。

AlphaGo は賢いだろうか。設計者たちはもちろん賢い。彼らはあまりの難しさに何十年もの間、偉大な天才たちを手こずらせてきた数学の問題を解決したのだから。数学の驚くべき点のひとつは、世界の仕組みの基礎をなしているパターンを目に見えるようにしてくれることだ。非常に多くのものごとが、数学的パターンに沿って動いている。ふたつだけ例を挙げよう。結晶は規則正しいパターンで育つ。セミは何年も地面の下で過ごしてから、土の温度条件が適切になったときに這い出てくる。AlphaGo はすばらしい数学的業績であり、それを可能にしたのはそれと同等にすばらしいコンピューターのハードウェアとソフトウェアの進歩だ。AlphaGo の設計チームが、この驚くべき技術上の実績を成し遂げたことは称賛に値する。

それでも、AlphaGoは知的な機械ではない。AlphaGoは意識を持たない。AlphaGoがやることはたったひとつ、コンピューター・ゲームをプレイすることだけだ。その中には、アマチュアから世界有数の天才まで、さまざまなプレイヤーが打った3000万局のデータが入っている。ある意味では、AlphaGoはとんでもなく愚かだ。AlphaGoは、数え切れないほど大勢の人間による努力の結集を利用して、力まかせに、ひとりの囲碁名人を打ち負かす。このプログラムとその基礎にある計算手法は、大規模な演算処理をともなうその他の有益なタスクにも利用されるだろうし、それは世界にとってよいことだ――ただし、世界中のあらゆるものが計算で成り立っているわけではない。

AlphaGoのようなプログラムの数学的・物理的リアリティについて見てきたところで、次は哲学と未来予測の領域に入ろう。それはAlphaGoとは大きく異なる知的領域だ。一部のフューチャリストたちは、AlphaGoが、人間と機械とが融合する時代の先触れとなってほしいと考えている。しかし、何かを望むことで、それが現実になるわけでない。

哲学的な観点からは、計算と意識の違いを軸に議論すべき興味深い問題がたくさんある。チューリング・テストについては、耳にしたことがある人も多いだろう。テストと呼ばれてはいても、チューリング・テストはコンピューターがこれに合格することで知的かどうかを示すというものではない。チューリングはその論文で、機械に話しかけることをめぐる思考実験を提唱した。彼は「機械は考えることができるか」という疑問を馬鹿げたものであると一蹴し、その答えが知りたければ、世論調査にかければいいと述べている(チューリングは数学の「崇拝者」で、当時の数学者の多く、そして現代の数学者の一部がそうであるように、数学をほかの学問よりも上位にあるものとしてとらえていた)。チューリングが提唱したのは、男性(A)、女性

(B)、質問者(C)による「模倣ゲーム」だ。Cは部屋にひとりきりで座っており、タイプで打った質問をAとBに渡す。チューリングの論文にはこうある。「このゲームの目的は、質問者が、ふたりのうちのどちらが男性でどちらが女性かを当てることだ。質問者はふたりのことをX、Yという記号で認識しており、ゲームの最後に『XがAでYがBである』あるいは『XがBでYがAである』と回答する」★2

チューリングは次に、質問者がどんな種類の質問をすることを許されているかを説明する。ひとつは髪の長さについてだ。Aである男性の目的は、質問者に間違った判断をするよう仕向けることであり、彼は積極的に嘘をつく。Bである女性は、質問者を助ける立場で、彼あるいは彼女に自分が女性であると告げることができる。しかし、Aは嘘をつけるため、Bと同じように自分は女性であると言うことができる。ふたりの回答は、声の質や高さがヒントにならないよう、紙に記される。チューリングは書いている。「ここで問いを立ててみよう。『このゲームで機械がAの役をやったらどうなるだろうか』。質問者は、男性と女性でゲームをやったときと同じ程度に判断を誤るだろうか。これらの問いは、最初の問いである『機械は考えることができるか』の代わりとなるものだ」

もし質問者が人間からの返答と機械からの返答との区別を付けられなかった場合、そのコンピューターは〝考えている〟と判断される。長い間、これがコンピューティングの基礎をなすものであると考えられていた。この論文に記されたチューリングのアイデアに応えて、チューリングが定めた仕様を満たす機械を作るために、大量の文章が書かれてきた。しかしながら、この思考実験全体は、哲学的・文化的観点において適切でない呼称をあてがわれたものの上に成り立っており、それがこの実験全体への信頼を毀損している。それは、彼が「男」「女」と呼ぶものだ。チューリングの定める仕様は、現代人のジェンダーについての理解と相容れない。ジェンダーはふたつの種類から成るものではなく、連続体だ。髪の長さはもはや、男性あるいは女性のアイデンティティーを示すものではなくなっており、だれもが髪を短くすることができる。しかも、チューリングが書いているように、「第3のプレイヤー（B）にとって、ゲームの目的は質問者を助けることにある」。〝知性〟を判断するゲームにおいて、助力者の役割が女性に割り当てられているというのはどうだろうか。そして男性は嘘をついていいと言われていることには、どういう意味があるだろうか。批評的観点から言えば、このゲームは不合理な基礎の上に成り立っている。男性、女性の両方が、ジェンダー規範に縛られた身体的および倫理的特性をあてがわれているのだから。

チューリングの主張の哲学的基盤は根拠が薄弱だ。とくに説得力のある反論を展開したのは哲学者のジョン・サールで、この主張は「中国語の部屋」として知られている。サールは1989年、『ニューヨーク・レビュー・オブ・ブックス』誌にその主旨を掲載している。

デジタル・コンピューターは、記号を操作するデバイスであって、その意味や解釈については考慮しない。一方、人間は、思考するときには、それよりもはるかに多くのことをなす。人間の心には一般に、有意義な思考、感情、心的内容がある。形式的な記号それ自体は、決して心的内容とはなりえない。なぜなら記号は、当然のこととして、だれかシステムの外にいる者が意味を与える場合を除き、意味（あるいは解釈、語義）を持たないからだ。

これを理解するには、英語しか話せない人間が部屋に閉じ込められているところを想像するとよい。そこには1冊のルールブックがあり、コンピューター的なルールに従って、中国語の文字を処理するやり方が書いてある。原理上、その人物はチューリング・テストでは中国語を理解していると判断される。なぜなら、彼は中国語の質問に答えて正確な中国語の文字を生成することができるからだ。ところが、実際の彼はそうした文字の意味をまったく知らず、中国語の単語をひとつも理解していない。しかし、もし彼が中国語を理解していないとする理由を、たんに中国語を〝理解する〟ためのコンピューター・プログラムを利用しているためだとするなら、ほかのどんなデジタル・コンピューターもそれを理解していないことになる。なぜなら、コンピューターが、プログラムを走らせることのみによって人間が持たないものを持つようになることはないからだ。[★3]

記号の処理は理解と同等ではないというサールの主張の正しさは、2017年に人気を博した音声インターフェースに見ることができる。〝対話型〟のインターフェースは人気があるが、それらに知性があるとはとうてい言えない。

アマゾンのAlexa（アレクサ）などの音声応答インターフェースは言語を解さない。これらはたんに、音のシーケンス、つまり口頭コマンドと呼ばれるものに対応して、コンピューター制御のシーケンスを実行しているだけだ。「Alexa, play 'California Girls'（アレクサ、「カリフォルニア・ガールズ」をかけて）」は、コンピューターが認識できる音声コマンドだ。冒頭の「Alexa」は、コンピューターにこれからコマンドが来ることを教えるトリガーワードで、「Play」は、「メモリーからＭＰ３を検索し、『play』というコマンドを、あらかじめ指定してあるオーディオ・プレイヤーに、ＭＰ３のファイル名と一緒に送れ」を意味するトリガーワードだ。このインターフェースはまた、「play」という言葉のあとにくる、休止（コマンドの終わり）直前までのあらゆる言葉をとらえるようプログラムされている。この「値」が、メモリーから検索されてオーディオ・プレイヤーに提供される、曲名などの変数に入れられる。このプロセスは決まりきった手順にのっとったものであり、恐れるようなことは何もなく、機械が立ち上がって世界を支配するのではないかと心配する必要もない。今のところ、コンピューターには、先ほどの命令を受けた場合、かけるべきはケイティ・ペリーの「カリフォルニア・ガールズ」なのか、それともザ・ビーチ・ボーイズの「カリフォルニア・ガールズ」なのかを、常に正確に判断することはできない。この問題は実際には、人気コンテストを行なうことによって解決されている。どちらの曲がすべてのAlexaユーザーによってより頻繁にかけられているかが、デフォルトの選択とみなされる。これはケイティ・ペリーのファンにとっては都合がいいが、ビーチ・ボーイズのファンにとってはあまりよくはないだろう。

みなさんにお願いしたいのは、特化型ＡＩと汎用型ＡＩについての相対するふたつの概念、またＡＩの限界という概念をしっかりと心に刻みつけて、本書を読み進めてほしいということだ。この本の内容は、現実の領域の外には決して出ない。現実とは、わたしたちが知的（インテリジェント）な機械と呼んでいる、知的ではない（アンインテリジェントな）計算機械がある世界のことだ。一方で、この本では想像力――力強く、すばらしく、ワクワクする力――が原因で、ときとしてコンピューター、データ、テクノロジーをめぐる語法がいかに混乱をきたすかについても見ていこうと思っている。それから、もうひとつお願いしたいのは、わたしの同僚が言うところの、「機械の中のゴーストという誤謬（ごびゅう）」――コンピューターの中には小さな人間や人工脳は入っていないという現実――を指摘されたときにも、どうか科学フェアで出会ったあのアートスクールの学生のようにがっかりはしないでほしいということだ。この情報に対してどういう反応を示すか、あなたには選択肢がある。

夢見ていたことは現実にならないと悲しむこともできる。あるいは、大いに喜び、人工デバイス（コンピューター）と真に知的な存在（人間）とが協力して仕事をしたときに何が可能となるかを、進んで受け入れることもできる。わたしの好みは、後者のアプローチだ。

第4章 ハロー、データジャーナリズム

わたしたちは今、あらゆる分野においてコンピューターの使用があたりまえになった、ワクワクするような瞬間にいる。計算社会科学、計算生物学、計算化学、デジタル人文学などの学問分野が存在し、ヴィジュアル・アーティストはProcessing（プロセシング）などの言語を使ってマルチメディア・アートを生み出し、3Dプリンティングのおかげで、彫刻家は芸術の物理的な可能性をさらに深く追求することが可能になった。ここまでに至る人類の進歩に思いを馳せると、胸が高鳴るような興奮を覚える。しかしながら、生活にコンピューターが多く使われるようになった今も、人間は変わっていない。政府のオープン・データがあるからといって、腐敗がなくなるわけではない。テクノロジーに支えられて拡大したギグ・エコノミー（インターネットを通じて単発や短期の仕事を請け負う人たちによって成り立つ経済形態）も、産業化時代の幕開け以降、労働市場がずっと抱えてきたものとまるで変わらない問題を抱えている。ジャーナリストというものは、従来常にそうした類の社会問題を調査し、社会に前向きな変化をもたらしてきた。コンピュータ

ーが欠かせなくなった世界においては、調査ジャーナリズムという仕事もまた、否応なしにハイテク化の道を歩んできた。

報道という分野において技術を用いてできることを提案し、それを増やしていく人たちの多くは、「データジャーナリスト」を自称している。データジャーナリズムという言葉は、実にさまざまな意味合いを含んでいる。たとえば、データ・ヴィジュアライゼーションを行なうことでデータジャーナリズムを実践している人もいる。『ニューヨーク・タイムズ』紙のデータジャーナリズム欄「ザ・アップショット（The Upshot）」の編集主任アマンダ・コックスは、そうした類のヴィジュアル・ジャーナリズムの大家だ。2012年の記事「インフレーションの細かいパーツすべて（All of Inflation's Little Parts）」によって、コックスはアメリカ統計学会の優秀統計報道賞を受賞している。この記事の基礎となるデータは、連邦労働省労働統計局によって毎月収集され、インフレの測定に用いられる消費者物価指数から取られている。コックスが作成したグラフィックは、大きな円の内部が色とりどりのモザイク・タイルに分割されているような図だ。タイルの大きさの差は、アメリカ人の支出の割合に対応している。

ある大きなタイルはガソリンで、これは5・2パーセントの支出を表す。カテゴリーとしては輸送に属し、その輸送への支出は平均的なアメリカ人の収入の18パーセントを占める。それよりも小さな、卵を示すタイルは、収入の15パーセントを占める飲食への支出の一部として記されている。「石油価格の高騰とオーストラリアの干ばつが、1990年代以降のペースを超える速いスピードで食品価格が上昇した要因の一部」だと、コックスが添えたテキストにはある。「ヨーロッパでの卵への需要が強いことも、このカテゴリーでの価格に影響を与えた[★1]」。こうしたテキストと、強く目を引く特徴的な形状のタイルが、全世界の人々が、複雑に絡み合った貿易網を通じて意外なつながり方をしている現状を、わかりやすく伝えている。卵はグローバルなものだろうかと、疑問に思う人もいるかもしれない。もちろん卵はグローバルだ。どこの国も、自国で消費する食品をすべて自給しているわけではない。食品は世界規模の貿易市場だ。オーストラリア西部には広大な小麦ベルト地帯がある。２０１０～２０１１年のオーストラリアの食品輸出は、同国の農水林業省によると、総額２７１億ドルだった。小麦ベルトで起こった干ばつにより、小麦の収穫が減少した。アメリカの養鶏飼料に使われる材料は主に穀物だ。トウモロコシの方が人気だが、小麦が安ければ、生産者はそちらを使う。世界中で小麦が手に入りにくくなると、小麦価格が上がり、すると養鶏飼料生産者は小麦に高い金額を支払うか、同じくらい高額なトウモロコシに切り替える。餌に以前よりも多くの金額を支払った養鶏農家は、そのコストを卵にまわし、卵の売値を高く設定する。この値段の上昇は、スーパーマーケットを訪れる消費者へとまわってくる。データは、オーストラリアの干ばつが、北米のスーパーの卵の価格上昇にどのようにつながっているのか、その全体像について考える手がかりを与えてくれる。これは同時に、グローバリゼーション、相互関連性、気候変動による環境への影響に関するストーリーでもある。コックスは、彼女が持つストーリー・テリングの手腕、複雑なシステムが世界中でどのように機能しているかに関する知識、テクノロジー・スキル、鋭敏なデザイン・センスを駆使して、視覚的におもしろい、情報と喜びを同時に与えてくれるコンピューター・アートを生み出している。

データジャーナリストの中にはまた、自らデータを収集・分析する人たちもいる。２０１５年には、『アトランタ・ジャーナル＝コンスティテューション（ＡＪＣ）』紙が、患者に性的虐待を加えた医師についてのデータを集めている。ＡＪＣに所属するある調査報道記者が、ジョージア州では、患者に対する性的不正行為で懲戒処分を受けた医師の3人に2人が、業務を再開する許可を与えられていることを発見した。これだけでも記事にするには充分だったはずだが、記者は、こうしたジョージア州の状況が一般的なものなのか、それとも例外的なものなのかと考えた。この件については、チームを組んでの調査が行なわれることになった。チームは全国からデータを集め、1999年から2015年にかけて医師に対して出された懲戒処分に関連する、医事委員会による10万件以上の命令を分析した。結果は衝撃的だった。医師たちはアメリカのどこにおいても罪を許されており、患者への虐待で有罪判決を受けたあとでさえ、医業を再開していた。中でも最悪のケースは、実におぞましいものだった。小児科医のアール・ブラッドリーは、1000人以上の子供たちにキャンディを使って薬物を摂取させたうえで性的虐待を行ない、その様子を動画に撮影していたのだ。彼は2010年、471件の強姦と性的虐待で起訴され、執行猶予なしの14回の終身刑を科された。AJCの記事をきっかけにこの問題への認知度が高まり、建設的な改革へとつながったのは幸いだった。[★2]

フロリダ州の『サン・センチネル』紙のデータジャーナリストたちは、幹線道路脇に陣取って、警察の車がいつそこを通過するかについての記録を取った。その後、記者たちは料金所に設置されている警察の自動応答装置のデータを請求し、警察の車が一貫して速いスピードで走り、市民を危険にさらしていることを突き止めた。この調査のあと、警察車のスピード違反は84パーセント減少した。社会に劇的かつ前向きな影響を与えた功績によって、この記事は2013年のピュリッツァー賞公共サービス部門賞を獲得している。[★3] フロリダからは、優秀なデータジャーナリズムが数多く生まれている。その理由は、ひとつにはここがネタの宝庫だからだ。「フロリダはもうずいぶん前から、奇妙で独特で風変わりなものがあたりまえに存在する場所として、カリフォルニアよりも強い存在感を示している」。ジェフ・クナースは2013年、『オーランド・センチネル』紙にそう書いている。[★4] 米政府による行為はなんであれ、そもそもが公のものではあるが、フロリダ州の「サンシャイン法」は、そうした公のものに市民がアクセスできることを保証し、テープ、写真、フィルム、録音も公文書とみなされる。すぐれた公文書公開法の存在によって、正式な政府のデータを入手することが容易になり、そのおかげで、フロリダを中心とした地域では多くのデータジャーナリズムが実践されている。

データジャーナリストの中には、当局筋からデータを得て、それを分析することを通して新たな知見を見出そうとする者もいる。ときにはそうした知見から、不愉快な真実が暴き出される。たとえば、こんな産学連携による成功例がある。スタンフォード・コンピュテーショナル・ジャーナリズム研究所のジャーナリスト、シェリル・フィリップスが指導したあるプロジェクトにおいて、参加した学生たちが、全国50州から、警察による車両停止命令のデータを請求した。彼らはデータを分析して全国規模での傾向を明らかにし、それを一般のジャーナリストが再利用できるようネットで公開した。スタンフォード大の学生たちの目にも、これを見たジャーナリストたちの目にも明らかだったのは、全国すべての州において、白人よりも有色人種の方が停止命令を受ける回数がはるかに多いことだった。[★5]

データジャーナリズムの分野にはまた、アルゴリズムの説明責任報道も含まれており、わたしの仕事もこのこぢんまりとした領域に属している。アルゴリズム、あるいは計算プロセスが、人間の代わりに意思決定をするために用いられる場面は、最近ますます増えつつある。アルゴリズムは、あなたがネットで買い物をするとき目にするホチキスの価格を決定する。アルゴリズムはまた、あなたが健康保険にいくら支払うかを決定する。あなたがネットの職業紹介サイトを通じて申込書や履歴書を送信するときには、たいていの場合はアルゴリズムが、あなたが人間による評価を受ける標準に達しているか、あるいはすぐさま不採用とされるべきかを決定する。民主主義国における自由報道の役割はこれまで、常に政策決定者に説明責任を果たさせることにあった。アルゴリズムの説明責任報道とは、この責任を計算の世界に適用するものだ。

　アルゴリズムの説明責任報道の有名な例としては、非営利報道組織「プロパブリカ」が２０１６年に発表した「機械のバイアス（Machine Bias）」がある。[★6] プロパブリカの記者たちは、裁判所の量刑判断に使用されているアルゴリズムには、アフリカ系アメリカ人に対して不利になるバイアスがかけられていることを発見した。警察は逮捕された人々に質問表に記入させ、その答えをコンピューターに入力する。するとＣＯＭＰＡＳ（代替的制裁のための矯正的犯罪者管理プロファイリング）のアルゴリズムが、その人物が将来的に犯罪を犯す可能性がどのくらいあるかを〝予測した〟スコアをはじき出す。このスコアは、判決を下すにあたり、より〝客観的〟な、データに基づいた決定を行なうために、裁判官に提出されていた。しかしその結果として、アフリカ系アメリカ人に、白人よりも長期の実刑判決が課されることになったのだ。

　技術至上主義（テクノショーヴィニズム）に侵されたＣＯＭＰＡＳの設計者たちには、自分たちが作るアルゴリズムがだれかに害をなすという可能性が見えなくなっていたのだろうということは、容易に想像できる。コンピューターが下した決定は、人間が下したものよりも優秀あるいは公平であると信じ込んでいると、人はシステムに入力されるデータの妥当性を疑うことをやめてしまう。「ゴミを入れれば、ゴミが出る（ガーベジ・イン・ガーベジ・アウト）（不正確なデータを入れれば、不正確なデータしか得られないの意）」という原則は、容易に忘れ去られる——とりわけ、コンピューターには正確であってほしいと強く願っている場合には、そういうことが起こりがちだ。重要なのは、そうしたアルゴリズムとそれを作った人間が、世界をよくしているのか、それとも悪くしているのかを問うてみることだ。

ジャーナリズムにデータを用いるという手法は、一般に考えられているよりも古くから存在する。データをもとにした初めての調査記事が発表されたのは1967年のことで、このときはジャーナリストのフィリップ・メイヤーが『デトロイト・フリー・プレス』紙のために、社会科学の手法と大型コンピューターを用いて、デトロイトでの人種暴動のデータ分析を行なった。「社説担当記者が好むセオリーは、暴徒たちは経済のはしごの最下段に位置する、だれよりも多くの不満を抱えた無力な人々で、進歩や表現の方法をほかに持たないために暴動を起こす、というものだった」とメイヤーは書いている。「このセオリーを、データは支持していなかった」[★7]。メイヤーは大規模な調査を敢行し、大型コンピューターを使ってその結果の統計分析を行なった。そこで判明したのは、暴動に参加していた人々は、多様な社会階級の出身であるということだった。彼はこの報道でピュリッツァー賞を受賞した。社会科学をジャーナリズムに応用することを、メイヤーは「精密な報道」と呼んだ。

時がたち、すべての報道機関にデスクトップ・コンピューターが配置されると、記者たちは表計算ソフトやデータベースを使ってデータを追跡したり、ネタ探しをしたりするようになった。精密な報道は進化し、「コンピューター支援報道」と呼ばれるものになった。コンピューター支援報道とは、映画『スポットライト 世紀のスクープ』〈2015年米〉に登場したようなタイプの調査ジャーナリズムのことを指す。この作品は、『ボストン・グローブ』紙によるピュリッツァー賞を受賞した調査報道をドラマ化したものだ。この報道で取材対象となったのは、児童に性的虐待を加えていたカトリック司祭たちと、その問題を隠蔽しようとする勢力だった。数百件もの事件と数百人にものぼる司祭とその聖堂区の記録をたどるために、記者らは表計算ソフトとデータ分析を活用した。2002年においては、これが最先端の調査方法であった。

インターネットの規模が拡大し、新しいデジタル・ツールが登場するにつれて、コンピューター支援報道は、わたしたちが現在「データジャーナリズム」と呼んでいるものへと進化を遂げ、その範囲にはヴィジュアル・ジャーナリズム、計算ジャーナリズム、マッピング、データ分析、ボット制作、（そしてなにより）アルゴリズムの説明責任報道が含まれている。データジャーナリストは、まずはジャーナリストであることが基本だ。わたしたちはデータをソースとして使い、さまざまなデジタル・ツールやプラットフォームを駆使して記事を書く。扱う記事は速報ニュースの場合もあれば、愉快な話題の場合もあれば、調査報道の場合もある。わたしたちの記事は、常に読み手に有益な情報を与える。

2008年創設の「プロパブリカ」そして『ガーディアン』紙が、この分野の先頭を走ってきた。[★8]『ウォール・ストリート・ジャーナル』紙のベテラン記者、ポール・スタイガーが創設し、慈善団体による資金援助を受けた「プロパブリカ」は、またたく間に調査報道の雄として名を上げた。スタイガーは調査報道において豊富な実績を持っている。『ウォール・ストリート・ジャーナル』紙の編集局長を1991年から2007年まで務め、その時期に局内の記者たちが書いた記事は、ピュリッツァー賞を16回受賞している。プロパブリカの記者たちは、2010年5月の初受賞以降、何度もピュリッツァー賞に輝いている。2011年に同団体が受賞したピュリッツァー賞国内報道部門賞は、紙で出版されていない記事がこうした類の賞を受けた初めての例となった。

ピュリッツァー賞を受賞したプロジェクトの大半には、取材チーム内にデータジャーナリスト、あるいはデータジャーナリストの役割を果たした人たちが存在した。数多くのニュース編集局で使われているプログラミング・フレームワークDjango（ジャンゴ）を作ったジャーナリストでプログラマーのエイドリアン・ホロヴァティは、２００６年９月、「新聞サイトが変えるべきある根本的なやり方（A Fundamental Way Newspaper Sites Need to Change）」と題した辛辣な批評記事をネットで公開した。[★9] ホロヴァティの主張は、ニュース編集局は、記者たちが従来用いてきた手法に構築されたデータを組み入れることによって、記事を軸に据えた昔ながらのモデルの、その先を目指すべきだというものであった。この記事をきっかけとして、ビル・アデア、マット・ウェイトらが、ファクトチェックを行なうサイトPolitiFact（ポリティファクト）を創設し、これは２００９年にピュリッツァー賞を受賞した。サイトのローンチにあたり、ウェイトはこう書いている。「このサイトは、シンプルな、旧来の新聞のコンセプトを、ウェブのために根本的に再設計したものだ。われわれは政治の『真相追求部隊』のストーリー、つまりひとりの記者が選挙運動広告や街頭演説について真実をチェックして記事を書くという形に注目した。われわれはこのコンセプトを手に取り、それをバラバラに解体して基本的な部品にし、それらを新たに組み合わせて、２００８年の大統領選をカバーするデータに基づいたウェブサイトとして組み上げた[★10]」

ホロヴァティはこのほか、犯罪データと地理位置情報とを統合したニュースアプリの先駆けとなったEveryBlock（エヴリブロック）を作製している。EveryBlockはGoogle Maps APIを利用した最初のアプリであり、グーグル社はこれをきっかけに、このサービスをだれでも使えるようにした。[★11]

『ガーディアン』紙がデータジャーナリズムの先鞭をつけたのは2009年のことで、このときは記者とプログラマーによるチームが、クラウドソーシングを通じて、45万件にのぼる国会議員の経費支出の調査を行なった。この作業は、イギリスの複数の国会議員が、自宅や事務所の経費の支払いに公金を使っていることが判明したスキャンダルの追跡調査として行なわれたものだ。『ガーディアン』チームはまた、リークされた膨大な文書の分析に計算手法を用いる高度な技術を有しており、その手腕はアフガニスタンとイラクでの戦争の記録分析に発揮されている。[★12]

この分野における重要なプロジェクトのひとつに、『ウォール・ストリート・ジャーナル』紙による価格差別に関する調査がある。[★13] ステープルズやホームデポといった大型チェーン店はかつて、自社のウェブサイトにおいて、ユーザーがそのときにいると思われる場所の郵便番号に応じて、異なる価格を表示していた。同紙のジャーナリストは、計算分析ツールを用いて、裕福な郵便番号地域にいる消費者が、比較的貧困な郵便番号地域にいる消費者よりも安い価格を請求されていたことを発見した。

学術研究は、データジャーナリズムを補完するものとして重要な役割を果たす。データジャーナリストの中には、確立された学術調査手法を用いる人も多い。よいジャーナリストの条件のひとつは、取材対象についてよく知る専門家に頼るべきときを理解していることだ。またもうひとつの条件として、専門家と詐欺師とを見分けられる、というものもある。データジャーナリストは、さまざまな分野の専門家と一緒に仕事をする。ジョージア工科大学の教授アーファン・イーサは、2008年、第1回目となる「コンピュテーション+ジャーナリズム・シンポジウム」を開催した。以来、年に1度開催されているこのイベントでは、ジャーナリストと、コミュニケーション、コンピューターサイエンス、データサイエンス、統計、ヒューマン＝コンピューター・インタラクション、ヴィジュアル・デザインなどの研究者とが顔を合わせ、それぞれの研究成果を発表し、理解の促進を図っている。ノースウェスタン大学教授で、この会議の共同創設者のひとりであるニコラス・ディアカポラスは、政策決定者の説明責任を果たさせるための一環としてのリヴァース・エンジニアリング・アルゴリズムについて、重要な論文を書いている。彼の論文「アルゴリズムの説明責任――計算の権力構造の報道調査（Algorithmic Accountability: Journalistic Investigation of Computational Power Structures）」は、彼自身やほかのジャーナリストたちが行なった、アルゴリズムのブラックボックスに関する調査についてくわしく取り上げている。[★14]

コンピューターサイエンスと密接な関係にあるにもかかわらず、データジャーナリズムは一般に社会科学であるとみなされている。この分野についてのとくにくわしい研究は、社会科学の文献から見つかる。C・W・アンダーソンは2012年、論文「計算・アルゴリズム的ジャーナリズムの社会学を目指して（Towards a Sociology of Computational and Algorithmic Journalism）」を発表し、シュドソン（マイケル・シュドソン、コロンビア大学教授）が提唱したニュース研究への四つのアプローチと、2007年〜2011年にかけてフィラデルフィアの新聞社で行なったフィールドワークから得たエスノグラフィー的な洞察とを結び付けて論じている。[★15] ニッキ・アシャーもまた、著書『インタラクティブ・ジャーナリズム――ハッカー、データ、コード（*Interactive Journalism: Hackers, Data, and Code*）』の中で、エスノグラフィー的なコンテクストについて述べている。[★16] この本のベースとなっているのは、フィールドワークと、『ニューヨーク・タイムズ』紙、『ガーディアン』紙、プロパブリカ、WNYC（ニューヨーク・パブリック・レディオ）、AP通信、ナショナル・パブリック・レディオ（NPR）、アルジャジーラ英語版で働くデータジャーナリストたちへのインタビューだ。シンディ・ロイヤルが発表した、コードを書くジャーナリストたちに関する論文は、ジャーナリストがニュース編集局の中でどのようにコードを利用しているかを理解するうえで重要であり、またジャーナリズムを教える学校がカリキュラムにどのようにコンピューター・スキルを組み込んだらよいかについての理解の促進にもつながった。[★17] ジェームズ・T・ハミルトンは2016年に出版した著書『民主主義の捜査官（*Democracy's Detectives*）』で、データに基づいた調査ジャーナリズムが公共の利益にとっていかに重要であるか、またそうした公共のための奉仕にどの程度のコストがかかるかについて書いている。影響の大きい調査データジャーナリズムの記事を仕上げるための費用は決して安くない。「記事には多額のコストがかかる場合もあるが、コミュニティー全体にもたらされる利益の大きさは計り知れない」と、ハミルトンは書いている。[★18]

2010年、ティム・バーナーズ＝リーは、データジャーナリズムという新たな分野に対して、こんな言葉で賛意を示した。「ジャーナリストはデータに通じていなければならない。かつて記者たちは、バーでだれかとおしゃべりをしてネタを拾ってきたものであり、いまだにそういった手を使うこともあるだろう。しかし今では、データをじっくりと眺め、それを分析するためのツールを用意し、そこからおもしろいものを取り出すこともまた、記者たちの仕事となっている。そして事実を正しくとらえ、すべてのつじつまがぴたりと合うのはどこか、またこの国で何が起こっているかを見定めることによって、人々を助けるのだ」。[★19] ネイト・シルヴァーがFiveThirtyEight.com（ファイブサーティエイト）〔個人で立ち上げた、データジャーナリズムを実践する政治ブログ〕をローンチし、2012年に著書『シグナル&ノイズ——天才データアナリストの「予測学」（*Signal and the Noise: The Art and Science of Prediction*）』を出版するころには、データジ

ャーナリズムという言葉は、調査ジャーナリストたちの間で広く使われるようになっていた。[★20]

コンピューターが進化してきた一方で、人間の本質は変わっていない。人間が誠実さを保つには、外部からの働きかけが必要だ。わたしはこの本をきっかけに、みなさんにデータジャーナリスト的な思考を身に付けてもらえればと願っている。そうなれば、あなたはテクノロジーに関する見当はずれな意見に反論し、現代のコンピューターを活用したシステムに埋め込まれた不正と不平等を暴くことができるようになる。ジャーナリストのように、間違いが起こる可能性を疑ってかかることによって、無批判なテクノロジー肯定論から距離を取り、可能性の広がった日々をどのように生きるかについて、より理性的かつバランスのとれた見方をすることができるようになるだろう。そうすればもう、テクノロジーに脅かされたり、傷つけられたりすることはなくなるはずだ。

第Ⅱ部　コンピューターには向かない仕事

マシン、コード、データをうまく組み合わせて活用すれば、ワクワクするような、新しい知見を生み出すことができる。正しい数字を手に入れれば、収入を増やせるし、よりよい意思決定ができるし、そのうえ仲間を見つけることができるし、それに——こうした思考にはキリがない。データ至上主義は、教育の世界ではとくに苛烈だ。２００９年、合衆国教育長官のアーン・ダンカンは、大勢の教育研究者を前にこう述べている。「人間の決定をうながし得るデータの力を、わたしは強く信じている。データはわれわれに、改革のための地図をもたらす。データはわれわれがどこにいるのか、どこへ行かなければならないのか、もっとも大きな危険にさらされているのはだれなのかを教えてくれる[★1]」

しかしながら、データだけで社会問題を解決できると考えるのはあまりにも単純だ。わたしがこの事実について身をもって知ったのは、ビッグデータを活用して地元の公立学校の立て直しにひと肌脱ごうとしたときのことだった。その試みは失敗に終わった——そしてその失敗の理由は、アメリカで現在採用されている技術官僚的な「標準テスト」のシステムが、この先も決してうまく機能しない理由と、大いに関係がある。

息子が小学1年生のころ、わたしが宿題を手伝っていると、ある問題が発生した。「天然資源を書かなくちゃいけないんだ」と息子は言った。

「空気、水、オイル、ガス、石炭」とわたしは答えた。

「空気と水はもう書いた。オイルとガスと石炭は天然資源じゃないよ」

「そんなことないよ、天然資源だよ」とわたしは言った。「再生可能な天然資源ではないけど、天然資源に変わりはない」

「だけど、そういうのは先生が授業中にくれたリストにないもん」

子育てをしていると、とうてい自分の理解がおよばないと感じる瞬間が多々あるものだが、このときわたしが感じたのは認識論的ジレンマだった。わたしの一般常識（そしてインターネット）は、〝正しい〟と判断されるべき答えはたくさんあると告げていた。しかし、この宿題で満点を取るために必要な答えは、そのうちのたったひとつだけなのだ。

わたしはプリントに目をやった。そこにはウシと傘の絵が書かれてある。「ウシは天然資源じゃないね」とわたしは言った。

「動物は天然資源だよ」と息子。

「ウシは自然の一部であって、天然資源じゃない」

「だけど先生は、動物もそうだってほんとに言ったんだ」

「先生は傘もそうだって言ったの」

「それは水って意味だと思う。それはもう書いた」

「教科書を見てみようか」。少しいらだちを感じながら、わたしは言った。「宿題用のプリントがあるなら、それについて書いてある教科書があるはずだから」

「教科書はないよ」

「あるでしょ」

「家に持って帰っちゃいけないんだ。見ていいのは教室の中でだけだよ」

「新学期前の説明会ではたしか、教科書のオンライン版があるって言ってたはずだよ。ウェブサイトとかパスワードは、先生に教えてもらってるかな」

「ううん」

それからの1時間、わたしはオンライン版の教科書サイトになんとかアクセスしようと奮闘したり、海賊版の複製がネットに上がっていないかと探し回ったりした。どちらも成果は上がらなかった。

息子の標準テストは3年生から始まる。1年生の宿題がこれほどややこしいとすると、息子（や、ほかの子供たち）はどうやってテストの答えを見つければいいのかと、わたしはとても心配になった。

わたしは以前より、シヴィック・ハッカーたちとのつきあいがあった。シヴィック・ハッカーとは、ソフトウェアを自主的に開発して、政府が公開したデータを利用しやすい形に処理する人々のことだ。そこでわたしも彼らにならって、自分がかつて教えていて好評だったSAT対策コースをベースに、テスト突破戦略を立てられるかどうか、挑戦してみることにした。実際にわたしが攻略ターゲットとした試験は、当時うちの家族が住んでいた州の標準テストである、3年生向けの「ペンシルヴァニア学校評価システム(Pennsylvania System of School Assessment、略称PSSA)」だった。プロの開発者チームと協力しつつ、わたしは入手可能なデータを処理する人工知能ソフトウェアを設計した。

人工知能は近年、ジャーナリストにとって大いに利用価値が高まっている。たとえば自動文章生成は、スポーツやビジネス分野におけるある程度型の定まったルーチン記事を、より効率的に仕上げるのにひと役買っている。機械学習は、ジャーナリストが大規模なデータセットを理解する助けとなり、その結果Overview Project(オーバーヴュー・プロジェクト)やDocumentCloud(ドキュメントクラウド)といった文書分析ツールが生み出された。わたしがとくに関心を引かれたのは、人工知能の第三の面であるエキスパート・システムだ。この技術なら、ジャーナリストがデータの中からネタを見つけるために役立つだろうと、わたしは考えた。本来のエキスパート・システムの構想とは、「箱の中に入った人間の専門家(エキスパート)」が、こちらに助言を与えてくれるというものだ。残念ながら、これはうまく機能するには至らなかった。人間の認識力や専門家の持つ能力はあまりに複雑であり、二進法で計算する機械(現在わたしたちが手にしているコンピューターとは、究極的にはそういうものだ)によって実行される自動化された手順にあてはめることができないのだ。それでも、わたしの研究の成果は、このエキスパート・システムのコンセプトに少し手を加えることで、公共問題報道に活用することが可能になり、大規模な公共のデータセットからジャーナリストがネタをすばやく、効率的に見つけるのを助けることができると示唆していた。

わたしは必要なデータ分析を行なうソフトウェアを設計・構築した。教師たちと話をした。生徒たちと話をした。いくつもの学校を訪問し、「学校改革委員会」の会議に出席した。そんなことを半年間続けたところで、わたしはついにテストの攻略が可能であることを突き止めた。これを実現するために必要だったのは「テスト突破戦略」ではなかった。それは驚くほどローテクな手法――つまり、答えが書いてある教科書を読む、という手法だった。

フィラデルフィア学区は、国内で8番目に大きな学区であり、また地域の公立学校の生徒たちは極端に貧しい。2013年には、生徒の79パーセントが無料あるいは割引ランチの対象になっていたほどだ。高校の卒業率はわずか64パーセントで、2013年のPSSAで熟達(プロフィシエント)レベル以上のスコアをとれた生徒は全体の半分以下だった。

フィラデルフィアの学校に問題が存在する場合、その問題は通常、国内のほかの大都市地域の学校にも存在する。そうした問題のひとつが、多くの学校に、教科書を購入するのに充分なお金がないことだ。この問題は、ニューヨーク、ワシントンDC、シカゴ、ロサンゼルスなどの大都市に共通している。フィラデルフィア学区のツイッター・アカウントは以前、元市長のマイケル・ナッターが、幼稚園年長~3年生の生徒向けに寄付された20万冊の本を笑顔で配布している写真をツイートしたことがある。残念ながら、子供たちを古典的な文芸作品に触れさせたところで、地を這うような彼らのテスト・スコアが上がることはない。

その理由は、標準テストが一般的な知識に基づくものではないからだ。わたしが調査を通して学んだ通り、テストは特定の本に載っている特定の知識に基づいている。その本とはつまり、テストを作る業者が作る教科書だ。

こうした事情はすべて、テストの実施をめぐる経済と密接に結び付いている。アメリカのどこであれ、標準テストは三つの企業――CTB／マグロウヒル社、ヒュートン・ミフリン・ハーコート（HMH）社、ピアソン社のうちの1社が提供している。これらの企業がテストを作り、テストを採点し、生徒たちがテスト勉強に使う教科書を出版している。HMH社の広報資料によると、同社の市場シェアは38パーセントであり、同社の2013年の収益は13億8000万ドルにのぼった。

同じ年、ペンシルヴァニア州は、PSSAの採点作業のためにデータ・リコグニション社（DRC）という企業と数百万ドルにのぼる契約を結んでいる。DRCは、全国を対象とした標準テストの作成・採点を1億8600万ドルで政府から請け負ったコンソーシアムに参加するという形で、マグロウヒル社と手を組んで仕事をした。マグロウヒル社は同時に、学校が生徒のテスト対策用に購入する教科書やカリキュラムの制作も手がけていた。『エヴリデイ・マス（*Everyday Math*）』というブランド名を冠した、フィラデルフィアの大半の公立校で使われている幼稚園年長〜5年生のためのカリキュラムは、マグロウヒル社から出版されているものだ。

要するに、自分の生徒をテストに合格させたい教師はだれであれ、大手出版社3社が作った教科書を使わなければならないということだ。もしこれらの企業が出している教科書を読んでから、同じ企業が作った標準テストを見たなら、小学校3年生の生徒でさえ、テスト問題の多くが教科書に載っている問題とよく似ていることに気づくだろう。事実、ピアソン社は2012年、標準テストにおいて、自社の教科書に掲載されている文章の一節をそっくりそのまま使用して、多くの非難を浴びている。

これはテストの文章が教科書のそれと同じであるというだけの話ではなく、数学的な事実や数字についても同じことが起こっている。たとえば2009年のPSSAのある問題を見てほしい。この問題は3年生の生徒たちに、3ケタの偶数をひとつ書き、その答えに行き着いた理由を説明せよと求めている。図5・1が、ペンシルヴァニア教育局が公開したテスト向け補助資料から引用した正解例だ。一方、図5・2は部分的に正解となる回答例で、これを書いた生徒の得点は2点中1点だった。

2番目の答えは正解だが、これを書いた3年生の生徒は、これがなぜ正解であるかを説明するための、概念の妥当性を補強する特定の内容を書いていない。『エヴリデイ・マス』のカリキュラムは、この理由付けについて詳細にカバーしており、3年生用の学習指導書は教師に向かって、これを以下のようにくわしく教えるよう指示している。「奇数および偶数の約数、またその積に関する法則をひとつ挙げなさい。どうやったらその法則が本当だとわかりますか」。教科書を持っていない3年生には、偶数と奇数の違いを学ぶことはできても、テストの制作者がその違いをどのように説明してほしいと思っているかを推測することは難しい。実質上、これらのテストが試しているのは〝特化型〟の知性であって、汎用型ではない。

932 is an even number because all you have to do is look in the ones place. If you can divied That number equally, it is even. A even number in the ones place makes the whole number even.

ANSWER BOX: 932

「932は偶数で、なぜなら一の位を見ればいいから。もしその数字を等しく割ることができれば、それは偶数。一の位に偶数があれば、その数字全体が偶数になる。」

図5.1 2009年PSSAに出題されたある問題の正解例

200 Cause, It is an even number and it has 3 digits.

ANSWER BOX: 200

「200。なぜならこれは偶数で、3ケタあるから。」

図5.2 2009年PSSAに出題されたある問題の部分的に正解になる例

これは、生徒のことをあたかも機械学習を行なっているマシンのように扱うシステムだ。生徒がもし、要求に応じて〝正しい〟答えを吐き出さなければならないのなら（これ自体、目標として問題がある）、彼らは正しいデータをインプットされている必要がある。この場合の正しいデータとはつまり、教科書に書かれているデータのことだ。

大学の教授は、ただ教科書を指定して学生が自主的に購入するのに任せているが、幼稚園年長〜高校3年生を担当する教師たちは、生徒に直接教科書を与える必要がある。しかしそれは、ひとりの生徒に対して、1教科ごとに1冊の本を注文してあげればよいという単純な話ではない。わたしが訪問した学校と、話を聞いた教師たちに基づいて考えると、生徒ひとりに必要なものには、最低でも科目ごとに1冊の教科書と1冊の問題集、さらに教師がさまざまなウェブサイトから拾ってくる問題プリントや課題などがある（言うまでもないが、課題解決型学習の場合には、クリップ、工作用紙、はさみなどの道具も必要となる）。教科書は毎年再利用することも可能だが、ただしそれは州の標準が変わっていなければの話だ——そして少なくとも過去10年間、標準は毎年変わっている。

教科書と、標準テストで優秀な成績を収めることとの間に直接的な相関関係があることに気づいたわたしは、フィラデルフィアの学校のうち、大手3社の教科書を持っていないのは具体的に何校なのかを確かめることにした。不足分を埋め合わせるためにどのくらいのお金が必要かにも興味があった。

最初の問題にぶつかったのは、フィラデルフィア学区に対し、どの学校でどのカリキュラムが使用されているかをまとめたリストがほしいと問い合わせたときのことだった。ある学校に本来どの教科書があるべきなのかを知るには、その学校が使っているカリキュラムの名称を知る必要がある（『エヴリデイ・マス』

のようなブランド名を冠したカリキュラムを使う場合、学校にとっては、教科書の注文を効率よくこなすことができ、一括購入割引を受けられるという利点がある)。

「そうしたリストはありません」。フィラデルフィア・カリキュラム開発事務局の担当者はそう言った。

「存在しないんです」

「各学校がどのカリキュラムを使っているかは、どうやって把握するんですか」とわたしは尋ねた。

「把握しません」

一瞬、電話の間を沈黙が流れた。

「学校が必要な教科書をすべて持っているかどうかは、どうやって確認するのですか」

「確認しません」

区の方針では、各学校は教科書の目録を「教科書保管システム」と呼ばれる集中型データベースに記録することになっている。「もしその教科書保管システムに入っている教科書のリストをいただけるなら、それをこちらで逆行分析（リヴァース・エンジニアリング）して、各校が使っているカリキュラムのリストを作って差し上げますよ」とわたしは担当者に告げた。

「本当ですか。それは助かります。そんなことができるなんて知りませんでした！」と彼女は言った。

そんなわけでわたしは、こういった状況にあるコンピューター・プログラマーがなすべきことをした。つまり、ワークアラウンド〈問題や制限を回避するための応急的な代替措置〉を考案したのだ。わたしは、フィラデルフィアの各公立校について、その学校にある教科書の数が生徒の数と等しいかどうかを調べるプログラムを作った。分析の結果はかんばしくなかった。平均的な学校は、学区で推奨されているカリキュラムの教科書を、必要な冊数の27パーセントしか持っていなかった。少なくとも10校が、その学校自体が持つ記録によると、1冊も教科書を所有していなかった。あるいは、とうてい使い物にならないほど古い教科書を持っている学校もあった。

わたしはそうした学校をいくつか訪問し、生徒たちに、教科書にどの程度触れているかを尋ねた。「高校には教科書があったけど、1980年代とか、そのくらい古いものでした」。フィラデルフィアの公立学校を最近卒業したデヴィッドはそう言った。公立高校の3年に在籍するある女子生徒は、自分が使っている歴史の教科書には、すべてのページに睾丸のらくがきがあるのが嫌だと話していた。

サウス・フィラデルフィアのマグネットスクール〈数学・科学・芸術など特定の科目を重視するなど独自のカリキュラムを持ち、学区にしばられず広範囲から生徒を集める公立校〉であるアカデミー・アット・パランボの代数の授業を見学した際に出会った数学教師のブライアン・コーエンは、わたしが話した内容に驚いた様子だった。パランボの記録では、同校は『ファスト・トラック・トゥ・ア・5――AP対策・微分積分学AB・微分積分学BC試験（*Fast Track to a 5: Preparing for the AP Calculus AB and Calculus BC Examinations*）』という教科書を使っていた。ところが、システムにはその教科書の数は「0冊」と記録されている。「おかしいですね」。わたしが代数の授業を見学させてもらったあとの会話で、コーエンはそう言った。「なぜうちの学校の所蔵数が0冊になっているんでしょう」。学校はこのブランド名のカリキュラムを選んだだけで、発注しなかったのだろうか。あるいは、教科書は発注されたものの、その後どこかで行方不明になったのだろうか。

わたしが書庫を見てもいいかと尋ねると、コーエンは廊下を先に立って案内してくれた。途中、コーエンの同僚の微分積分の教師に会い、立ち止まって言葉を交わした。「教科書は足りてる？」とコーエンが尋ねた。

「今は大丈夫」と彼女は言った。「ウェスト・フィラデルフィアにある学校が閉鎖になって、そこにあった教科書を全部もらえたから。つてがある友人が声をかけてくれたの」。ところが、彼女が使っていたのは『ファスト・トラック・トゥ・ア・5』ではなかった。それはまた別の微分積分の教科書で、わたしの記録シートには載っていないものだった。

コーエンによると、都市部の教師たちの間には、ある種の地下経済のようなものが存在するらしかった。教師たちの中には、自分の生徒が使うための教科書や紙や机を手に入れようと、交渉に明け暮れている者もいるという。彼らは自分の空き時間を使って、DonorsChoose.org（ドナーズチューズ）〔米の公立校向け学用品資金調達サイト〕のような資金調達サイトでキャンペーンを立ち上げ、またほかの学校からもらえる教材がないかどうか、常に目を光らせている。フィラデルフィア教師連盟の調査によると、フィラデルフィアの教師は、授業で必要なものを購入するための100ドルという年間予算を補うために、毎年平均で300〜1000ドルを自腹で支払っているという。

コーエンとわたしは数学科の〝書庫〟に到着したが、実際のところそこは、鍵がかけられ、がらんとした数学科主任室の片隅にすぎなかった。「余分な教科書はここに保管してあります」。背の低い木製の本棚ふたつを指しながら、コーエンは言った。床には中くらいの大きさのダンボール箱が置いてあり、蓋が開けっ放しになっていた。コーエンが中を覗き込む。「どうやらAP（アドヴァンスト・プレースメント）〔大学レベルの難易度の高い授業を行なう制度〕向けの微分積分の教科書が見つかったようですよ」と彼は言った。その箱いっぱいに詰まっていたのは、真新しい『ファスト・トラック・トゥ・ア・5』だった。

このちょっとした事故を、集中型コンピューター・システムが存在しないせいだと言えたなら、ことは簡単だったろう。しかし実際には、そうしたコンピューター・システムは存在したし、わたしの手元にあるのはそのシステムから印刷したプリントだった。その紙には、パランボにあるこの教科書の冊数は0だと書いてあったが、わたしの目の前には、それが24冊、鍵のかかった部屋の床に置かれたダンボール箱の中に入った状態で置かれていた。

フィラデルフィアの学校が抱える問題は、教科書に関するものだけではない。彼らが抱えているのはデータの問題であり、つまりは人間の問題だった。わたしたちは、データは普遍の真実だと考える傾向にある一方で、データやデータ収集システムは人間によって作られたものであるという事実を忘れがちだ。学校にある教科書の数は、生身の人間がそれを確認したうえで、データベースに入力する必要がある。通常、この作業を担当するのは、事務補助か教師の助手だ。しかしながら、過去数年間における深刻な州予算削減のために、学区の管理スタッフが減らされてしまった。いくら優秀なデータ収集システムがあろうとも、それを管理する人間がいなければ何の役にも立たない。

マンハッタン・カレッジの財政部門副部長・最高財務責任者であり、元フィラデルフィア学区最高財務責任者のマイケル・マッシュによると、彼は以前、自分のスタッフを定期的に区内の学校に派遣して、仕事を山ほど抱える学校長らの手がまわらない簿記などのタスクを手伝わせていたという。「学校長は現金の勘定も学生口座の管理も得意ではありません。学校は人手不足で、管理機能の支援が必要でした」とマッシュは言う。「学校長が保護者全員と面談を行なわなかったり、あらゆる危機に対処しなかったりすれば、彼らは批判を受けます。ペーパーワークなどの目に見えない業務を怠っても、それが新聞沙汰になることはありません。だから仕事に優先順位を付けるわけです」

教科書不足に対して、フィラデルフィアの学校長たちからは、予想通りにぶい反応しか返ってこない。「学校は教科書を手放したがらないんです」。ジェンクス小学校に通う2年生と4年生の子供を持つレベッカ・ドントは言う。「うちの娘は教科書を家に持ち帰ることを禁じられています。学校側が、教科書がなくなるのを嫌がるからです」。過去2年間にわたり、ドントは教師たちの聞き取り調査を行なって、彼らが必要だと考えるもの（主に一般書や基本的な学校用品）を明確にし、それをもとに地域からの寄付を集める活動を行なってきた。「昨年、初めてこれをやったとき、校長が言ったんです。『ああ、その中には学校にあるものもありますね』」。パランボにあったAP用の微分積分の教科書と同じように、ないと思われていたものは学校のどこかに存在し、ただ必要な人の手に渡っていなかっただけなのだ。「備品室や書庫に置かれているものと、教室にいる先生たちを結び付けるための支援が足りていません。点と点をつなぐには、充分な予算が必要です」

学用品の記録を管理するというのはひとつの課題だ。そしてそれを使う生徒たちの記録を管理するというのは、これとはまったく別の課題となる。フィラデルフィアの学校では、里親のもとで暮らしていたり、不安定な生活状況にあったりする生徒が多く、彼らは頻繁に転校をする。フィラデルフィア子供病院の報告によると、この街の公立高校の生徒の5人に1人が、児童福祉あるいは少年司法制度と関わりを持った経験があるという。ある教師はわたしに、ウェスト・フィラデルフィアの高校で彼女が教えていたときには、2週間ごとに生徒が少なくともひとり、増えるか減るかしていたと教えてくれた。

「これほど大規模な学区に、人員や学用品の補充問題が山積みになっているのです。国内の大半の学区には、こうした問題はありません」。非営利団体「青少年のための公共市民」の事務局長、ドナ・クーパーはそう語る。「すべてにおいて、外から見た様子と実情がまるで違っているのです」

２０１３年に最初のデータ分析をひと通り終えたあと、わたしはフィラデルフィア学区に対し、調査結果をウィリアム・ハイト学区長に報告したいと申し入れた。学区の広報係は、ハイトは時間が取れないため、学校支援サービス担当代理のスティーヴン・スペンスと会ってはどうかと伝えてきた。60代前半の元体育教師であるスペンスは、学校の年度開始時および終了時に発生する各種業務を担当する責任者だった。この仕事は、かつては部門の全スタッフによって行なわれていたが、人員削減後は、スペンスが机からカーペットまで、すべてをひとりで管理していた。

わたしは彼に、各年度の開始時、学校に教科書が充分にあるかどうかをどのように確かめているのかと尋ねた。スペンスの説明によると、すべての学校長には、年度始めと年度終わりに、専用のチェックリストの提出が求められるということだった。そのチェックリスト（スペンスが全学校長にメールで送付するWord文書）には、運営上必要な教科書が学校にすべて揃っていることを示すチェックマークを入れるためのボックスがひとつ書かれていた。

「中央の事務局レベルでは、目録の細かい部分までは管理していません」とスペンスは言った。「テクノロジーに通じた学校長であれば、ネット上に目録システムを作るかもしれません。テクノロジーにうとい学校長であれば、ただだれかに指示して教科書の数を数えさせ、それをあっちからこっちへ運ばせ、棚にしまわせて、それがそこにあることを目で確かめさせるでしょうね」

それはおかしな話だと、わたしは考えた。ほんの数年前に、全学区を網羅した電子システムが作られたはずだったからだ。２００９年に開かれたフィラデルフィアの学校改革委員会において、ある生徒が立ち上がってこう発言した。「わたしは教科書を1冊も持っていません」。これをきっかけに、学区長のアーリーン・アッカーマンが、区の目録をコンピューター化することを決めたのだ。最高情報責任者のメラニー・ハリスからわたしは、目録システムは内部リソースを使ってすでに開発が行なわれたと聞いていた。

「つまり、そのオンラインシステムはもう使われていないということでしょうか」と、わたしはスペンスに尋ねた。

スペンスによると、学校長たちは、それぞれ独自のやり方で目録の報告を上げる方を好むということだった。「わたしは学校長と、このデータ、つまりリアルタイム・データを信頼しています。データは先ほど話に出た、年度始めと年度終わりのチェックリストで追跡できますから」

スペンスは校長からチェックリストを受け取り、その情報を自分のコンピューター上にある Excel のスプレッドシートに入力する。

「この Excel 文書はだれかほかの人と共有されていますか」と、わたしは尋ねた。

「学区長補佐たちと共有しています。わたしたちは会合を持ちますので、年度開始前の会合で、プロジェクターを使って Excel のスプレッドシートを大型スクリーンに投影します」

データサイエンスのプロとして、わたしにはスペンスが事態をまるで理解できていないことがはっきりとわかった。数百万冊もの教科書、何万台もの机。それらすべての記録をつけるには、テクノロジーと、実際に記録作業を行なうのに充分な人員がなければ不可能だ。さらには、データの正しい使い方を理解することも、それと同じくらい難しい。

結果として、フィラデルフィアの学用品の数値はあたりまえのように帳尻が合わない。たとえば、サウスウェスト・フィラデルフィアにあるティルデン・ミドル・スクールの8年生（日本の中学2年生に相当）の例を見てみよう。学区の記録では、ティルデンはホートン・ミフリン社による『文学の基礎（*Elements of Literature*）』という読解のカリキュラムを使っている。２０１２〜２０１３年度、ティルデンには8年生が１１７人いたが、（欠陥が明らかな）区の在庫システムによると、この8年生向けの読解の教科書は校内に42冊しかなかった。ティルデンの8年生は、その大半が標準テストでいい成績を取れなかった。区全体の読解の平均スコアが57・９パーセントだったのに対し、彼らの平均は29・４パーセントだった。

問題のひとつは、こうした生徒たちが何を必要としていて、実際には何を持っているかを常に把握している人間がだれもいないことであり、またもうひとつの問題は、単純に教育予算が少なすぎることだ。『文学の基礎』の価格は１１４ドル75セントだが、２０１２〜２０１３年度にティルデン（そしてフィラデルフィアのほかの全ミドル・スクール）の生徒ひとりにつき、書籍購入費として割り当てられたのはたったの30ドル30セントだった。しかも教科書1冊の価格の4分の1程度にしかならないその金額で、1教科だけでなく、すべての教科をカバーする想定だったのだ。わたしが独自に計算してみたところ、平均的なフィラデルフィアの学校は、２０１２〜２０１３年度のカリキュラムを教えるのに必要な教科書のわずか27パーセントしか所有しておらず、規定通りの教科書をすべて購入するためには、６８００万ドルの経費が必要だった。学区は、教科書の使用状況に関する包括的なデータを収集していないため、この数字が大げさなものでないとは言い切れない――しかしむしろ、大幅に低く見積もりすぎている可能性の方が高いように思われる。

２０１２～２０１３年度の終わりには、書籍購入予算はまるごと削除された。２０１３年６月、州営の学校改革委員会――２００１年にフィラデルフィアの教育委員会に代わって設立された――は、２０１４年事業年度の学区運営費に３億ドル足りない「最後の審判の日予算（あまりに厳しい予算削減に、学校教育を崩壊させるという意味でマスコミによってこう名付けられた）」を通過させた（ペンシルヴァニア州知事は、２０１１年にすでに公教育財源を10億ドル近く削減している）。フィラデルフィアの学校に、生徒の教科書購入のための予算は１ドルも割り当てられなかった。２０１５年の予算でもまた、教科書のための財源は確保されなかった。

こうした類の複雑に絡み合ったいかにも官僚的な難題は、テクノロジーを使って問題点を明らかにするのに最適な例ではあった。数々の官僚的な基準をコードでモデル化し、そのデータを使って、システムがそれ自体の基準にどれだけ合っているかを測るのだ――これはまさしく、コンピューターが作られた目的にふさわしいといえる。同種のテクニックは、これに限らず、ありとあらゆる込み入った官僚的プロセスに活用できる。ただしテクノロジーの活用は同時に、わたしたちの社会システムと公的システムの複雑さを浮き彫りにする。

このプロジェクトに取り組んでいる最中、わたしはビル＆メリンダ・ゲイツ財団（マイクロソフト元会長のビルとメリンダ・ゲイツ夫妻が創設した慈善基金団体）とその影響力について、くわしく知るようになった。有力な教育財政支援団体である同財団は、州共通コア標準（スタンダード）（州ごとに教育カリキュラムが異なる米国において、これを各州共通とすることを目指して開発・導入が進められているカリキュラム標準）の開発と導入を、中心となって押し進めた。ある意味、すべての公立校が抱える状況は工学的な問題ともいえる。州の標準とはいわば、家の設計図のようなものだ。そこに設計図があり、利害関係者が全員、その設計に合意したなら、建設業者は仕事に取りかかり、設計図通りに家を建てる。しかし、設計図に変更が出た場合、建築業者は工事の終了予定を先に延ばさなければならない。いく度も繰り返し家に新しい機能が付け加えられていったなら、コストはぐんぐんあがり、仕上がりの日ははるか先まで延期される。

これと同じ現象は、ソフトウェアの制作プロジェクトにおいても起こる。その原因はたいていの場合、プロジェクトの冒頭で、全体を統括する立場にある人間がソフトウェア・システムに必要な機能をすべて明確にしておかないことにある。新しい機能が付け加えられるたび、コストは引き上げられ、ローンチの期限は否応なしに先送りになる。こうした状態は「スコープ・クリープ」と呼ばれる。ビル・ゲイツは、マイクロソフトのトップとして、大規模なソフトウェア開発プロジェクトのリーダーをだれよりも数多く務めてきた人物だろう。そうした観点から見ると、ゲイツ財団がこの問題に介入して新たな標準をまとめあげ、各州にそれを承認させ、そのうえで標準に基づいたカリキュラムと達成度を測るための試験を導入するというのは、完全に理にかなっている。これは見事に工学的なソリューションだ。もし人々が実際にこの標準に同意して、それが何年も変わらなければ、問題なく機能したかもしれない。

ただしこれは、単純な工学の問題ではなかった。これは社会問題だったのだ。教育標準は自然の法則ではない。それは、特定の政治的およびイデオロギー的背景に起因する概念だ。たとえば、テキサス州とカリフォルニア州の教育委員会の公選役員たちは、進化論や気候変動を標準カリキュラムにおいてどの程度大きく扱うかについて、異なる意見を持っている可能性が高い。カリフォルニアの教育委員会の役員同士も互いに違う意見を持っているだろうし、テキサスでも同様だ。もし教育標準をめぐってどういう類の騒動が起こり得るかを知りたいなら、コロラド州で2014年に巻き起こった「APアメリカ史試験」の内容をめぐる争いの顚末を見てみるといい。★2 共和党、民主党、全国教育協会、米国教員連盟、「アメリカンズ・フォー・プロスペリティ（リバタリアンのコーク兄弟が支援する保守系団体）」、公立学校選択制活動家、不動産開発業者、地域の教育委員会の公選役員、「カレッジ・ボード（大学入試で利用される標準テストの主催団体）」など、これらすべてがこの小競り合いに参戦し、全国的なニュースになった。教育ははるか昔から、アメリカの文化戦争の戦場となってきた。

全国統一の学校標準導入が失敗に終わったこのケースからは、工学的なソリューションが社会問題に対して適用されたときにどんなことが起こるかがよくわかる。そうした四角四面な工学的ソリューションは、あまりに複雑になりすぎること、膨大な時間を要すること、データ駆動型であることなどの理由から、データを探したり、よりすぐれたテクノロジーを追求したりすることが主眼となり、肝心の社会問題に焦点があたらなくなってしまう場合がある。

工学的なソリューションとは、つまるところ数学的なソリューションだ。数学は、明確に定義されたパラメーターのある、明確に定義された状況における、明確に定義された問題においては、見事に機能する。学校はその対極にある。学校とは、人類がこれまでに構築した中でも、とりわけ複雑に絡み合ったシステムのひとつだろう。わたしは毎日教室へ行き、そこで起こったことに驚かされて教室を出る。わたしの学生たちはとてつもなく複雑な生活を送っている。彼らにはそれぞれの締め切り、家族とのつきあい、旅行の計画がある。ときには、学生が自分自身の子供の要求に応じなければならないこともある。それは予想不可能な環境だ。それは、わたしが教えることが好きな理由のひとつでもある。わたしはそうした複雑な生活を送る学生たちが、できる限り最良の人間に成長できるよう手助けをする、ドラマの端役なのだ。

とは言うものの、ときにはコンピューターサイエンティストとしての自分が、その予測不可能な状況にいらだちを感じることもある。授業のシラバスを作るとき、わたしは1学期分の詳細な計画を立てる。もし全員がシラバスのルールとスケジュールの通りに行動すれば、その学期の学習は粛々と進み、だれもが知識を身に付けることができる——しかし、10年間教えてきた中で、シラバスの課題や読解を、調整を一切加えることなく進行できたことなど、一度たりともない。

誤解のないように言っておくと、そうした調整は、授業をよりよいものにしてくれる。わたしが自分のシラバスを調整するのは、教室にいる学生たちの体験をより適切なものにし、その質を高めるためだ。もし学生の大半が、コンピュテーションの、あるいはジャーナリストの基礎的な概念を習得していないようであれば、わたしは少し後戻りして、それらをきちんと教えてから、より高度なトピックに進む。こうしたやり方は、教育における最新の成功事例や、科学的根拠に基づいた教育研究とも一致する。カリキュラムを教室にいる学生に合わせて調整することは、授業での体験の質を向上させる。一方で、わたしの中にいるエンジニアは、学生が何を読み、何の課題をこなすべきかを綿密に組み上げた整然としたグリッドに調整を加えるたびにため息をつく。

わたしの場合、シラバスを調整するのはそう難しいことではない。なぜならわたしが各学期に教えるのはおよそ30人で、全員が非常にモチベーションが高いからだ。学生が教室に来るのは週に1度か2度であり、本当にわたしの授業〔質と量の両方が問われる〕を取りたい人しか参加しない傾向にある。しかし、わたしがK‐12〔幼稚園年長から高校3年生まで〕の生徒を教えているとしたら、状況は異なるだろう。K‐12

の教師もそれぞれでシラバスを調整するだろうが、通常、生徒の数は30人を超え、授業は1日中、週に5日あり、生徒は仕方なく授業に来るのであって、参加したいからではない。私立の大学で教えているわたしは、学生がより多く学ぶ機会を持てると判断すれば、学期の途中で彼らに新しい本を買うよう指示することができる。公立のK－12では、学校が教科書を与える。学期の途中で30冊以上の本を購入することを許されている教師はほとんどおらず、もしいたとしても、実際の調達手続きに何週間もかかるだろう。大学のこぢんまりとした教室で何かを変更するのは、高性能のスポーツカーで方向転換をするようなものだ。公立のK－12の教室で何かを変更するのは、高速で航行するクルーザーの方向を変えることに相当する。

技術至上主義者（テクノショーヴィニスト）であれば、この問題をテクノロジーで解決するよう勧めるかもしれない。本をすべて電子で入手できるようにし、生徒にはそこにスマホでアクセスさせればいい。スマホなら全生徒が持っているのだから。

これはまったくの的外れだ。

スマートフォンは短い文章を読むには便利だが、長い文章は読みにくく、また理解もしづらい。数々の研究により、教育的なコンテクストにおいては、画面上で文章を読むことは、紙に印刷されたものを読むことに劣ると証明されている。研究課題を画面で読んだ場合には、スピード、正確さ、深い学びのすべてにマイナスの影響がある。教育の場で、教師が学生に体験してもらいたいと願う深い学びにおいて、紙の方がすぐれたテクノロジーであることは明白だ。画面上で文章を読むことが、楽しく、便利であるのは確かだろう。しかし、内容を理解するために読む場合、楽しさや便利さは二の次だ。重要なのは「学び」だからだ。学生たちは一般に、学習においては画面上よりも紙で文章を読む方を好む。[★3]

あるいはまた別の技術至上主義者から、iPadやChromebook（クロームブック）などの電子リーダーを全生徒に配り、教科書をすべて電子で読めるようにすればいいという意見が出るかもしれない。それもいいアイデアではあるが、どういう問題が生じるかは明らかだ。あなたは、幼児や10代の若者と一緒に過ごした経験があるだろうか。そして、子供たちがしょっちゅう物を失くすことに気づいただろうか。子供は手袋、帽子、鍵、タブレットなどなど、ありとあらゆるものを失くす。物を壊すのも日常茶飯事だ。つまり、５００人、１０００人、それ以上の子供がいる学校では、２００ドルのタブレットやコンピューターを全員に買い与え、その後否応なしに代替機を同じ値段で買うという行為は道理に合わない。研究室のコンピューターや、ヘビーユーザーが所有するマシンの寿命はせいぜい2年程度だ。

教科書の寿命は5年を超える。言語科目のペーパーバックの教科書なら、安いものであれば99セントで買える。教科書はメンテナンスも、アップグレードも必要ない。買い換えるのも安く済む。一方のコンピューターは、インフラを整備する必要もある。５００人の生徒のためにコンピューターを用意するというのは、たんにコンピューターを買えばそれで終わりということではない。関連のサービス、コスト、メンテナンスなどのさまざまな手続きに関わり合いを持つということだ。

たとえばあなたが学校の管理者で、これから５００人の生徒にラップトップで学べる個別対応プログラムを提供しようとしているところだとしよう。あなたはプログラムのほかに、24時間の電話およびEメールでのサポート体制を、５００人の生徒全員、50数人の教師、20数人の役員とスタッフ、さらには全学生の保護者全員に提供しなければならない。古い校舎の電気系統を調整して、コンピューターを使うのに充分な電力を得られるようにする必要もある。学校の冷暖房機器を最新のものにアップデートし、空気調節ができるようにしなければならない。コンピューターは大量の熱を放出するし、室温が高すぎると正常に作動しないからだ。600人以上が毎日午前6時から午後7時までデータを流す帯域幅需要に対応できる、強力かつ常時つながるＷｉ－Ｆｉネットワークも必要だろう。そのＷｉ－Ｆｉネットワークは、1950年代に建てられた、Ｗｉ－Ｆｉ信号を通さない軽量コンクリート・ブロックの壁に囲まれた校舎の中も含めて、あらゆる場所で使えなければならない。Ｗｉ－Ｆｉネットワークのパスワード管理という仕事もある。パスワードを忘れた人に対しては、たとえ午前3時であってもサポートを提供しなければならない。教師が課題を出したり、学生や保護者とやりとりしたりするために使用する学習管理システムのための、安全なネットワーク・インフラストラクチャーを構築する必要もある。「家族の教育上の権利及びプライバシー法（ＦＥＲＰＡ）」に準拠するためには、そうした安全なネットワークが欠かせない。この法は教育記録のプライバシーの保護を謳うものだが、その「教育記録」とは具体的に何を指すのかについては明確な指示がない。あなたは「児童オンライン・プライバシー保護法（ＣＯＰＰＡ）」に準拠するために、同意を取りつけ、さまざまな調整作業を行なわなければならない。子供たちは6～7歳で学校に通い始め、13歳になる前から学校のコンピューターを使っているのだが、いずれにせよこの法は企業に対し、親の承諾を得ることと、13歳未満の児童の個人情報を守ることを求めている。あなたは数百人の学生、教師、スタッフのためにＩＤをセットアップしなければならない。あなたは学校を離れる学生やスタッフのＩＤを停止しなければならない。あなたは学期始めに電子ブックを貸し出し、学期の終わりには返却処理をしなければならない。あなたは電子ブックのライセンスを取得し、ライセンス料金を支払い、ライセンスをアップデートし、学生が正式なライセンスを取得していないとか、宿題をすることができないといった必然的に起こる問題にも対処しなければならない。あなたはファイアウォールを扱わなくてはならない。あなたは家庭でインターネットにアクセスできない学生の状況に対処しなければならない。ネットがなければ宿題もできないからだ。あなたはコンピューターが故障したら、日々、それを直さなくてはならないし、より高額な修理が必要なコンピューターの代替機を備蓄しておかなくてはならない。あなたは電源コードを家に忘れてきた学生のために予備の充電器を用意しておかなければならない。あなたは紛失したコンピューターの代わりを用意しなくてはならない。あなたは盗まれたコンピューターの代わりを用意しなくてはならない。あなたは学生に不適切なコンテンツを見る気をなくさせるような、妥当な利用ポリシーを作らなければならない。もう少し具体的に言うなら、学生に対して「学校が提供するコンピューターを、ポルノ、超暴力的な動画、ドラッグ・コンテンツなど、あなたの保護者が学校に対して怒りを抱くようなものを見るために使うな」という意図を伝えなければならない。あなたは学生（そして教師やスタッフ）に、そうしたポリシーを遵守させ、彼らが強制的に従わされるのではなく、自主的に法を守る文化を作らなければならない。あなたはこのインフラストラクチャー全体をきちんと稼働させ、いつともわからない未来に至るまで、24時間365日維持管理し、また新しいテクノロジーが登場した場合はそれを取り入れなくてはならない。あなたは最小限の訓練されたスタッフ、最小限の予算、少ない給料で、これを実行しなくてはならない。

苦労はそれだけにとどまらない。2005年に発表された、2000万ドルの予算をかけた「ワン・ラップトップ・パー・チャイルド（OLPC、子供ひとりに1台のラップトップを）」計画から教師と役員たちが学んだように、学生たちにただラップトップを与えることは、彼らがそれを教育のために使うことを意味しない。パラグアイで実施されたOLPCの例では、コンピューターをカリキュラムの活動にどのように活用すべきかについて特定の指示があった場合を除き、教師も生徒も、ラップトップをゲームや動画視聴などの娯楽目的にしか利用しなかった。[★4] コンピューターを授業計画に組み込むうえでは、教師に対する訓練と支援が不可欠であり、たとえそれが実現できたとしても、物資管理上の問題（破損や紛失など）は克服し難い障害となった。OLPC計画に参加したナイジェリアの学校の子供たちが、ラップトップでポルノを見ていたことを大人たちが発見したときには、ささやかなスキャンダルにもなった。[★5]

これは容易なことではない。そうしたすべてを考え合わせると、どうやらただ紙の教科書を使った方が、安価かつ簡単なように思える。

わたしがこの問題について初めて記事を書いたのは、2014年のことだ。[★6] 記事が発表されてから、非常にゆっくりとではあるが、状況は変化してきた。2017年度の予算には、ついに新しい教科書の購入案が盛り込まれた。「2016会計年度と2017会計年度の出資案には、指導用資料の刷新に3200万ドル、カウンセラーと看護師の配置に1200万ドルが含まれる」。2017年のフィラデルフィア学区の予算案にはそう記されている。複数の慈善団体から、「K－3（幼稚園年長から小学3年生まで）の全教室にレベル別図書（読解の難易度に応じて本がレベル別に収納されている学級文庫）を導入する」ための1000万ドルの寄付もあった。この寄付は総額4億4000万ドルの投資の一部であり、このほかK－8（幼稚園年長から中学2年生まで）向けの読解と数学の教材配布、高校で使われているテクノロジーのアップデート、APやギフテッド（先天的に特出した知的能力を有する子供たち）向けの機会提供、すべての学校へのカウンセラーと看護師の配置などが行なわれた。[★7]

記事を書いてから変化が起こるまでのこうした一連の顚末を、インターネット的なスピード、つまりは光の速さを基準として見たなら、このテック・プロジェクトはあまりに時間がかかりすぎだと言えるだろう。開発に6カ月かかり、世間に変化が見えるまでには2年という時間を要したのだから。技術至上主義者であれば、社会が変わるのに2年間も待てないと言うだろう。しかし大規模な官僚組織を変えるのは容易ではない。全速力で進むクルーズ船を方向転換させるのと同じで、こうしたことには時間がかかる。これを回避する道はない。さまざまなアルゴリズムの説明責任に関する調査報道にも、同じことが言える。これには長い時間がかかるし、また記者本人が常に自分が何を見つけようとしているのかを理解しているとは限らず、そして社会に影響が現れるのは何年も先という場合もある。

フィラデルフィアが計画している「指導用資料の刷新」を、前向きにとらえたいとは思う。これが1年以上有効かどうかについて、わたしには確信が持てない。その理由は、標準はまた変わる可能性が高く、そうなれば別の資料が必要になるからだ。テストの制作会社が再び変わる可能性も高く、そうなれば教師は戦略を変更する必要が出てくる。そのほか理由はいくらでもある。わたしが望むのは、少なくとも数年間は標準を固定して、教師、学生、学校組織が腰を落ち着けて、それぞれの学校当事者のためになる、最善の対策を講じることができるようにすることだ。わたしは州政府が公立校組織の費用を全額出資し、教室で使う鉛筆からラップトップ、さらには食堂で出すフライドポテトまでを賄ってほしいと思っている。わたしは公教育が成功するところを見たい。わたしは次世代の子供たちに、テクノロジーに精通した、エンパワーされた若者に成長して、公民、芸術、文学、数学、コンピューターサイエンス、統計、歴史など、この世界のありとあらゆる驚異を学んでもらいたい。わたしは彼らに、アメリカの試み、アメリカの夢に、全身で飛び込んでいってもらいたいと思っている。しかし残念ながら、この件についてわたしには、自分の望みが叶うと自信を持って言うことができない。

第6章　人間の問題

教育およびデジタル技術をめぐる発想や知識は、大勢の作り手や思想家たちによって生み出されていると思われているかもしれないが、よくよく調べてみると、そうしたものの大半の出どころはたったひとつの、ごく小さなエリート集団であり、1950年代からずっと、そのささやかなグループが、テクノロジーと社会問題との関わり合いについて、さまざまに想像を膨らませたり、誤った解釈をしたりといったことを繰り返してきたことがわかる。そうしたグループ内の人々が互いにいかに深くつながり合っているかを理解すれば、テクノロジーがあまりに単純かつ機能不全な思考によって生み出されている現状に対して、わたしたちは抗（あらが）うことができるようになるかもしれない。

　コンピューター・システムは、それを作った当人たちの姿をよく表している。歴史的に、コンピューター・システムは多様性がほぼ皆無の人々によって作られてきたため、技術システムの設計とそのコンセプトには、見直しや修正を施すべきさまざまな信仰がこびりついている。この視野の狭い思考がどんな結果をもたらすかを知るためには、テクノロジーが犯した失敗例を見るといいだろう。

2016年7月末のその日はよく晴れており、デヴィッド・ボッグズは、空を飛ぶにはうってつけの天気だと考えた。彼は新しいおもちゃを手に入れたばかりだった――最新のストリーミング・ビデオ技術を搭載したドローンだ。テスト飛行をしてみたくてうずうずしていたボッグズは、友人たちがやってくると、さっそくドローンを取り出してその実力を披露してみせた。

ドローンは高く低く、庭の周辺を飛び回った。ボッグズと友人たちは、iPadでフライトの映像を見ながら歓声を上げた。彼らが暮らす、ケンタッキー州ルイヴィル郊外のブリット郡にあるその小さな町は、空からは普段とは違って見えた。平屋や二階建てのこぎれいな住宅の数々は、ドールハウスのように小さくなった。ドローンが高度を上げるにつれ、分譲地に並ぶとんがり屋根は灰色の四角形へと変わっていった。ボッグズの家の周辺にある木が茂ったエリアは、住宅地を流れる緑の川のようだった。地上は実に広々として見えた。

ボッグズはドローンに、西へ向かってハイウェイ61号線を横切り、それから北へ向かうよう指示を出した。友人の家を撮影しようと考えたのだ。大きな爆発音がした。ドローンは急速に高度を落とし、地面に落ちて動かなくなった。

メリデス家の子供たちが家の外で遊んでいると、うなるようなノイズが聞こえた。ドローンはヘリコプターとほぼ同じ仕組みで空を飛ぶが、飛行音は同じではない。ヘリコプターはバスドラムに似たドッドッドッという音がする。ドローンが出すのは甲高い音で、ごく小さな子供が思い切り声を張り上げて、切れ目なく「イーーーーー!」と叫び続けるのに似ている。NASAの研究では、空を飛ぶドローンの騒音は地上を走る乗り物のそれよりもはるかに耳障りであることがわかっている。[★1] メリデス家の子供たちはこのノイズを聞くと、大急ぎで父親のウィリーを呼んできた。だれもが困惑していた。あれは人を殺害するプレデター・ドローンか？　子供たちが危険にさらされているのだろうか？　ノイズは鳴り止まず、思考をかき乱す。ウィリー・メリデスはショットガンを手にして、鳥打ち用の散弾を詰めると、空中のターゲットに向けて発砲した。ドローンは狂ったように回転しながら、近くの公園に墜落して見えなくなった。ノイズは止まった。

ボッグズと友人たちは、iPadに映し出された墜落現場まで車を走らせた。そこで彼らが目にしたのは、自宅の庭に立つメリデスの姿だった。すっかり動揺した様子だ。何が起こったのかを、全員が理解した。ボッグズは怒った。あのドローンには2500ドル支払ったというのに、この近所の男がそれを撃ち落としたのだと。メリデスも怒っていた。こいつはいったい何を企んでいたのだ。空からうちの家族をスパイしていたのか。ここは自由の国で、市民は自宅でのプライバシーを守る権利を持っているんじゃないのか。状況はさらに緊迫の度合いを増した。メリデスが、ボッグズとそのドローン仲間にショットガンを向けたのだ。ボッグズは警察に通報した。警官が到着したが、彼らにはどうすることもできなかった――空飛ぶロボットをめぐって対立する市民の仲裁方法など、だれにも習ったことがなかったのだから。禁猟期違反ではなかった。ドローンは動物ではないからだ。他人の所有地の故意の破壊行為でもなかった。ドローンを撃ち落としたとき、メリデスは自分の所有地にいたからだ。

最終的に警官は、銃を持っているのはメリデスであるという理由で、彼を逮捕することにした。警察署に連行されたメリデスは、空に向かって発砲したことにより、第一級の危険行為と器物損壊罪で起訴された。妻が2500ドルの保釈金を支払い、ほどなくメリデスは帰宅した。数カ月後、裁判官は起訴を退けた。メリデスには、自分の所有地の上を不適切にホバリングしてプライバシーを侵害したロボットを撃つ権利があった、という判断だ。★2

この顚末を、わたしは異なる視点から見ている。ドローンの設計者とマーケティング担当者には、こんな質問をぶつけてみたい。いったいどんなことが起こると思っていたのだ。アメリカは市民の多くが武器を持つ国だ。あなたがたはやかましいノイズを発しながら空を飛ぶスパイ・ロボットを作っておきながら、実質上、そのロボットや搭載されたビデオを使用するうえでのルールを作ることも、指標や社会規範を確立することも、何もしていないではないか。どんな事故が起こる可能性があるかについて、検討はなされたのか。

人々が新しいガジェットを使う際に必然的に起こる問題の数々に対して、関係者がこうした無邪気かつ愚かな態度をとるというのは、テック文化の中でいく度も繰り返されていることだ。それは常に有害な社会的影響をともなう。マイクロソフトの開発者はかつて、Tay（テイ）という名のツイッターに書き込みをするボットを作った。このボットは、ツイッターユーザーとの直接のやりとりを通じて「学習する」ことができるという触れ込みだった。ツイッターが一般に、悪口やハラスメントがはびこるプラットフォームであるという評価を得ている理由を、そのユーザーたちはまたたく間に証明してみせた。彼らはTayに、汚い言葉を山ほど浴びせたのだ。Tayは〝学習した〟ことにより、白人至上主義者のヘイトスピーチをとうとうと弁じるようになった。開発者たちは驚き、Tayを停止させた。★3

このほか、見知らぬ人々の親切心を証明するために作られた、hitchBOT（ヒッチボット）というGPS

対応型ドールの例もある。開発者たちの目論見は、ヒッチハイクでこのロボットにアメリカを横断させることだった。具体的には、道端にいるhitchBOTを一般のドライバーが自分の車に乗せ、次の目的地まで連れていったらそこに降ろして、また別のだれかにピックアップしてもらう、というアイデアだ。こうすれば、hitchBOTはアメリカを隅から隅まで旅しながら、テクノロジーを介して、人助けが好きな素敵な人たちと素敵な体験を共有できる、というわけだった。hitchBOTがたどり着けたのはフィラデルフィアまでで、このロボットはそこでバラバラに壊され、薄暗い路地に置き去りにされた。[★4]

テクノロジーに対する手放しの楽観主義と、新たなテクノロジーがどのように使われるかということに対する驚くほどの警戒心の欠如は、技術至上主義（テクノショーヴィニズム）の典型的な特徴だ。

テクノロジーの創造者たちが、いかに市民の安全や公共の利益を軽視し、その結果どんな危険を招いてきたかという話を始めるにあたって、まずはわたしのお気に入りのテクノロジー界の大物、マーヴィン・ミンスキーを登場させたい。ハーヴァード大学、フィリップス・アカデミー、プリンストン大学の出身で、マサチューセッツ工科大学（ＭＩＴ）の教授を務めたミンスキーは、一般に人工知能の父として知られている。１９４５年から２０１６年までの時期に発表され、世間の注目を集めたテクノロジー・プロジェクトの舞台裏を覗いてみれば、そこにはほぼ例外なく、ミンスキー（と彼の仕事）が関わっていることがわかるだろう。

ＭＩＴのミンスキーの研究室は、ハッカーが誕生した場所だ。そこはおそろしいほどに自由な環境だった。ミンスキーが最初に研究室に招き入れたのは、ＭＩＴの工学模型鉄道クラブ（ＴＭＲＣ）の部員たちで、彼らは鉄道模型を動かすための中継コンピューターを自作していた。ＴＭＲＣの部員たちは、機械をいじくりまわす（ティンカリングする）ことが熱狂的に好きだった。ＭＩＴには、１９５０年代末当時世界に数台しかなかった大型コンピューターがあり、ＴＭＲＣの部員たちは放課後、コンピューター・ルームに忍び込んでは、これをいじって自作のプログラムを走らせていた。

大学教授の中には、学生に不法侵入を命じて、無断で大学のリソースを利用させてもらったことがあるという人もいるかもしれない。ミンスキーの場合は、学生たちをお金で雇っていた。「あれは変人集団だった」。ミンスキーはあるインタビューでそう語っている。★5「彼らは毎年、だれがニューヨークの全地下鉄に最短の時間で乗れるかというコンテストをやっていた。全部で36時間とか、そのくらいかかるようだ。そうしたことを丁寧に記録して、スケジュールを精査し、どう動いたらいいかの全体計画を練る。連中はイカれていたよ」。とはいえそれは、コンピューターサイエンスにとっては有益なタイプのイカれ方だった。そうした強迫的なまでのディテールへのこだわり、何かを構築することへの飽くなき欲望は、まさしくコンピューター・プログラムを書き、ハードウェアを構築するために必要とされる特性そのものだった。ミンスキーの研究室は活気に満ちていた。

ミンスキーの勧誘方法は独特だった。なぜなら、それがミンスキーだからだ——ミンスキーというのは、家の２階に常に大学院生や客人を住まわせており、その居間にしばらく座っていれば、じきに政治家やＳＦ作家や著名な物理学者がおしゃべりをしに訪ねてくるといった類の人物であり、自分から積極的に人を勧誘する必要はまるでなかった。「だれかがメッセージや手紙をよこして『わたしはこれに興味がある』と言ってくると、わたしは『ではこちらに来て、ここで働くのが気に入るかどうか試してみたらどうか』と返事をする」。当時のことについて、ミンスキーはそう述べている。「そういう人はうちに来て１、２週間くらい仕事をし、こちらはちゃんと生活ができるくらいのお金を渡す。そりが合わないと思えば、彼らは去っていく。こちらの方からだれかに出ていってくれと言ったことは、たぶん一度もない。実に奇妙なやり方ではあるが、うちはエネルギー自給型のコミュニティーだった。あのハッカーたちは、独自の言語を持っていた。彼らは1カ月かかることを3日でやってみせた。才能というか、いわゆる魔法の技（マジック・タッチ）を持っている者がくれば、たいていはうまくいった」。TMRCとミンスキーの研究所は後年、スチュアート・ブランドの著作『メディアラボ――「メディアの未来」を創造する超・頭脳集団の挑戦（*The Media Lab: Inventing the Future at M.I.T.*）』やスティーヴン・レヴィの『ハッカーズ（*Hackers: The Heroes of the Computer Revolution*）』など、数多くの書籍で言及されたことによって、伝説の存在となった。[★6] マーク・ザッカーバーグがフェイスブック社で最初に掲げたモットー「すばやく動け、破壊せよ（Move fast and break things）」もまた、ハッカー倫理から影響を受けたものだ。ザッカーバーグがハーヴァードで受けたカリキュラムには、ミンスキーの授業も含まれていた。

ミンスキーと共同研究者のジョン・マッカーシーは、1956年、史上初となる人工知能についての会議をダートマス大学数学科で開催した。その後、このふたりはMITに人工知能研究所を創設し、やがてこれがMITメディアラボへと発展した。同研究所は今もなおテクノロジーの創造的活用における世界の中心であり続け、ジョージ・ルーカス、スティーヴ・ジョブズ、アラン・アルダ（俳優、映画監督）、ペン&テラー（マジシャン）など、多種多様な人々のためにアイデアを提供し続けている（ちなみにMITメディアラボは、寛大にも、ミンスキーの理論に特化したソフトウェア・プロジェクトのためにわたしを雇ってくれた）。

ミンスキーのキャリアは、あらゆる節目で幸運に恵まれていた。今の科学者たちの多くは、助成金がひたすら減っていく現状の中で、財源を確保するために走り回らなければならない。ミンスキーの世代にとって、お金は蛇口をひねれば溢れ出てくるものだった。あるインタビューで、彼はこう語っている。

1980年代まで、わたしは一度も提案書を書いたことがなかった。わたしの周りにはいつでも、MITのジェリー・ウィーズナー〔ジェローム・ウィーズナー。1971～1980年までMIT学長〕のような人間がいた。

ジョン・マッカーシーとわたしが人工知能の研究に着手したのは、1958年か59年ごろ、わたしたちがどちらもMITに来たばかりのときだった。数人の学生が一緒に研究を行なっていた。あるときジェリー・ウィーズナーがやってきて、調子はどうかと尋ねた。わたしたちは、順調だが、大学院生をもう3、4人、サポートできるといいんだがと言った。ウィーズナーは、それならヘンリー・ジンマーマン〔1961～1976年までMIT電子工学研究所所長〕に会いに行って、わたしが君に研究室をあげてほしいと言っていたと伝えるといい、と言った。2日後、わたしたちは部屋が三つか四つある小さな研究所と、山ほどの資金を手に入れた。その金は、IBMから、コンピューターサイエンスの進歩のため使ってほしいとMITに提供されたものの、具体的にどうすればいいのかだれもわからずにいたものだった。そこで大学は、われわれにくれたわけだ。

大金。そして、未来にはどんなことが可能になるかについてさまざまなアイデアを抱えた、無限の創造性に溢れた数学者たち。人工知能という分野は、こういった環境から始まった。やがてミンスキーのされやかなエリート集団は、学界、産業界、さらにはハリウッドにおいて、テクノロジーをめぐる話題を独占するに至る。

ＳＦ作家のアーサー・Ｃ・クラークは、スタンリー・キューブリックと一緒に映画『２００１年宇宙の旅』の製作に取り組んでいたとき、友人のミンスキーに助言を求め、宇宙船に搭載された人工超知能が、世界を救うために乗組員を殺害するのだが、この人工知能はどんなものだと考えたらいいだろうかと尋ねた。ミンスキーは自分の考えを述べた。彼らは協力して、ＨＡＬ９０００という、現在に至るまで、機械がわれわれに与え得るあらゆる約束と恐怖の具現化として認識されているコンピューターを創り上げた。ＨＡＬの赤く光る「ひとつ目」を記憶している人は多いだろう。あの不気味な目は、世界初のプログラム可能な汎用デジタル・コンピューターとされるＥＮＩＡＣ（エニアック）の目玉（実際にはディスプレイ・ユニット）とそっくりだ。ＥＮＩＡＣ開発につながる、コンピューター記憶装置の中心概念のひとつを考案したジョン・フォン・ノイマンは、ミンスキーの師のひとりだった。

ミンスキーの文学の好みは、極端にＳＦに偏っていた。彼は自分でも作品を書き、またアイザック・アシモフなどの著名ＳＦ作家を友人に持っていた。友人同士の会話の中では、ＳＦと現実との境が曖昧になるような瞬間もあった。ミンスキーはインタビューの中で、彼らが考案したある突拍子もないアイデアについて語っている。

わたしが興味を引かれたもののひとつに、アーサー・Ｃ・クラークが考案した宇宙エレベーターというアイデアがある。そうした機械を設計しようとしていたリヴァモアの科学者たちと一緒に、半年ほど仕事をしたこともあるはずだ。原理上は、滑車装置、つまりはベルトのようなものを、恐ろしいほど頑丈な繊維であるカーボン・ファイバーで作り、それを地球から、静止衛星よりも高い場所まで引き上げて、また下ろすといったことは可能だ。これなら宇宙までものを持ち上げる滑車は実現できるし、アーサー・クラークはその理論を組み立ててみせた。彼はこれを噴水（ファウンテン）と呼んでいた。

わかりやすく言えば、つまりはこういうことだ。ＳＦ作家であるクラークが、大気圏外に届くエレベーター噴水を思いついた。彼は、科学者である友人のミンスキー（クラークはときどき彼の家で寝泊まりしていた）にこの話を聞かせて、宇宙エレベーターがすばらしいアイデアであることを納得させた。ミンスキーは、ローレンス・リヴァモア国立研究所（現在は国家核安全保障局とエネルギー省から出資を受けている防衛関連施設）の友人たちを説得して、巨大な宇宙貨物エレベーターを作るというアイデアを検討させた。そしてその優秀な科学者たちが、宇宙貨物エレベーター実現のために、まるまる半年間を費やしたというわけだ。

テクノロジーの世界では、だれもがミンスキーを知っていたし、だれもが彼を頼っていた。スティーヴ・ジョブズが、マウスとＧＵＩを搭載したコンピューターというアイデアを、ゼロックス社パロアルト研究所（ＰＡＲＣ）のアラン・ケイのチームから得たというのは有名な話だ。ジョブズが１９８５年にアップルを去り、ジョン・スカリーがその地位を引き継いだとき、ケイがスカリーに告げたのは、われわれはこれから外に出て、新しいテクノロジーを生み出している人々を探さなければならないということだった。アップルが次なる大きな一歩を踏み出すにあたって、ＰＡＲＣに頼ることはできないだろうと、ケイは言った。「これをきっかけに、わたしたちは東海岸にあるＭＩＴのメディアラボでかなりの時間を過ごことになった。そこではマーヴィン・ミンスキーやシーモア・パパートといった人たちと仕事をした」。２０１６年のインタビューで、スカリーはそう語っている。[★7]「そこで出会ったテクノロジーをたっぷりと詰め込んで、わたしとアランはコンセプト動画を作り、これを『ナレッジ・ナビゲーター』と名付けた。動画の中では、これからはコンピューターが人間の個人秘書になることが予言されているが、それはまさしく今起こっていることだ」。アップルのSiri、アマゾンのAlexa、マイクロソフトのCortanaといった音声アシスタント・テクノロジーを指して、スカリーはそう述べている。

そうしたアシスタントはどれも、テック企業の重役や開発者によって、女性の名前およびデフォルトのアイデンティティーを与えられている――これは偶然ではない。「そこには、一部の男性による女性についての思考が反映されている――つまり、女性は完全には人間でないという思考だ」。『ロボットとＡＩの人類学――絶滅不安とマシン（*An Anthropology of Robots and AI: Annihilation Anxiety and Machines*）』の著者である人類学者のキャスリーン・リチャードソンは２０１５年、「ライヴサイエンス」〔科学ニュースサイト〕によるインタビューでそう語っている。「音声アシスタントにとって必須の機能は複製することが可能だが、より精巧なロボットを作るとなれば、それは男性にしなければならないと、彼らは考えている」[★8]

ミンスキーの世界観は、大半の人が日常的に使用するインターネット検索が生み出された舞台裏にさえ、影響をおよぼしている。スタンフォードの博士課程在学中、ラリー・ペイジとセルゲイ・ブリンは、革命的な検索アルゴリズムであり、ふたりがグーグル社を立ち上げるきっかけともなったPageRank〔ページランク〕を開発した。ラリー・ペイジは、カール・ヴィクター・ペイジ・シニアの息子だ。カールはミシガン大学の人工知能の教授であり、おそらくはミンスキーの論文を読み込み、ＡＩ関連の会議で彼と交流を持っていただろう。スタンフォードの博士課程でラリー・ペイジの指導教官を務めたのは、ミンスキーを仕事上の師と仰ぐテリー・ウィノグラードだった。MITの博士課程でウィノグラードの指導教官を務めたのは、ミンスキーの長年の共同研究者かつビジネス・パートナーのシーモア・パパートだ。レイモンド〔レイ〕・カーツワイルをはじめとするグーグル社の重役の多くは、大学院生としてミンスキーのもとで学んでいた。

ミンスキーはいわば、グラッドウェル〔米ビジネス書作家のマルコム・グラッドウェル〕がその著書で解説しているような、人と人とを結び付ける「媒介者(コネクター)」だった。1950年代においては、膨大な人口を抱える米国全体で、コンピューティング・マシンがある場所はほんの数カ所に限られていた――そしてマーヴィン・ミンスキーはそのすべての場所に顔を出し、うろつきまわったり、数学を研究したり、何かを構築したり、ものをいじくりまわし(ティンカリング)たり、たむろしたりしていた。

ミンスキー流の創造性溢れる無秩序は、楽しく、愉快で、さまざまな発想のヒントを生み出す。一方で、それは危険でもある。ミンスキーとその世代の人々は、今では当然のように重要視されている安全性について、現代人と同じ認識を持っていなかった。たとえば当時は、放射線の安全性に対しても、いわば暢気(のんき)な無関心さのようなものがあった。あるとき、かつて大学院生としてミンスキーのところにいたダニー・ヒリスというコンピューターサイエンティストが、ポケットに放射線検出器を入れてミンスキーの家を訪れた(スーパーコンピューター開発者であるヒリスは現在、雑誌『ホール・アース・カタログ』を立ち上げたスチュアート・ブランドとともに、ロング・ナウ協会を運営している。同協会は、アマゾン創業者のジェフ・ベゾスが所有するテキサスの牧場にある洞窟内に、1万年間稼働する機械時計を設置することを目指している)。放射線検出器がけたたましく鳴り始めた。いっときはミンスキーの家族と一緒に暮らしていたこともあるヒリスは、放射線の出どころはどこかと家中を探し回った。どうやら警告音がいちばん大きくなるのは、あるクローゼットのそばのようだった。ヒリスがクローゼットを開けると、そこにはさまざまな化学薬品がぎゅう詰めになっていた。一つひとつ取り出してみても、放射線を放出しているものは見当たらない。そのとき、クローゼットの奥にひっそりと嵌（は）め込まれている羽目板が見えた。いったい何だろうとこれを開けた彼の目の前にあったのは、人間の骸骨だった。

ヒリスは大急ぎで二階に上がり、ミンスキーと妻のグロリア・ルディッシュにこれを伝えた。ふたりは驚いたというよりも、やけにうれしそうにしていた。「あそこにあったの」とルディッシュは言った。「もう何年も前から探してたのに」。それは彼女が医大で使っていたものだった。放射線の出どころはしかし、この骸骨ではなかった。

ヒリスはそれから、クローゼットの中からさらに多くのものを発掘し、ついにはミンスキーが軍の払い下げ物資を扱う店で手に入れた、古いスパイ用カメラのレンズを発見した。そのくらい古いレンズには、製造過程で、屈折率を上げるために放射性元素が使われることがあった。「レンズは危険なほどの放射線を放っていたので、わたしが家の外に持ち出した」と、ヒリスは言っている。[★9] ミンスキー世代のものづくりに関わる人々の多くは、ものをいじくりまわすこと（ティンカリングする）に関しては、世間一般のルールは自分たちには適用されないと、あたりまえのように考えていた。たとえばミンスキーは、自分の友人が、建築家のバックミンスター・フラーがかつて所有していた家の裏庭で、大陸間弾道ミサイル（ICBM）を作ったという話を、好んで人に聞かせていた。

慣習（あるいは法律）よりも創造の方に重きを置くこうした態度は、ミンスキー世代の人々から、彼らの教え子たちへと受け継がれた。その態度が今、テック企業のCEOたちの行動に表れている。たとえばトラヴィス・カラニックは2017年、社内にセクシャル・ハラスメント文化を作ったこと（と、その他さまざまな問題）を理由に、ウーバー社トップの座を追われた。カラニックもまた、法律などどうでもいいという態度の持ち主だった。彼は、地元のタクシーやリムジンの規定を無視して世界中の都市でウーバーをローンチし、自社の車が警察のおとり捜査に捕まらないようにするためのプログラムGreyball（グレイボール）を開発し、ウーバーのドライバーを口汚くののしっているところを動画に撮られ、ウーバーのドライバーが乗客をレイプしたときには見て見ぬふりをした。[★10] 元ウーバーのエンジニア、スーザン・ファウラーは自身のブログに、カラニックのテック部門のマネージャーたちは、彼女が提出したハラスメントの訴えをどう扱うべきかをわかっておらず、その無能ぶりはまるでマンガのようだったと書いている。ファウラーは常に昇進候補から外され、男性の同僚から性的な誘いを受け続けた。ウーバーの人事部は、ファウラーが典型的な職場におけるジェンダー・バイアスにさらされていることを認識していたはずだ。それでも彼らはファウラーを謹慎処分とし、落ち度はそちらにあると彼女に告げた。

社会的慣習を軽視する態度は、ミンスキーよりもずっと以前の人物にも見ることができる。コンピューターの先駆者であるアラン・チューリングは、ミンスキーと同じプリンストンで博士論文を書いた。チューリングは社会的なつきあいが致命的に苦手だった。チューリングの伝記作家――チューリングに関する情報を集めたサイト「コンピューティング史のためのチューリング・アーカイヴ（Turing Archive for the History of Computing）」の管理人ジャック・コープランド――は、彼はひとりで仕事をするのを好んだと書いている。「彼の科学論文を読んでいると、それ以外の世界——同じ課題あるいは関連する課題に懸命に取り組んでいる人々による活発なコミュニティー——は、まったく存在していなかったのではないかと思えてくる」[★11]。チューリングの伝記映画『イミテーション・ゲーム／エニグマと天才数学者の秘密』でベネディクト・カンバーバッチが演じたキャラクターとは異なり、本物のチューリングは身なりに気を配らなかった。みすぼらしい服を着て、爪はいつも汚く、髪はとんでもない方向にはねていた。コープランドは書いている。

いったん親しくなってしまえば、チューリングは愉快な男だった——明るく、活発で、刺激的で、ひょうきんで、少年のような熱意に溢れていた。カラスが鳴くようなしわがれた笑い声を、周囲に騒々しく響かせていた。一方で、彼はひとりでいるのを好んだ。「チューリングはいつもひとりだった」と、暗号解読者のジェリー・ロバーツは言っている。「あまり人とおしゃべりをしているところは見なかったが、親しい人たちの間では、それなりに人づきあいをしていた」。だれもがそうであるように、チューリングは愛情と仲間を強く欲していたが、安心できる居場所を見つけることは叶わなかったようだ。彼は自身の社交性のなさに辟易(へきえき)していた——それでも、彼のボサボサ頭と同じように、それは彼の本質からくるものであり、自分ではどうすることもできなかった。ときとして、彼は非常に無作法な振る舞いをした。相手が自分の話を集中して聞いていないと感じたときには、黙って歩き去った。チューリングは、たいていは無意識のうちに、人の機嫌を損ねるタイプの人間で、その傾向は尊大な人間、権力を持つ人間、科学知識の知ったかぶりをする人間が相手の場合は、とくに強まった。

彼は気難しい人間でもあった。英国立物理学研究所で彼の助手をしていたジム・ウィルキンソンは当時のことについて、いかにも愉快そうに、日によってはただチューリングの邪魔をしないようにするのが最善というときもあったと述べている。怒りっぽく、気難しく、不遜な外面の下にはしかし、世慣れていない純朴さ、思いやり、慎ましさがあった。

コープランドが「いったん親しくなってしまえば」と書いていることに注目してほしい。このフレーズは、不愉快だったり、気に食わなかったりする人物ではあっても、その人の駄目な部分には目をつぶろうと思える理由が存在するときに使われるものだ。チューリングの場合、大半の人は彼の態度を許した。なぜなら、彼が優秀な数学者だったからだ。

このように、相手の容姿などの表面的な特徴よりも、その奥にある部分が重視されるのは、数学界の社会文化が持つすぐれた点のひとつだ。ただし、同時にこれは欠点でもある。そうした社会的慣習への軽蔑的態度は、数学的能力を社会機構よりも上位に位置づける思考につながるからだ。数学、エンジニアリング、コンピューターサイエンスなどの分野では、あらゆる反社会的な態度が許容される。なぜなら、そうした態度をとる者たちが天才だからだ。こうした姿勢が、人間同士のやりとりよりも効率的なコードを優先する技術至上主義の哲学的基礎を形成している。

テクノロジー界にも、数学界の天才崇拝は継承されている。そうした天才崇拝は、数多くの神話を生み出してきたと同時に、テック産業内に存在する境界を強化し、さまざまな構造的差別を見えにくくしている。数学には血統がつきまとう。ネット上には、数学界の系譜をたどる人気プロジェクトが存在する。これはクラウドソーシングによって、数学者やその〝祖先〟および〝子孫〟たちをリスト化しようという試みで、だれが、どこで、だれの下で博士号を取ったかをもとにまとめられている。ミンスキーの知性の〝家系〟をたどると、それは途切れることのない一本のラインで、１６７３年のゴットフリート・ライプニッツまでつながっている。これがなぜ問題であるかを理解するには、まずは現代のコンピューターの発展をおさらいする必要があるだろう。

　史上最初期の計算機といえば、みなさんが小学校の算数の時間に見たであろうアバカス〔そろばん〕だ。アバカスは十進法の計算デバイスであり、その理由は人間の手と足の指が、それぞれ10本ずつあるからだ。今日一般的に見られるものは、10個の玉を通したワイヤーを複数本まとめた形をしている。人間は何世紀もの間、アバカスで計算を行なっていた。

　数学的技術の次なる大きな発展はアストロラーベという装置で、これは船の天測航法に使用された。その後、水力やばね力、機械で動くものなど、多様な時計が登場する。これらはどれも重要かつ独創的な発明ではあるものの、コンピューター・デザインという観点から大々的なイノベーションが起こったのは１６７３年、ドイツの法律家・数学者〔・哲学者〕のゴットフリート・ライプニッツが、「ステップ・レカナー〔ステップ式計算機〕」というデバイスを作ったときのことだ。ステップ・レカナーには、クランク経由で回転させるひと揃いの歯車が付いている。ある歯車の数字が9を超えると、その歯車の数字は0にリセットされ、隣接した歯車の数字が1増加する。歯車の一つひとつが、10の増加を表す「ステップ」だ。この設計は、以降２７５年間にわたり、計算機を作る際に用いられた。[★12]

　ライプニッツにはしかし、たんなる算術にかまけている暇はなかった。もっと重要度の高い数学に取り組む必要があったからだ。この計算機を発明したのち、彼がこう発言したことはよく知られている。「優秀な人間が計算に時間を浪費するのは品位を下げる行ないだ。どこの農民だろうと、機械の助けがあれば正確な計算ができるというのに」

ジョゼフ・マリー・ジャカールが1801年にパンチカード式織機を発表したことをきっかけに、数学者たちは計算を支援してくれる機械について、それまでとは違った発想をするようになった。ジャカールの織機は二値論理で動いた。カードに開けられた穴は二進法の1、穴がないのは二進法の0を意味していた。織機は複雑なパターンを、穴があるかないかに基づいて織り上げた。

それから数十年がこの技術の詳細な研究に費やされたのち、ついに1822年、飛躍的な前進があった。イギリスの科学者チャールズ・バベッジが、「階差機関」と名付けた機械の作成に着手したのだ。階差機関には、近似多項式を扱うことができた。これはつまり、数学者が射程距離と気圧など、複数の変数同士の関係を説明することができるようになることを意味する。階差機関はまた、対数関数や三角関数など、手で行なうのが面倒な計算をこなせるよう設計されていた。バベッジは何年もの間、階差機関の建造に取り組み、最終的には総重量15トンにおよぶ2万5000個の部品を用いたが、結局うまく機能させることはできなかった。しかし1837年、バベッジはまた別の、よりすぐれたアイデアを発表した。これが「解析機関」だ。こちらは、条件分岐とループを含むプログラミング言語を翻訳することができる機械の設計案だった。解析機関は、現代のコンピューターでもおなじみの特徴を持っていた。たとえば演算やプロセス・ロジックを実行したり、メモリーを追加したりする能力などだ。一般に世界最初のコンピューター・プログラマーとされているエイダ・ラヴレースは、仮説上のこのマシンのためのプログラムを書いた。

残念ながら、解析機関はあまりにも時代を先取りしすぎていたため、こちらもうまく機能するには至らなかった。科学者たちが１９９１年に、バベッジの設計をもとに解析機関を組み上げたことで、このマシンがきちんと機能しただろうことが確かめられた――ただし電気など、その他の重要な構成要素が当時存在していたらの話だ。

現代のコンピューターに至る、次なるマイルストーンが登場したのは、イギリスの数学者・哲学者のジョージ・ブールによってブール代数が提唱された１８５４年のことだ。ライプニッツの仕事を基礎としたブール代数は論理型のシステムで、０と１のふたつの数字しか使われない。計算はANDとORというふたつの演算子を介して行なわれる。

19世紀が進むにつれ、機械式計算機は洗練の度を増していった。ウィリアム・シュワード・バロウズ（ビート世代の作家ウィリアム・S・バロウズの祖父）は、特許を１８８８年に取得した機械式計算機でひと財産を築いた。トーマス・エジソンが１８７９年に最初の電球を発表したのち、電気が広く利用できるようになったことで、あらゆる機械類に革命がもたらされた。新たな電気と機械の進歩はつまり、だれもが計算機を使って足し算、引き算、掛け算、割り算ができることを意味した。ただし、これはたくさんのボタンを繰り返し押す必要がある、なかなか骨の折れる作業だった。高度な数学のプロジェクトにおいては、まだ計算手の力が欠かせなかった。

「計算手（ヒューマン・コンピューター）」とは、計算を行なうために雇われていた事務員のような立場の人々のことだ。計算手たちは、数表を掲載した本を作るための計算を担っていた。数表の本は、統計学者、天文学者、航海士、銀行家、弾道学の専門家など、日常的に複雑な計算を行なう必要があるすべての人にとって欠かせないものだった。もし非常に大きな数を掛けたり、割ったり、あるいは数値をx乗したり、大きな数字のn番目のルートを求めたりする必要がある場合、そうした計算をその都度行なうのは手間がかかるし、大きな負担となる。計算結果が書かれた表を見る方が簡単だ。このシステムは長い間、非常に便利な方法として機能していた。エジプトの数学者プトレマイオスは紀元2世紀に数表を使っていたことが知られているし、また1758年にはフランスの天文学者たちが、ハレー彗星（すいせい）の回帰を人力と参照用の数表のみを使って計算している。

産業革命が進行するにつれ、計算手の数が限られていることが、さらなる発展を妨げる重大な障害となっていった。19世紀の数学者にとって大きな悩みの種であったのが、仕事を頼める働き手があまりに少ないという事実だった。現代であれば、だれか計算をする人手が必要になった場合、どんなジェンダーの人でも雇うことができる。19世紀においては、働き手として雇うことができるのは男性だけだった。必要な計算をこなせるだけの数学の教育を受けた女性はごくわずかであったし、その女性たちのうち、家の外に働き口を求めることを許されたのはさらに少数だった。19世紀のアメリカでは、女性の大半は投票権を持たなかった。女性の権利運動の始まりの試金石となったセネカフォールズ会議が開かれたのは、1848年のことだ。アメリカ合衆国憲法修正第19条〔女性参政権を正式に認めた条項〕は、1920年にようやく議会を通過した。女性の参政権運動を支持した男性は大勢いたものの、数学者たちが政治への積極的な関与で注目を浴びることはなかった。わたしの同僚であるブルック・クルーガーは自著『サフラジェンツ――女性たちはいかに男性を使って選挙権を得たか（*The Suffragents: How Women Used Men to Get the Vote*）』の中で、女性の平等のために力を尽くした多くの男性たちについて書いている。そうした男性の中には、歴史、文

学、哲学を専門とする大学教授もいた。一方で、数学の教授はひとりもいなかった。[★13]

19世紀はまた、アメリカの大いなる不名誉である奴隷の時代でもあった。黒人の男女は、計算手として働いたり、生産性のある労働人口の一員となったりする可能性を持っていたにもかかわらず、奴隷として強制労働に従事させられていた。奴隷は教育の機会を持つことを許されていなかった。彼らは殴られ、レイプされ、殺された。19世紀を通して、有色人種は否応なしに高等教育の機会から、ひいては知的エリートたちが従事する労働から除外されていた。奴隷制度は19世紀末まで続いた。エイブラハム・リンカーンは1863年に奴隷解放宣言を出し、続いてアメリカ合衆国憲法修正第13条（奴隷制度を禁止する条項）が1865年に成立した。教育へのアクセスはその後数十年たっても改善されず、この国において公平で、平等で、差別のない教育が提供されるまでにはまだ長い道のりを要すると訴える声は、今も多く聞かれる。

彼らがそれを自覚していたかどうかはともかくとして、19世紀の数学者や科学者たちには、ふたつの選択肢があった。一方は、社会の変化（奴隷解放、全成人男女による普通選挙、階級障壁の破壊）を実現して、白人エリート以外のすべての人々が教育を受けられるようにし、彼らに職業訓練を提供することによって、既存の労働力を発展させること。もう一方は、現状維持を貫いたまま、仕事を担える機械を作ることだ。

彼らは機械を作った。

公平を期して言うなら、彼らはいずれにせよ機械を作っただろう。それこそが彼らの興味の対象であり、彼らの学問分野の発展が目指す場所であり、また実のところ、世界中が熱に浮かされたかのように、蒸気動力や電気といった奇跡のような力を活用した新しい機械を作ろうと夢中になっていたのだから。あるいは、彼らに数学者であると同時に、（互いの学問分野がいかに密接な関係にあろうとも）経済学者や、公民権運動家（この言葉は当時まだ存在もしていなかった）になることを期待するのは、フェアでないと思う人もいるかもしれない。高校で受けた三角法の授業では、わたしも数表を使わされた。この作業は実に面倒だったし、複雑でおもしろみのない計算を機械でこなして労力を節約することの価値を、わたしは大いに認めている。それでも、こうした歴史がなぜ重要であるのかといえば、これが、白人男性への偏りというこの特定の歪みが、テクノロジー分野にいかに深く根付いているかを証明するものであるからだ。労働人口に、より多様な人間をより多く加えるという選択肢が目の前にあるときに、19世紀の数学者や技術者たちは、人の代わりになる機械を作ることを選んだ——そして莫大な利益を手にした。

時間をミンスキーの時代まで進めれば、そこには、コンピューターサイエンスという新たな学問分野に数学コミュニティーのバイアスが受け継がれている現状を見ることができる。ミンスキーやその仲間たちはすばらしくクリエイティブではあったが、その影響力は同時に、テック文化が億万長者のお坊ちゃまクラブであるという事実をさらに揺るぎないものとした。数学や物理などの「ハード」サイエンスが、女性や有色人種を好意的に受け入れたことは、これまでに一度もない。テクノロジーもこの先例にならった。

物理学者のスティーヴン・ウルフラムが語ったミンスキーについての逸話からは、彼らの仲間内のやりとりに、ジェンダーに対する先入観が入り込んでいるさまがよくわかる。

> わたしの知るマーヴィンは、真面目さと奇抜さが混ざりあった最高の人物だった。どんな話題であろうと、彼は何かしら意見を持っていて、その内容は、たいていはかなり独特だった。非常に興味深い意見もあれば、たんに風変わりなものもあった。１９８０年代初頭には、わたしがボストンを訪れた

際、マーヴィンの娘のマーガレット（当時は日本にいた）のアパートをまた貸ししてもらったことがあった。マーガレットの部屋にはみごとな植物が山ほど置いてあり、ある日わたしは、葉に嫌な感じの斑点ができている植物があるのに気がついた。

そうしたものについてはまるでくわしくなかった（しかも調べ物をするためのウェブも存在しなかった！）ため、わたしはマーヴィンに電話をかけてどうしたらいいかと尋ねた。そこからわたしたちは、コナカイガラムシを追い払うマイクロロボットを作る可能性について、長々と話し合った。実におもしろい話ではあったが、最後にはわたしは、やはりこう尋ねなければならなかった。「それはともかく、マーガレットの植物についてはは実際のところ何をすればいいだろう」。マーヴィンは答えた。「ああ、それなら妻に話してもらった方がいい[★14]」

ふたりの卓越した科学者が、コナカイガラムシをやっつけるナノボットについて話し合っているというのは、想像するとほほえましい光景ではある。それでもわたしは同時に、このふたりの男性がどちらも、観葉植物の手入れについて何も知らないという事実に衝撃を受ける。世話をする義務を負っていたのは男性たちではなく、ミンスキーの妻と娘だった。このふたりはどちらも、それぞれの道に秀でた女性たちだ。ミンスキーの妻グロリア・ルディッシュは高名な小児科医で、娘のマーガレットはＭＩＴで博士号を取り、いくつものソフトウェア会社を運営していた。しかし彼女たちはそのうえで、生きものの世話、つまり見えない労働についての知識を持っていることを期待されていた。同種の期待は、男性たちには向けられない。

植物をめぐる問題への対処において、人間には長く輝かしい歴史があることを考えると、この会話からは、ふたりの科学者たちがある種の「学習された無力感」を持っていたことが察せられる。1980年代に〝ウェブなしで〟観葉植物の病気を診断するのは、そう難しいことではなかった。地元の花屋へ行き、どんな斑点が出たかを説明をすればいい。地元のホームセンターで、植物の状態について相談することもできる。地元の農事相談事務所に電話をかけてもいいだろう。これらのどこへ問い合わせても、適切な園芸の知識を持ったかだれかがいたはずだ。人間は植物の病気の扱い方をよく知っている。文明とは事実上、園芸学と同義だ。コナカイガラムシを退治するには、食器洗い用洗剤を数滴混ぜた水をスプレーボトルに入れて、葉に噴射すればよい。ボットを観葉植物の世話に駆り出すというのは楽しいアイデアではあるが、必要ないとしか言いようがない。

いや、わかっている。突拍子もないアイデアについて話すのは、ジェンダー・ポリティクスについて話すよりも楽しいものだ。これは当時そうであったし、今もそうであることに変わりはない。残念ながら、テクノロジーに関する市民対話（パブリック・ダイアログ）の場においては、長年の間、突拍子もないアイデアばかりが幅を利かせ、社会問題に関する重要な対話がかき消されたり、検討されずに退けられたりしてきた。シリコンバレーの住人たちが発案したアイデアの中には、たとえばこんなものがある。ニュージーランドの島を買って最後の審判の日に備える。「シーステディング」をする――つまり放棄された運送用コンテナを使って、〔海上に〕政府も税金もない新たな楽園を作る。死体を凍らせて、故人の意識を未来のロボットボディにアップロードできるようにする。特大の飛行船を作る。SFディストピア映画『ソイレント・グリーン』にちなんで「ソイレント」と名付けた、肉の代替パウダーを開発する。空飛ぶ車を作る。こうしたアイデアはたしかにクリエイティブであり、夢見る人たちが生きるための場所を作るのは重要なことだ――しかしそれと同じくらい重要なのは、ばかげたアイデアをまともに扱わないことだ。わたしたちは慎重になる必要がある。だれかが数学を飛躍的に前進させたり、大金を儲けたりしたからといって、その人たちがエイリアンは本当にいるとか、いつかは人間を生き返らせることができるようになるから、コストコで冷凍野菜の貯蔵に使われているような巨大フリーザーに賢い人間の脳をしまっておくべきだなどと言い出したりしたときに、必ずしもそれに耳を傾ける必要はないのだ（ミンスキーはアルコー延命財団の科学諮問委員会に名を連ねていた。これは裕福かつ熱心な〝トランスヒューマニスト〟のための財団で、彼らは人の死体や脳を入れておくフリーザーをアリゾナ州で管理している。財団が所有する数百万ドルのトラストは、フリーザーをこの先数十年にわたり稼働させ続けることを目的としている）。[★15]

シリコンバレーの億万長者たちが口にする、200歳まで生きるとか、小さな緑色の人間（リトル・グリーン・メン）〔宇宙人〕と話をするとかいった願いを読んでいると、こんな質問をしてみたくなる。「それを考えついたときは、クスリでハイになってたんじゃないの？」この質問への答えは、たいていの場合イエスだ。スティーヴ・ジョブズは1970年代初頭、リード大学をドロップアウトしたあとでLSDに手を出した。NASAとARPA〔国防総省高等研究計画局〕から資金提供を受けていた研究者で、1968年に「すべてのデモの母」と呼ばれるデモを行なうことで、初めてモダン・コンピューティングにおけるすべてのハードウェアとソフトウェアの要素を提示したダグラス・エンゲルバートは、1967年まで存在したLSDの学術調査のための合法施設「高等研究のための国際財団」においてLSDを摂取した。

エンゲルバートが行なったデモでカメラを操作していたのは、『ホール・アース・カタログ』誌を創刊したスチュアート・ブランドだ。彼はLSDの教祖ケン・キージーを手伝って、あの悪名高きイベント「アシッド・テスト」をオーガナイズしていた。ドラッグをやりながら全米をバスで横断するというこの大規模な乱痴気騒ぎの様子は、トム・ウルフの著書『クール・クールLSD交感テスト〈*The Electric Kool-Aid Acid Test*〉』にくわしく記されている。ブランドは、ミンスキーら科学者たちの世界と、カウンターカルチャーとの間を取り持つ、とりわけ重要なコネクターだった。「われわれはいわば神であり、せっかくならそれをうまくこなせるようになるのも悪くない」。ブランドは1968年、『ホール・アース・カタログ』誌の冒頭にそう書いている。[★16] この雑誌は、スティーヴ・ジョブズから技術関連書出版の大物ティム・オライリーまで、ほぼすべての初期インターネットのパイオニアたちの発想に大きな影響を与えていた。初期のインターネット掲示板を作った開発者たちが目指したのは、『ホール・アース・カタログ』の巻末に掲載されて人気を博した、読者たちが投稿によって、コミューン生活に関する要望、ツール、ヒントなどをシェアするコーナーの、自由奔放なコメントやレコメンドの文化を再現することだった。フレッド・ターナーが著書『カウンターカルチャーからサイバーカルチャーへ』で書いているように、初期のインターネット発展にともなうさまざまな発想や出来事の舞台裏には、例外なくブランドの存在があった。たとえばスペース・コロニーだ。1970年代、ブランドは自分の雑誌『CQ〈*CoEvolution Quarterly*〉』に、スペース・コロニーについての考察を掲載している。『CQ』は『ホール・アース・カタログ』の後続誌として創刊されたもので、同じくブランドが創刊時から関わっている有力なテック文化誌『Wired』の先行誌にあたる。ターナーは書いている。「『CQ』の読者にとって、スペース・コロニーとは、目指すべき模範を体現する言葉となった。スペース・コロニーによって、かつて新コミューン主義を標榜(ひょうぼう)していた者たちが抱いていたコミューンでの暮らしへの憧れは、彼らが覆そうとしていた冷戦テクノクラシーの特徴そのものである大規模テクノロジーへと、その対象を変えていった。『人々に共有される超越的な意識』というファンタジーは、テクノロジーによって可能になった『不和のない宇宙での協調』という夢に取って代わられた。それから10年ほどのうちに、そのファンタジーはサイバースペースや電子フロンティアという言葉となって再登場し、これによってコンピューター・ネットワーキング技術について一般の人々が抱くイメージが作り上げられていった[★17]」

ミンスキーとブランドは親しい友人同士で、ブランドの著書『メディアラボ』には、主要人物としてミンスキーが登場する。ブランドのテクノロジーへの野心、好奇心、情熱は、ミンスキーの研究室にいた因習にとらわれないハッカーたちと、きわめて相性がよかった。『ホール・アース・カタログ』のプロジェクトを振り返って、ブランドはこう書いている。「新左翼が草の根の政治勢力（つまり付託された力）の結集を呼びかけていたとき、ホール・アースは政治を避け、草の根の直接的な力を発揮できるツールやスキルを追求した。ニューエイジのヒッピーが知識人の世界には抽象概念がないと非難していたとき、ホール・アースは科学、知的努力、新しい技術、古い技術を追求した。その結果、今世紀でもっともエンパワーリングなツールであるパーソナル・コンピューター（新左翼はこれを拒絶し、ニューエイジは見下した）が登場したとき、ホール・アースは当初からその開発の真っ只中にいた[★18]」

フィリップス・エクセター・アカデミーとスタンフォード大学の卒業生で、父親はＭＩＴの工学者だったブランドは、パーソナル・コンピューターは、明るいユートピア的未来の新たなフロンティアになるという期待を抱いていた[★19]。彼は１９８５年に世界初のオンライン・コミュニティーであるWhole Earth eLectronic Link（WELL）を立ち上げ、そしてテクノロジー界はこの場所で、現在の彼らにとっての標準的な政治的態度であるリバタリアニズムに傾倒していった。ポーライナ・ボースークは著書『サイバーセルフィッシュ――ハイテク界の恐ろしくリバタリアンな文化についての批評的遊戯（*Cyberselfish: A Critical Romp through the Terribly Libertarian Culture of High Tech*）』の中で、リバタリアンによるテクノロジー界の席巻について詳述している。オンライン・コミュニティーの中心には、有毒な哲学的テクノリバタリアニズムが潜んでいる。そこは彼らが〝言論の自由（フリー・スピーチ）〟と呼ぶものと過激な個人主義とが、とくに激しくはびこっている場所だ。そうした感情は、かつては掲示板で大いにもてはやされたし、２０１７年になってもまだ、ネット掲示板Reddit（レディット）〔世界最大級の掲示板〕内のRedPill（レッドピル）〔フェミニズムや政治的公正（ポリティカル・コレクトネス）を危険視する主に男性のためのフォーラム〕や、ダークウェブ〔特殊なブラウザを利用しないと閲覧できないネット上の領域〕において生き続けている。ボースークは書いている。「そこに見て取れるのは、人間同士のつながりの欠如と、わたしたちの多くが人間であることの意味と認識しているものの、もっとも核心的な部分への不快感だ。それは、個人であれとの要求と、社会に参加せよとの要求との折り合いをつけることができない無力さであり、そうした感情は、何らかの経済的に存続可能な行動をとるよりも、自分が所有するコンピューターのたったひとりの司令官であることを好み、称賛する態度と、見事に一致する。コンピューターはどんな人間よりも、規則に基づいて動き、コントロールが効き、修理可能で、理解しやすいものだ★20」。これはつまり、チューリングに見られた社会的不適応が、政治性を帯び、強烈さを増した状態といえる。

ヒッピー・イデオロギーから、サイバースペース活動家による反政府イデオロギーへの移行は、グレイトフル・デッドに歌詞を提供していたジョン・ペリー・バーロウが1996年に発表した「サイバースペース独立宣言」にはっきりと見て取ることができる。「産業界の諸政府よ、くたびれはてた肉体と鋼鉄の巨人よ、わたしは精神の新たなよりどころであるサイバースペースから来た」とバーロウは書いている。「未来の利益のために、わたしはあなたがた過去の存在に、こちらに干渉しないことを求める。……われわれが集うところに、あなたがたの支配はおよばない。われわれは選挙によって作られた政府を持たず、この先も持つことはないだろう」[★21]。バーロウは、リバタリアンを標榜する電子フロンティア財団を設立した。同団体は現在、WELL上でバーロウを中心に行なわれた議論に基づき、ハッカーの立場を擁護する活動に従事している。

次に登場するのはピーター・ティールだ。ティールもまたスタンフォード大学卒のリバタリアン——PayPal（ペイパル）の創業者で、フェイスブックに早期から出資し、CIAの支援を受けるビッグデータ解析企業パランティア社を立ち上げた——であり、ジェンダーの平等や政府に対する敵意を隠そうとしない。2009年にオンライン・フォーラム「ケイトウ・アンバウンド」に寄稿したエッセイに、ティールはこう書いている。「1920年以降、生活保護受給者の大幅な増加と、女性参政権の拡大——どちらもリバタリアンに対する厳しい姿勢で悪名高い有権者——により、『資本家のデモクラシー』という概念は矛盾した表現になってしまった」。バーロウと同じように、ティールはサイバースペースを政府のない国であると考えている。「世界には真に自由な場所は残されていないため、現状から逃れるには、われわれをいまだ発見されていないどこかの国に導いてくれる、新たな、前例のないプロセスが必要となると、わたしは考えている。こうした理由から、わたしは自らが力を注ぐ対象を、自由のための新しい空間を生み出す可能性がある新しいテクノロジーに集中してきた」。[★22]ティールはドナルド・トランプの大統領選において彼を支持し、顧問を務めた。また「ゴーカー」を閉鎖に追い込んだ訴訟では、その費用を負担している（「ゴーカー」はオンライン・メディア企業ゴーカー社によるゴシップサイト。ティールは過去、同社のサイトで私生活を暴露された経緯があった）。アネンバーグ・イノベーション研究所の名誉所長ジョナサン・タプリンの著書『すばやく動け、破壊せよ（*Move Fast and Break Things*）』には、ティールの影響力が、彼の仲間の〝ペイパル・マフィア〟、ベンチャー資本家、彼が唱える無政府資本主義者哲学を受け入れた企業幹部らを通じて、シリコンバレー全体に浸透するに至った経緯が詳述されている。[★23]

ティールのような富裕層が、シーステディングやエイリアンといったものについて語るとき、なぜ世の中の人々がそれを大真面目に受け止めてしまうのかという疑問については、さまざまな認知科学者が考察している。リスク評価の専門家であるポール・スロヴィックは、人は専門家の意見に対する認知誤信を持っていると書いている。人間には、だれかがあるものについての専門家である場合、その専門性はほかの分野にもおよんでいるとみなす傾向がある。[★24]これこそが、チューリングは数学に関して正しいのだから、社会がどのように機能するかに関する彼の評価も正しいはずだと人々が思い込む理由だ。とりわけ仕事が高度に専門的になっている現代においては、これは大きな問題をはらんでいる。コンピューターが得意であることは、人間についてよく知っていることと同義ではない。われわれは、社会のだれもが所属する文化システムに対して、関心を抱いても、理解してもいない人間によって設計されたコンピュテーショナル・システムによる支配を、軽率に受け入れるべきではない。

ＳＴＥＭ（科学・技術・工学・数学）分野内における、白人男性への偏りと才能神話との組み合わせは、さらに悪質だ。いまだに、女性や有色人種が数学やテクノロジーの天才であると認められることはほとんどない。プリンストン大学教授のS・J・レスリーらは2015年、さまざまな学術分野を対象に、研究者たちの「能力認知」、つまり彼らが「資質と才能」と「共感能力と勤勉さ」のどちらを優先させるかの調査を行なっている。論文にはこうある。「学問領域全体において、生まれつき持っているありのままの才能が成功のための主要条件であると、現場の研究者が考えている分野では、女性は実際よりも低い評価を受けている。なぜなら女性たちは、そうした才能を持っていないというステレオタイプにあてはめられているからだ。この仮説はアフリカ系アメリカ人の過小評価にも適用される。このグループも同様のステレオタイプの対象とされるためだ[★25]」

数学に関連したジェンダー・ステレオタイプによる負の影響は、STEM分野全体で見られる。STEM分野の文化は「男性化された基準と期待を強要し、それが科学的探求へのアプローチを制限している」。2015年に発表した論文の中で、学者のシェーン・ベンチ、ヘザー・レンチらはそう書いている。「STEM分野で求められる基準では、科学者は決断力があり、規律正しく、客観的で、冷静で、負けず嫌いで、自己主張が強いとされている――こうした特徴は、男性や男らしさと関連づけられるものだ。……STEM分野はステレオタイプ的に男性や男らしさと結び付けられているため、女性はSTEMについて、女性である自分とは対極にあるもので、自分はそうしたコンテクストにはふさわしくないと感じてしまう……女性たちはある環境（たとえばコンピューターサイエンスの教室など）を男性的だと感じるほど、その分野に参加することに興味があると口にしなくなる[★26]」

ベンチらが説明するこうした力学は、どうやらミンスキーの母校であるハーヴァード大学の数学科でも働いているようだ。「現役および過去の学生や教員たち――男性および女性――は、数学科に女性の教員と院生が少ないことが、女性学部生のやる気を削ぐ環境を作り出していると述べている」と、ハナ・ナタンソンは2017年の『ハーヴァード・クリムゾン』紙〔学生新聞〕に書いている。「数学科の女性たちはしょっちゅう、男性の同級生たちよりも簡単な授業を取れと言われる。そして男性に独占された科の中で交わされる、教員と学生、同級生と同級生の日常的なやりとりによって、女性たちは自分が悪目立ちしていると感じ、落ち着かない気持ちにさせられる」[★27]。ハーヴァード大学数学科の教職員には、女性はひとりもいない。最高ランクである正教授に任命された女性はいるが、それもようやく2009年になってからのことだ。この女性はその後しばらくして、プリンストン大学へ移った。それ以降、3人の女性に終身教授の地位がオファーされ、3人全員がこれを辞退している。

ベンチらはまた、「楽観バイアス」がどのようにSTEM分野におけるジェンダー・ギャップに影響を与えているかについての調査も行なっている。この研究で彼らは、男性と女性に同じ数学のテストを受けてもらい、自分はどの程度できたと思うかと質問をした。テストを採点し、学生たちの点数の自己評価を見てみると、男性は常に、実際に彼らが獲得した点数よりも高い点を取ったと考えていることがわかった。「男性によるこうした成績の大幅な過大評価が、彼らの中に、数学分野に進もうとする人が女性に比べて多いことの理由だ。この発見は、STEM分野におけるジェンダー・ギャップは、必ずしも女性が自らの能力を過小評価していることの結果ではなく、むしろ男性が自らの能力を過大評価しているせいであることを示唆している」

この章の内容を、一文でまとめてみよう。この世界には、男性からなる小さなエリート集団が存在し、彼らは自らの数学的能力を過大評価する傾向にあり、彼らは何世紀にもわたって組織的に女性や有色人種よりも機械を優先し続けており、彼らはSFを現実のものにしようと思いがちで、彼らは社会的な慣習にはあまり関心を払わず、彼らは社会の規範やルールが自分にも適用されるとは思っておらず、彼らは使われずに放置されている大量の政府資金を有しており、彼らは極右リバタリアン無政府資本主義のイデオロギー的なレトリックを好んで口にする。

なんとも頼もしい現状ではないか。

より公平なテクノロジー世界を作るためには、テクノロジーを作る際に今よりも多様な意見が議論される必要がある。これを実現するには、そうした場に参加するための障壁を下げたり、ミッドキャリア層がトップを目指す途中でドロップアウトしたり、立ち往生したりする、いわゆる「水漏れパイプ」問題に対処するなどの、従来型のソリューションを用いることが不可欠だ。そして同時に、従来型でないソリューションも採用されるべきだと、わたしは考えている。わたしたちは、デジタル的なものに言及する際には常に、その語り口を工夫していく必要がある。言うだけであれば簡単なのだが、これを実際に行なうのはかなり難しい。コンピューターサイエンスについて語ることの困難さがよくわかる例として、ランドール・マンロー〔ウェブ漫画家〕が自身のサイト「xkcd」に掲載したコミックを見てほしい。この作品の中では、女性がコンピューターの前に座り、そのうしろに男性が立っている。

「ユーザーが写真を撮ったとき、それが国立公園かどうかをアプリに判断させたい」と男性が言う。

「わかった。簡単なＧＩＳ〔地理情報システム〕検索だね。２、３時間ちょうだい」と女性。

「それから、それが鳥の写真かどうかをチェックして」と男性。

「研究チームと５年が必要になるね」と女性。

キャプションにはこうある。「コンピューターサイエンスにおいては、簡単なことと事実上不可能なことの違いを説明するのが難しい場合がある」★1
写真の中の鳥を認識したり、オウムとアボカドディップを区別したりすることが、コンピューターにとってなぜ難しいのかを説明するのは容易ではないため、世の中には、複雑な技術に関するトピックを平易な言葉で説明することによって、一般には理解されにくいＡＩ世界の難解な部分を明らかにしてくれる人（たとえばデータジャーナリストなど）が、もっと大勢必要だ。

コンピュテーションについて語ることは難解であり、そのせいでこれまで多くの誤解が生じてきた。これは本書で繰り返し取り上げていく主題だが、コンピューターはある種のことが得意な一方、また別のことは不得意であり、人があるタスクの実行にコンピューターがどの程度適しているかの判断を誤っている場合、そこには社会問題が発生する。人間にとってはごくシンプルなことが、コンピューターにとってはとても複雑になるという例の定番としては、床いっぱいにおもちゃが散らばった部屋の中での移動というものがある。平均的な幼児は、おもちゃを踏まずに部屋の中を歩いていける（あえておもちゃを踏む場合も当然あるだろうが）。ロボットにこれはできない。おもちゃだらけの床の上をロボットに移動させるには、おもちゃに関するあらゆる情報と、それらの正確な寸法をロボットに入力し、おもちゃを迂回する通り道を計算させなければならない。もしおもちゃが動いたなら、ロボットはスキーマをアップデートする必要がある。第8章で取り上げる自走式の車は、ちょうどこの子供部屋のロボットのような仕組みで動く。車は、自身に組み込まれた世界地図を常にアップデートしている。

こうしたロボット式メソッドにはまた、いくつか予測可能な落とし穴が存在する。ロボット掃除機のルンバが家にあり、ペットを飼っている人なら、これについてよく知っているはずだ。ペットが床に汚い落としものをした場合、ルンバはそれを家中に撒き散らしてしまう。「正直に言えば、こうした例は山ほどあります」。ルンバを製造しているアイロボット社の広報は、2016年8月、『ガーディアン』紙にそう語っている。「お客様にはいつも、イヌが粗相をしそうだとわかっているときには、掃除の予約をされないようにとお伝えしています。動物相手の場合は、何が起こるかわかりませんから」[★2]

ペットがしでかす粗相について、人間は婉曲(えんきょく)な言い方で表現することができる。なぜなら、厳密な表現を使わなくとも、わたしたちは日常言語でものごとを言い表すことができるからだ。もしわたしが、うちのイヌはかわいいが粗相をすることもある、と言えば、その意味は相手に伝わる。人は頭の中にふたつの相反する考えを同時に持つことができ、わたしが「粗相」という言葉をどういう意味で使ったのかを推測することができる。そうした婉曲語法は、数学的言語には存在しない。数学的言語においては、すべては極めて厳密だ。コンピュテーションのカルチャーに存在するコミュニケーション問題の一部は、日常言語の曖昧さと、数学的言語の厳密さに起因する。ひとつ例を挙げよう。プログラミングには「変数」という概念がある。たとえば「X=2」のように書くことによって変数に値を与えれば、Xをルーチンの中で使うことができるようになる。変数には2種類ある。「変数」と呼ばれる変わる変数と、「定数」と呼ばれる変わらない変数だ。プログラマーにとっては、これはまったくあたりまえの理屈であり、変数は不変であり得る。プログラマーでない人にとっては、これは理解しにくいだろう。不変というのは変わるの真逆であり、変わるものは通常、変わらないものではないからだ。これはたしかにややこしい。

こうした呼称問題は、何も新しいものではない。言語は常に科学とともに進化してきた。生物学では、細胞のことをcell（セル）と呼ぶが、これは1665年に細胞を発見したロバート・フックが、修道院で僧たちが暮らす独居房（セル）の壁を連想したことに由来する。呼称問題はしかし、テクノロジーの急速な変化によって、現代においてとくに深刻さを増している。世の中には、新たなコンピュテーションに関する概念や新たなハードウェアが恐ろしいほどの勢いで次々と登場しており、新たに生まれたものの名称を、人々は既存の概念や人工物に基づいてひねり出している。

コンピューターサイエンティストや数学者は概して、コンピューターサイエンスや数学は得意だが、言語のニュアンスに敏感だとは言い難い。何かに新しい名称が必要になったとしても、彼らは理想的な含意とラテン語の語源を持ち、そのものを適切に表す完璧な名称を作り出そうと苦心を重ねたりはしない。たいていの場合、彼らはたんに自分が好きなものとつながりのある名称を選ぶ。プログラミング言語のPython は、コメディ集団のモンティ・パイソンにちなんで名付けられた（コンピューターサイエンス界においては、『スター・ウォーズ』が〝物語（ナラティブ）テキストの元祖〟と位置づけられているのと同様に、モンティ・パイソンは〝コメディ・テキストの元祖〟とされている）。ウェブ・フレームワークのDjango の名称は、これを開発した人物が大ファンだったジャズ・ギタリストのジャンゴ・ラインハルトに由来する。プログラミング言語のJava（ジャバ）の語源はコーヒーだ。Javaとはまったく関係のない言語であるJavaScript（ジャバスクリプト）は、Javaとほぼ同時期に開発され、こちらも（不運なことに）コーヒーにちなんで名付けられた。

「機械学習」という言葉がコンピューターサイエンス界からメインストリームへと広がっていく途上では、言語的混乱からさまざまな問題が持ち上がった。機械学習（ML）という言葉からは、コンピューターには行為主体性があり、それが〝学習する〟というからには、何らかの知覚力を持っているのだろうという印象を受ける。なぜなら「学習」という言葉は通常、人間のような知覚力のある（あるいは動物のようなある程度の知覚力がある）存在に対して用いられるものだからだ。一方、コンピューターサイエンティストたちは、機械〝学習〟とはメタファーのようなものであることを理解している。学習とはこの場合、機械が、プログラムされたルーチンの自動タスクを行なう際の能力を改善させることを意味する。機械学習の〝学習〟は、機械が知識や知恵や行為主体性を獲得することを意味しない。たとえ「学習」という言葉に、そうした意味が含まれているとしてもだ。コンピューターをめぐる数多くの誤解の根っこには、こうした類の言語的混乱が存在する。★3

想像力もまた、ものごとを複雑にする。人がAIをどのように定義するかは、その人が未来をどのようなものになってほしいと望んでいるかによって決まる。マーヴィン・ミンスキーの教え子のひとりであるレイ・カーツワイルは、「シンギュラリティー理論」の提唱者だ。シンギュラリティー（技術的特異点）とは、いずれ機械の知能が人類を超えるという仮説であり、カーツワイルはこれが2045年までに起こると予測している（カーツワイルはグランドピアノのような音が出せるシンセサイザーを発明したことで知られている）。シンギュラリティーは、SF作家たちを夢中にさせている一大トピックだ。以前、わたしがあるフューチャリスト会議のためのインタビューを受けた際、インタビュアーからいわゆる「ペーパークリップ理論」についてこんな風に聞かれたことがある。もしだれかがペーパークリップを作る機械を発明して、次にその機械にペーパークリップを作りたいと望むように教え、次にその機械にほかのものを作りたいと望むように教え、次にその機械がほかの機械をたくさん作り、そうした全部の機械がすべてを乗っ取ったとしたら。「それはシンギュラリティーでしょうか」とインタビュアーは尋ねた。「そうなることが心配ではありませんか」。そうした状況について考察をめぐらせることは楽しい。しかし同時に、それは合理的な思考ではない。人間にはペーパークリップ製造機の電源を抜くことができるし、それで問題は解決だ。また、これは純粋に仮定に基づいたシチュエーションであって、現実ではない。

心理学者のスティーヴン・ピンカーは、米電気・電子工学技術学会〔IEEE〕が発行する雑誌『IEEEスペクトラム』のシンギュラリティー特集号でこう語っている。「来たるべきシンギュラリティーを信じる理由はかけらもない。頭の中に未来を思い描けるという事実は、それが現実になりそうだということはおろか、それが可能だという証拠にすらならない。ドーム都市、ジェットパック〔背中に背負った機材からジェットを噴射して飛行する器具〕での通勤、水中都市、高さ数キロの高層ビル、原子力自動車——これらはすべて、わたしが子供のころの未来想像図における定番であり、どれひとつとして実現していない。凄まじい処理能力は、すべての問題を魔法のように解決してくれる妖精の粉ではない★4」

フェイスブック社のヤン・ルカン〔フェイスブック人工知能研究所所長〕もまた、シンギュラリティーに対して懐疑的だ。ルカンは『IEEEスペクトラム』誌にこう語っている。「シンギュラリティーの到来をいかにも大げさに吹聴しそうな人間というのはいるもので、たとえばレイ・カーツワイルを見るといい。彼はフューチャリストだ。彼は未来について肯定的な見方をするのを好む。このやり方で、カーツワイルは大量の本を売っている。しかし彼はこれまでのところ、わたしの知る限り、AIの科学に何ひとつ貢献していない。彼はテクノロジーをもとにした製品を売り、その一部はいくらか革新的ではあったが、概念的に新しいものは何もない。また当然ながら、ＡＩに進歩をもたらすにはどうすればいいかを世の中に教えてくれる論文も、ひとつも書いていない[★5]」。理性的で賢明な人たちは、未来に何が起こるかについて、さまざまに異なる意見を持っている――それはなぜかといえば、ひとつには、未来を見ることはだれにもできないからだ。

ここからは、状況をいくらか整理するために、機械学習とは何かを明確にし、またデータセットを使った機械学習の実例を提示していくことにしよう。機械学習について何通りかのやり方で説明しながら、コードもいくつか紹介する。技術的な内容になるはずだ。技術的な部分がややこしいと思う人もいるかもしれないが、どうか心配しないでほしい。まずはざっと目を通しておいて、あとから戻って読んでもらっても構わない。

ＡＩは２０１７年、一気に注目を浴びる存在となったが、以前は長い間「ＡＩの冬」と呼ばれる状況が続いていた。２０００年代の10年間、メインストリームの人々がＡＩを顧みることはほとんどなかった。テクノロジーとして人気があったのはインターネットで、次にモバイル・デバイスが登場し、わたしたちの集合的な想像力はそうしたものにばかりに向けられていた。しかし２０１０年代なかば、機械学習についての話題が人々の口の端にのぼり始める。突如として、ＡＩは再び注目の的となった。ＡＩのスタートアップが起業され、買収された。ＩＢＭのWatsonが、クイズ番組「ジェパディ！」で人間のプレイヤーを負かした。アルゴリズムが人間の囲碁棋士を出し抜いた。「機械学習」という言葉そのものさえクールだった。機械は学習することができるのだ！　約束は果たされた！

わたしは最初、どこかの天才が、機械に思考をさせるという真に困難な課題の解決策を見つけたのならすばらしいと考えた——しかしよくよく調べてみると、これはなんとも言い難い微妙な話であることがわかった。実際に何が起こっていたのかといえば、科学者たちが「機械学習」という言葉を再定義して、自分たちがやっている仕事を指すものとしてしまったのだ。彼らがこの言葉をあまりに多用したせいで、その意味は変化した。

こうした例はよくある。言語は流動的なものだ。たとえば「literally（文字通り）」という言葉はかつて、「figuratively（比喩的に）」という言葉の反対語だった。1990年代にだれかが「あのトウガラシを食べたら、文字通り口に火が付いた」と言ったなら、それは口の中で本物の火が燃えたという意味であって、その人は深度Ⅲの火傷から回復したという話を伝えるのに、そういう言い回しを使っているのだと理解された。ところが2000年代になると、一定数以上の人々が「literally」を「figuratively」の同義語として用いたり、また強調の意味で使ったりするようになった。「あのジョン・メイヤーの曲をもう一回聞かされたら、文字通りだれかを殺すところだったよ」という文は、殺人や傷害の話ではなく、一般に「わたしはもう絶対にジョン・メイヤーの曲を聞きたくない」という意味であると理解される。

『オックスフォード英語辞典（OED）』によると、「機械学習」という言葉ができたのは1959年のことだ。OEDは2000年に出版された第3版から、「機械学習」という成句を掲載するようになった。OEDは「機械学習」を次のように定義している。

機械学習：名詞。コンピューター用語。経験から学習するコンピューターの能力。すなわち、新たに獲得した情報に基づいてコンピューターの処理に修正を加えること。

1959年『IBMジャーナル』誌第3号、211／1。われわれには、自由に使うことができる、機械学習技術を活用するのに適したデータ処理能力と充分な計算速度を持つコンピューターがある。

1990年『ニュー・サイエンティスト』誌9月8日号、78／1。スタンフォードのダグ・レナットが、第2世代の機械学習システムであるEurisko（ユリスコ）を開発したとき、彼は自分が真の知的能力を作り上げたと考えた。★6

この定義は正しいが、現代のコンピューターサイエンティストによる「機械学習」という言葉の使い方を正確に表しているとは言えない。より包括的な定義は、オックスフォードの『コンピューターサイエンス辞典（*A Dictionary of Computer Science*）』に見られる。

機械学習

経験から学ぶプログラムの構築に関する人工知能の一分野。学習は多くの形式をとり、手本からの学習や類推による学習から、概念の自律的学習や発見による学習までさまざま。「増分学習」は、新たなデータの到着による継続的な改善が行なわれるもので、一方、「ワンショット学習」あるいは「一括学習」は、訓練フェーズと運用フェーズとが区別されるもの。「教師あり学習」は、訓練入力データに、学ぶべきクラスが明確にラベル付けされているもの。

多くの学習法は、一般化の実現を目的としており、これによりシステムは相互に深く関連した巨大

なデータの塊（チャンク）を包含する、効率的で効果的な表現を構築する。★7

この説明は先ほどのものよりはいいが、それでもまだ正解ではない。Pythonでの機械学習に使われる人気のソフトウェア・ライブラリscikit-learn（サイキット＝ラーン）の説明にはこうある。「機械学習とは、あるデータセットが持つ性質の一部を学習し、それを新しいデータに適用することである。そのため、機械学習でアルゴリズムを評価する際の一般的な方法においては、手元のデータをふたつのセットに分け、一方を訓練セットと呼んで、これを使ってデータの特性を学習し、もう一方をテストセットと呼んでそれらの特性のテストを行なう」★8

異なるソースによる説明がこれほど一致しない言葉もそうはないだろう。たとえばイヌの定義であれば、何種類ものテキストを参照してもほぼ矛盾がない。一方、機械学習は非常に新しいもので、コンセンサスがほとんど取れていないため、当然ながら言語的な定義が現実に追いついていない。

カーネギー・メロン大学コンピューターサイエンス学部の機械学習科で教えるフレドキン冠全学教授、トム・M・ミッチェルは、論文「機械学習の学問分野（The Discipline of Machine Learning）」の中で、すぐれた機械学習の定義を提示している。「われわれが特定のタスクT、性能尺度P、ある種の経験Eについて機械が学習すると呼ぶのは、そのシステムが、経験Eののちに、タスクTにおいてパフォーマンスPを確実に向上させる場合だ。われわれがT、P、Eをどのように規定するかに応じて、この学習タスクは、データマイニング、自律的発見、データベース更新、例示プログラミングなどの名称で呼ばれる」★9。わたしはこれをすぐれた定義だと考えるが、それはミッチェルが非常に正確な言葉を使って学習を定義しているからだ。機械が〝学習する〟というのは、機械が金属製の脳を持つことを意味しない。それは機械が、ある特定のタスクを、人間が定義した特定の尺度に従って、より正確に実行するようになる、という意味だ。そうした種類の学習は知性を意味しない。プログラマー兼コンサルタントのジョージ・V・ネヴィル＝ニールは、『コミュニケーションズ・オブ・ザ・ACM』誌にこう書いている。

もう50年近く、人間とコンピューターはチェスで対戦してきたが、これはそうしたコンピューターのどれかが知的であることを意味するだろうか。いや、そうはならない——その理由はふたつある。ひとつには、チェスは知性のテストではないからだ。チェスは特定のスキル——チェスをプレイするというスキル——のテストだ。もしわたしがチェスでグランドマスターに勝利し、一方で、食卓で塩を渡してくれと頼まれたときにこれができなかった場合、わたしには知性があることになるだろうか。ふたつ目の理由は、チェスを知性のテストとみなすことは、優秀なチェスプレイヤーは優秀な精神を持っており、周囲の人間よりも才能に恵まれているという、誤った文化的前提に基づいているから、というものだ。たしかに、知的な人の中にチェスがうまい人はたくさんいるだろうが、チェスは、そのほかのあらゆる個別のスキルと同様、知性を示すものではない。[★10]

機械学習には一般に三つのタイプがある。教師あり学習、教師なし学習、強化学習だ。以下に、教科書として広く使われている『エージェントアプローチ　人工知能（*Artificial Intelligence: A Modern Approach*）』から、それぞれについての定義を挙げておこう。この本の著者は、カリフォルニア大学バークレー校の教授スチュアート・J・ラッセルとグーグル研究本部長のピーター・ノーヴィグだ。

教師あり学習：コンピューターには、〝教師〟によって、手本の入力値と望ましい出力値が提示される。その目的は、入力値を出力値に結び付ける一般的なルールを学習すること。

教師なし学習：学習アルゴリズムにラベル（正解）は与えられず、コンピューター自体が入力値の中にある構造を発見する。教師なし学習はそれ自体（データ内の隠されたパターンを発見する）が目的となるか、あるいは目的（表現学習）に達する手段である。

強化学習：コンピューター・プログラムが動的環境とやりとりを行ない、その中で特定の目的を目指す（乗り物を運転する、相手とゲームをするなど）。プログラムには、問題空間を探索する中で、報酬および罰としてフィードバックが与えられる。[★11]

教師あり学習はいちばんわかりやすい。マシンには、訓練データとラベル付きの出力値が与えられる。人間は、マシンに何を見つけてもらいたいかを伝え、こちらが正解だと知っていることをマシンが予測できるようになるまで、モデルに微調整を加えていく。

これら3種類の機械学習はすべて「訓練データ」、つまり機械学習モデルを訓練・調整するために使われる既知のデータセットに依存している。たとえば、わたしが使う訓練データが、クレジットカード会社の顧客10万人のデータセットだとしよう。データセットには、クレジットカード会社がひとりの人物に対して一般的に持っているデータが含まれており、それは具体的には以下のようなものだ。氏名、年齢、住所、信用度のスコア、金利、口座残高、口座の連署人の氏名、請求金額のリスト、支払い金額と日付の記録。たとえば、請求書の支払いが遅延しそうなのはだれかを予測する機械学習（ML）モデルが欲しいとする。そうした人々を見つけたい動機は、だれかが支払いに遅れるたび、その口座の金利は上昇し、そうなるとクレジットカード会社は利息でより多くの金を得られるようになるからだ。訓練データの中には、10万人のうちのだれが請求書の支払いに実際に遅れたかを示した列（カラム）がある。訓練データを、5万人ずつの2グループに分ける。これが訓練セットとテスト・データだ。次に、機械学習アルゴリズムを訓練セットに対して実行し、モデルを構築する。このモデルとはつまり、われわれがすでに知っていることを予測するブラックボックスだ。そしてこのモデルをテスト・データに適用すれば、どの顧客が遅れて支払いをするかについてのモデルの予測を見ることができる。そして最後に、モデルの予測とわれわれが知っている正解――テスト・データ内の顧客のうち、実際に支払いが遅れた人たち――とを比較する。これによって、モデルの精度と再現率を測るスコアが手に入る。もしモデルを作った人間が、モデルの精度／再現率スコアが充分に高いと考えれば、そのモデルを実際の顧客に対して使用することが可能となる。

　データセットに適用できる機械学習アルゴリズムには、いくつかの種類がある。ランダムフォレスト、決定木（けっていぎ）、最近傍法、ナイーブ（単純）ベイズ、隠れマルコフといった名称を、あなたも耳にしたことがあるかもしれない。もう一度確認しておくと、「アルゴリズム」とは、コンピューターが従うように指示される一連の段階あるいは手順のことだ。機械学習においては、アルゴリズムと変数とを結び付けて数理モデルを作る。モデルとは何かについての見事な説明が、キャシー・オニール著『あなたを支配し、社会を破壊する、AI・ビッグデータの罠（*Weapons of Math Destruction: How Big Data Increases Inequality and Threatens Democracy*）』にある。オニールは、わたしたちは常に無意識にさまざまなもののモデルを作っていると述べている。夕食に何を作るかを決める際、わたしはモデルを作る。冷蔵庫の中にはどんな食材があるか、その食材を使ってどんな料理を作ることが可能か、今晩夕食を食べるのはだれか（通常は夫と息子とわたしだ）、彼らはどんなものを好むか。わたしはさまざまな料理を評価し、それぞれが過去、どんな実績を残したかを考える。だれが何をおかわりしたか、日々変わり続ける敬遠される食材のリストにはどんなものが含まれているか――カシューナッツ、冷凍野菜、ココナッツ、内臓肉。手元にある食材と人々の好みに基づいて何を作るかを決めることによって、わたしは食事のチョイスを一連の特徴に対して最適化している。数理モデルを作ることはつまり、特徴と選択肢を数学用語でまとめることを意味する。[★12]

たとえば、わたしが機械学習を〝やろう〟と思ったとする。まずわたしがやるのは、データセットを手に入れることだ。機械学習の練習に使えるおもしろいデータセットにはいろいろなものがあり、オンラインの各種リポジトリーに集められている。顔の表情のデータセットもあれば、ペットやYouTube動画のデータセットもある。倒産した会社で働いていた人たちが送ったEメールのデータセット（エンロン社）、1990年代のニュースグループの会話のデータセット（ユーズネット）、サービスを終了したソーシャル・ネットワーク企業の友人関係ネットワークのデータセット（フレンドスター社）、人々がストリーミング・サービスで鑑賞した映画のデータセット（ネットフリックス社）、さまざまなアクセントで発音された一般的な言葉のデータセット、読みにくい手書き文字のデータセットなどなど。こうしたデータセットは、操業中の企業、ウェブサイト、大学の研究者、ボランティア、倒産した会社などから集められる。これらごくひと握りの有名なデータセットはオンラインにポストされており、そしてこれらのデータセットが、現代のあらゆる人工知能の土台を形成している。その中には、あなた自身のデータが入っている可能性もある。わたしの友人は以前、幼い自分が映った動画を、行動科学のアーカイヴの中から見つけたことがある。彼女が小さいころ、母親が親子の行動の研究に協力していたのだという。研究者たちは今もその動画を保有し、この世界についての結論を導くためにそれを使っているのだ。

さて、いよいよ定番の練習課題をやってみることにしよう。機械学習を使って、タイタニック沈没事故の生存者を予測するのだ。タイタニック号が氷山に衝突したあと、何が起こったかを想像してみてほしい。今あなたの頭の中には、レオナルド・ディカプリオとケイト・ウィンスレットが船の甲板をすべっていく図が浮かんだだろうか。それは現実ではない――とはいえ、もしあなたがわたしと同じくらい何度もあの映画を見たのであれば、それは事故の様子を生き生きと想像するうえで役に立つだろう。あなたがあの映画を少なくとも一度は見たことがある可能性は、かなり高いと考えられる。映画『タイタニック』は米国内で6億5900万ドル、国外で15億ドルの収益を上げ、1997年における世界最大のヒット作、かつ映画史上2番目の世界興行収入を記録する作品となった（監督のジェームズ・キャメロンは、もうひとつの大ヒット作『アバター』で世界興行収入第1位の座も獲得している）。『タイタニック』は映画館でほぼ1年間にわたって上映され、その原動力のひとつとなったのは、若者たちが繰り返し作品を見に行ったことだった。[★13] 映画『タイタニック』は、現実のタイタニック号が海に沈んだ悲劇と同じように、わたしたちの集合記憶の一部となった。人間の脳は、かなり頻繁に、実際のできごととリアルな作り事を混同する。嘆かわしくはあるものの、これはごく普通に起こることだ。この混同が、わたしたちのリスクに対する認知の仕方を複雑にする。わたしたちは「経験則（ヒューリスティック）」、つまりインフォーマルな規則に基づいて、リスクについての結論を引き出す。そうした経験則は、思い出しやすいストーリーや、感情が大きく動かされた経験に影響を受ける。たとえば『ニューヨーク・タイムズ』紙のコラムニスト、チャールズ・ブロウは子供のころ、凶暴なイヌに襲われた経験があるという。彼は顔が引き裂かれるほどの怪我を負った。ブロウが出版した自叙伝には、大人になった自分は、知らないイヌに対していまだに警戒心を抱いているとある。★14 これは充分に理解できることだ。幼い子供が大きな動物に襲われれば、心に大きな痛手を受けるし、その人がその後の人生において、イヌを見ればまずそのことを思い出すのは当然だろう。本を読みながら、わたしは小さな少年に感情移入し、彼が怖いと感じたところでは自分も怖いと感じた。ブロウの自叙伝を読んだ翌日、わたしは自宅近くの公園でイヌをリードなしで散歩させている男性を見かけた――その瞬間、わたしの頭にはブロウのことが浮かび、イヌを恐れている人たちは、このイヌにリードがついていないという事実によって不安になるだろうと考えた。このイヌは狂暴化するだろうか、もしそうなったら何が起こるだろう。ブロウの物語は、わたしのリスクへの認知に影響を与えた。これは、TVドラマ『LAW & ORDER――性犯罪特捜班』を何話も見た人が催涙スプレーを持ち歩くようになったり、ホラー映画を見た人が車の後部座席に何か恐ろしいものが隠れていないかと確認するようになったりするのと同じことだ。これは専門用語で「利用可能性経験則（ヒューリスティック）」と呼ばれる。★15 頭の中に最初に浮かぶストーリーは、わたしたちがもっとも重要である、あるいはもっとも頻繁に起こると考える傾向にあるものだ。

おそらくは、わたしたちの集団的な想像においてとりわけ印象深い事例であるために、タイタニックの事故は機械学習の授業で広く利用されている。具体的には、タイタニックの乗客リストが、学生たちにデータを使って予測を生成する方法を教える際によく使われる。これはまた、クラス全体での実習の題材としても使い勝手がよい。なぜなら学生はほぼ全員、映画『タイタニック』を見たことがあるか、あるいはあの事故について知っているからだ。おかげで歴史的背景について長い時間をとって説明せずとも済み、すぐにいちばんのお楽しみである予測に取り掛かることができるというのも、教師にとっては大変ありがたい。

そのお楽しみについて、ここからは教師あり学習を用いて説明していこう。機械学習を実行したときに正確に何が起こるのかを見ることは大切だと、わたしは考えている。ネット上には機械学習（ML）のチュートリアルを掲載しているサイトがたくさんあるので、自分で練習してみたい人はぜひそちらを利用してほしい。わたしの説明はDataCampというサイトのチュートリアルに沿って進めていく。Kaggle（カグル）というまた別のサイトは、データサイエンスのコンペティションに参加するための最初のステップとしてDataCampの利用を勧めている。[★16] グーグルの親会社であるアルファベット社が所有しているKaggleは、ユーザー同士が、データセットの分析で最高スコアを得ることを目指して競い合うサイトだ。データサイエンティストたちはこのサイトを利用して、チームで競ったり、スキルを磨いたり、共同研究を実践したりしている。Kaggleはまた、学生にデータサイエンスについて教えたり、データセットを探したりするのにも役立つ。

DataCampのタイタニック・チュートリアルを、Pythonと、Pythonの人気ライブラリーであるpandas（パンダス）、scikit-learn、numpy（ナンパイ）を使って実践していこう。「ライブラリー」とは、ネット上にアップされている、機能を詰め込んだ小さなバケツのようなものだ。ライブラリーをインポートすると、自分が書いているプログラムでその機能を使用できるようになる。これがどんなものかを理解するために、まずは現実の図書館を思い浮かべてほしい。わたしはニューヨーク公共図書館(NYPL)の会員だ。仕事であれ遊びであれ、どこかの土地に1週間以上滞在するときには、わたしはいつもその地域の図書館に足を運んでライブラリー・カードをもらうようにしている。地元の図書館のカードをもらっておけば、その図書館にあるすべての本やリソースが使えるようになる。地域図書館のメンバーである間、わたしはいつも使っているNYPLのリソースにプラスして、地域図書館にある独自のリソースも使えるようになる。Pythonのプログラムでは、まずはたくさん用意されているビルトイン関数を使う。これはNYPLにあたる。新しいライブラリーをインポートすることは、地域図書館に登録する行為と同じだ。わたしたちは自分のプログラムを作るにあたって、主要なPythonライブラリーにある優秀な機能をすべて使えることにプラスして、たとえばscikit-learnライブラリーを作成・公開した人々のような研究者やオープンソース開発者によって書かれた、すばらしい機能を使うことができるわけだ。

わたしたちが使用するもうひとつのライブラリーであるPandasには、データを〝格納〟する「DataFrame(データフレーム)」と呼ばれる容れ物がある。このタイプの容れ物は「オブジェクト」とも呼ばれており、これは「オブジェクト指向プログラミング」におけるオブジェクトと同じものを指す。「オブジェクト」は、プログラミングの世界でも現実世界と同じように一般名称だ。プログラミングにおいては、「オブジェクト」とはデータ、変数、コードの入った小さなパッケージを包んでいる、概念的な包み紙のようなものと言える。ラベルの付いた「オブジェクト」は扱いやすくなる。さまざまなものが入ったパッケージについて考えたり、話したりするためには、それを概念的に思い描く必要がある。

最初にすることは、データを訓練データとテスト・データというふたつのセットに分けることだ。そこからはモデルを作り、それを訓練データ上で訓練し、テスト・データの上で走らせていく。ＡＩには汎用ＡＩと特化型ＡＩがあることを思い出してほしい。これは特化型のＡＩだ。まずは下記の文字列を打ってみよう。

```
import pandas as pd
import numpy as np
from sklearn import tree, preprocessing
```

たった今、分析に使用するいくつかのライブラリーがインポートされた。pandasには「pd」、numbyには「np」という別名を使っている。これでpandasとnumpyのすべての機能にアクセスできるようになった。インポートは、すべての機能を対象にすることも、そのうちのいくつかを選んで行なうこともできる。scikit-learnからは、機能をふたつだけインポートする。ひとつは「tree」、もうひとつは「preprocessing」と呼ばれる。

次に、カンマ区切り（Comma-Separated Values、ＣＳＶ）ファイルからデータをインポートしてみよう。ＣＳＶファイルもやはりネット上のどこかに上げられているもので、今回使用するＣＳＶファイルは、アマゾンウェブサービス（ＡＷＳ）が所有するサーバー上にある。ファイルがある場所がなぜわかるかと言えば、ファイルのベースＵＲＬ（http://のすぐうしろにくる部分）がs3.amazonaws.com.となっているからだ。

CSVファイルとは、一つひとつのカラムがカンマで区切られているデータから構成されるファイルを指す。AWSから、2種類のタイタニックのデータファイルをインポートする。ひとつは訓練データセット、もうひとつはテスト・データセットだ。どちらのデータセットもCSVフォーマットになっている。それではデータをインポートしよう。

```
train_url =
"http://s3.amazonaws.com/assets.datacamp.com/course/Kaggle/train.csv"
train = pd.read_csv(train_url)

test_url = "http://s3.amazonaws.com/assets.datacamp.com/course/Kaggle/test.csv"
test = pd.read_csv(test_url)
```

pd.read_csv() とは、「pd（pandas）ライブラリーにあるread_csv()関数を呼び出してください」という意味だ。技術的な言い方をすれば、わたしたちはこれで、DataFrameオブジェクトを作り、その内蔵メソッドのひとつを呼び出したことになる。いずれにせよ、データは無事、「訓練変数」と「テスト変数」というふたつの変数にインポートされた。まずは訓練変数に入っているデータを使ってモデルを作り、次にテスト変数に入っているデータを使って、作ったモデルの精度を測っていく。

では訓練データの「ヘッド」、つまり最初の数行に何が書かれているかを見てみよう〔次ページ〕。

```
print(train.head())
```

	PassengerId	Survived	Pclass \
0	1	0	3
1	2	1	1
2	3	1	3
3	4	1	1
4	5	0	3

	Name	Sex	Age	SibSp \
0	Braund, Mr. Owen Harris	male	22.0	1
1	Cumings, Mrs. John Bradley (Florence Briggs Th...	female	38.0	1
2	Heikkinen, Miss. Laina	female	26.0	0
3	Futrelle, Mrs. Jacques Heath (Lily May Peel)	female	35.0	1
4	Allen, Mr. William Henry	male	35.0	0

	Parch	Ticket	Fare	Cabin	Embarked
0	0	A/5 21171	7.2500	NaN	S
1	0	PC 17599	71.2833	C85	C
2	0	STON/O2. 3101282	7.9250	NaN	S
3	0	113803	53.1000	C123	S
4	0	373450	8.0500	NaN	S

どうやらこのデータにはカラムが12あるようだ。カラムにはそれぞれ、PassengerId、Survived、Pclass、Name、Sex、Age、SibSp、Parch、Ticket、Fare、Cabin、Embarkedと表題が付いている。これらの表題の意味は何だろうか。

その答えを見つけるには、データ・ディクショナリーが必要になる。これは大半のデータベースにおいて用意されている。データ・ディクショナリーからは、次のことがわかる。

```
Pclass = Passenger Class (1 = 1st; 2 = 2nd; 3 = 3rd)
Survived = Survival (0 = No; 1 = Yes)
Name = Name
Sex = Sex
Age = Age (in years; fractional if age less than one (1). If the age is estimated, it is in
the form xx.5)
Sibsp = Number of Siblings/Spouses Aboard
Parch = Number of Parents/Children Aboard
Ticket = Ticket Number
Fare = Passenger Fare (pre-1970 British pound)
Cabin = Cabin number
Embarked = Port of Embarkation (C = Cherbourg; Q = Queenstown; S = Southampton)
```

〔Pclass＝乗客の等級（1＝一等、2＝二等、3＝三等）

Survived＝生存結果（0＝死亡、1＝生存）

Name＝氏名　Sex＝性別

Age＝年齢（年単位。1歳以下の場合、小数点以下を記載。年齢が推定の場合はxx.5の形で記載）

Sibsp＝乗船していたきょうだい／配偶者の数

Parch＝乗船していた親／子供の数

Ticket＝チケット番号

Fare＝乗車料金（1970年以前の英ポンド）

Cabin＝船室番号

Embarked＝乗船した港（C＝シェルブール、Q＝クイーンズタウン、S＝サウサンプトン）〕

大多数のカラムにはデータが入っている。一部、カラムの値にデータがないところもある。乗客ＩＤ（PassengerID）1のOwen Harris Braund氏の船室の値はNaNとなっている。これは「数字ではない（Not a Number）」という意味だ。NaNはゼロとは違う。ゼロは数字だからだ。NaNとは、この変数には値がないことを意味する。この違いは日常生活においてはさほど重要ではないように見えるが、コンピューターサイエンスでは極めて大きな意味を持つ。数学的言語は厳格であることを忘れないでほしい。たとえば、NULLとは空集合を指し、NaNともゼロとも異なるものだ。

それでは、テスト・データセットの最初の数行に何が書いてあるかを見ていこう〔次ページ〕。

```
print(test.head())
```

	PassengerId	Pclass	Name	Sex \
0	892	3	Kelly, Mr. James	male
1	893	3	Wilkes, Mrs. James (Ellen Needs)	female
2	894	2	Myles, Mr. Thomas Francis	male
3	895	3	Wirz, Mr. Albert	male
4	896	3	Hirvonen, Mrs. Alexander (Helga E Lindqvist)	female

	Age	SibSp	Parch	Ticket	Fare	Cabin	Embarked
0	34.5	0	0	330911	7.8292	NaN	Q
1	47.0	1	0	363272	7.0000	NaN	S
2	62.0	0	0	240276	9.6875	NaN	Q
3	27.0	0	0	315154	8.6625	NaN	S
4	22.0	1	1	3101298	12.2875	NaN	S

```
train.describe()
```

	PassengerId	Survived	Pclass	Age	SibSp	Parch	Fare
count	891.000000	891.000000	891.000000	714.000000	891.000000	891.000000	891.000000
mean	446.000000	0.383838	2.308642	29.699118	0.523008	0.381594	32.204208
std	257.353842	0.486592	0.836071	14.526497	1.102743	0.806057	49.693429
min	1.000000	0.000000	1.000000	0.420000	0.000000	0.000000	0.000000
25%	223.500000	0.000000	2.000000	20.125000	0.000000	0.000000	7.910400
50%	446.000000	0.000000	3.000000	28.000000	0.000000	0.000000	14.454200
75%	668.500000	1.000000	3.000000	38.000000	1.000000	0.000000	31.000000
max	891.000000	1.000000	3.000000	80.000000	8.000000	6.000000	512.329200

見てもらえばわかるように、「テスト」には「訓練」と同じようなデータが入っているものの、「Survived（生存結果）」のカラムだけがない。すばらしい。わたしたちの目標は、「テスト・データ」に、各乗客の生存予測が入っている「Survived」のカラムを作ることだ（当然ながら、「テスト・データセット」の中のだれが生き残ったか、その答えはすでに存在する。だが、データセットにすでに答えが入っていたら、チュートリアルの意味がない）。

次に、訓練データセットをもう少しくわしく知るために、基本的な要約統計を実行してみよう。データジャーナリストがこれを行なう際には、「データにインタビューする」という言い方をする。わたしたちは人間にインタビューするのと同じように、データにもインタビューをする。人間は名前、年齢、経歴を持っている。データセットはサイズといくつものカラムを持っている。データのカラムにその平均値を尋ねるのは、だれかに名字のスペルを教えてくれと頼むのに少し似ている。

わたしたちのデータについてさらに理解を深めるために、

「describe」という関数を実行する。これを行なうと、基本的な要約統計が集約されて、前ページのような扱いやすいテーブルにまとめられる。

訓練データセットは８９１件のレコードを持っている。そのうち、乗客の年齢がわかるのは７１４件のみだ。このデータの場合、乗客の平均年齢は29・６９９１１８歳であり、ほぼ30歳と言って差し支えないだろう。

この統計のほとんどは解釈を必要としない。生存結果は最低値が0、最高値が1。別の言葉で言えば、これはブーリアン値だということになる。つまり、人は生存しているか（1）、いないか（0）のどちらかということだ。そこから平均値（mean）を出せば、0・38となる。同様にPclassつまり乗客の等級についても、平均値を出すことができる。乗船チケットには一等、二等、三等が存在したからだ。平均値は、実際にだれかが２・３０８等級で旅をしたことを意味していない。

さて、このデータについて少しわかったところで、いよいよ分析に取り掛かる。まずは乗客数を見てみよう。これには「value_counts」という関数を使う。value_countsは、ひとつのカラムの各カテゴリーにいくつの値があるか、つまり各等級で旅をしていた乗客は何人だったのかを示してくれる。さっそくやってみよう。

```
train["Pclass"].value_counts()

1    216
2    184
```

```
3    491
Name: Pclass, dtype: int64
```

訓練データは、４９１人が三等に、１８４人が二等に、２１６人が一等に乗っていたことを示している。

生存者の数を見てみよう。

```
train["Survived"].value_counts()
0    549
1    342
Name: Survived, dtype: int64
```

訓練データは、５４９人が亡くなり、３４２人が生き残ったと示している。

この数字を正規化してみる。

```
print(train["Survived"].value_counts(normalize = True))
0    0.616162
1    0.383838
Name: Survived, dtype: float64
```

乗客の62パーセントが亡くなり、38パーセントが生き残った。つまり、あの事故では大半の人が亡くなったわけだ。もし無作為抽出の乗客が生き残ったかどうかについての予測が目的であれば、生き残らなかったとの予測をすることになるだろう。

ここまでで作業をやめることもできる。わたしたちはたった今、妥当な予測ができる結果を引き出したのだから。とはいえ、さらに詳細な分析もできそうなので、もう少し進めてみることにしよう。予測を向上させるのに役立つ因子はあるだろうか。データの中には、生存結果のほかにもカラムがある。乗客の等級、氏名、性別、年齢、乗船していたきょうだい／配偶者の数、乗船していた親／子供の数、チケット番号、乗船料金、船室番号、乗船した港だ。

「乗客の等級」は、乗客の社会経済的な階級とみなすことができる。もしかするとこれは、予測因子として有効かもしれない。一等の乗客はおそらく、三等の乗客より先に乗船したと推測できる。「性別」もまた、妥当な予測因子となるだろう。海難事故においては、「女性と子供を先に」というのが原則であったことはわかっている。この原則が生まれたのは1852年、英の軍隊輸送船バーケンヘッド号が南アフリカ沖で座礁したときのことだ。すべての船にこれが適用されていたわけではないものの、社会分析に使える程度には一般的だったと思われる。

では、いくつか比較をしながら予測的な変数が見つかるかを見てみよう。

```
# Passengers that survived vs passengers that passed away〔生き残った乗客VS．亡くなった乗客〕
```

```
print(train["Survived"].value_counts())
0    549
1    342
Name: Survived, dtype: int64

# As proportions〔割合〕
print(train["Survived"].value_counts(normalize = True))
0    0.616162
1    0.383838
Name: Survived, dtype: float64

# Males that survived vs males that passed away〔生き残った男性VS.亡くなった男性〕
print(train["Survived"][train["Sex"] == 'male'].value_counts())
0    468
1    109
Name: Survived, dtype: int64

# Females that survived vs females that passed away〔生き残った女性VS.亡くなった女性〕
```

```
print(train["Survived"][train["Sex"] == 'female'].value_counts())
1    233
0     81
Name: Survived, dtype: int64

# Normalized male survival〔正規化した男性生存者〕
print(train["Survived"][train["Sex"] == 'male'].value_counts (normalize=True))
0    0.811092
1    0.188908
Name: Survived, dtype: float64

# Normalized female survival〔正規化した女性生存者〕
print(train["Survived"][train["Sex"] == 'female'].value_counts (normalize=True))
1    0.742038
0    0.257962
Name: Survived, dtype: float64
```

女性は74パーセントが生き残り、男性で生き残ったのはわずか19パーセントであることがわかる。ということは、無作為抽出の人物については、その人が女性であれば生存、男性であれば死亡であると予測を調整してもいいだろう。

この作業の最初の目的は、テスト・データの中に、各乗客についての予測が入った生存結果のカラムを作ることだったことを思い出してほしい。わたしたちはこの時点で生存結果のカラムを作り、74パーセントの女性には「1」（この乗客は生き残った、の意）を、残りの女性には「0」（この乗客は生き残らなかった、の意）を入れることもできる。そして男性の19パーセントに「1」を、残りの81パーセントの男性に「0」を入れる。

しかし、これはやめておこう。なぜならこのやり方では、性別のみに基づいてそれらしい結果をランダムに割り振ることになるからだ。データの中には、ほかにも結果に影響を与える因子があるはずだ（もしあなたが本当に、こうしたことがどのように決定されるかを詳細に知りたいのなら、ネットでDataCampのチュートリアルなどを参照することをおすすめする）。三等船客だった女性は？　一等の女性は？　配偶者と一緒の女性は？　子供を連れていた女性は？　これだけでもすでに手作業で計算するのは面倒なので、モデルを訓練して、既知の因子に基づいて推測させることにしよう。

モデルを構築するには、アルゴリズムの一種である「決定木」を使う。機械学習で一般的に使われるアルゴリズムには、いくつか種類があることを覚えているだろうか。決定木、ランダムフォレスト、人工ニューラルネットワーク、ナイーブベイズ、k近傍法、ディープラーニングなどだ。ウィキペディアの機械学習アルゴリズムのリストは、これらをかなり幅広くカバーしている。

こうしたアルゴリズムは、pandasのようなソフトウェアにパッケージされている。機械学習のアルゴリズムを自分で書く人はまずいない。すでにあるものを使った方がずっと簡単だ。新しいアルゴリズムを書くことは、新しいプログラム言語を書くに等しい。実際にやればとんでもなく手間がかかるし、長い時間を費やさなければならない。ここでは申し訳ないが、モデルの内部で何が起こっているかは説明せず、ただ〝数学〟であるとだけお伝えしておく。もしあなたが本気で知りたいなら、ぜひとももっとたくさんの本を読んでみてほしい。おもしろいことは間違いないのだが、本書で取り上げるべき範囲には収まりそうにない。

では、訓練データでモデルを訓練していこう。先ほどの予備的解析から、重要な特徴は等級と性別であることがわかっている。推測したいのは、だれが生き残るかだ。訓練データ内の乗客が生き残ったのか亡くなったのかは、すでにわかっている。ここからは、それをモデルに推測させて、結果を実際のものと比較していく。正解した割合が、モデルの精度だ。

ビッグデータの世界には、こんな公然の秘密がある。すなわち、「すべてのデータは汚れている」というものだ。ひとつとして例外はない。データは、自ら動き回ってものを数える人々や、あるいは人によって作られたセンサーによって作られる。一見、整然とした数字のカラムにも、必ずノイズがある。乱雑さがある。不完全さがある。人生とはそういうものだ。問題は、汚れたデータでは計算がなりたたないことだ。そのため機械学習においては、関数がスムーズに実行されるよう、ときとしてものごとをでっち上げる必要が出てくる。

これは恐ろしいことだと、あなたは感じないだろうか。わたしは、最初にこれに気づいたときにそう感じた。ジャーナリストとしてのわたしは、いっさい話をでっち上げたりはしない。わたしは一行一行、すべてをファクトチェックして、ファクトチェック担当者、編集者、読者に対して、その証拠をきちんと示す必要がある——しかし機械学習においては、人々は都合のいいようにものごとをでっち上げることが少なくない。

物理学ではたとえば、こんな処理をすることがある。密閉された容器内にあるA地点の気温が知りたい場合、A地点から同距離にあるほかのふたつの地点（BとC）の気温を測り、A地点の気温はB地点とC地点の気温の中間であると仮定するのだ。統計の場合はやや複雑だが、以下に説明していこう。データの「欠損部分」は、この作業全体に特有の不確実性を高める。すべての欠損値を穴埋めするには、「fillna」と呼ばれる関数を使う。

```
train["Age"] = train["Age"].fillna(train["Age"].median())
```

アルゴリズムは、欠損値があっては実行できない。だから欠損値をでっちあげる必要がある。ここでDataCampが勧めているのは、中央値を使うという手だ。

まずはデータの内容を見てみよう（以下、184～189ページ）。

```
# Print the train data to see the available features
print(train)
```

	PassengerId	Survived	Pclass \
0	1	0	3
1	2	1	1
2	3	1	3
3	4	1	1
4	5	0	3
5	6	0	3
6	7	0	1
7	8	0	3
8	9	1	3
9	10	1	2
10	11	1	3
11	12	1	1
12	13	0	3
13	14	0	3
14	15	0	3
15	16	1	2
16	17	0	3
17	18	1	2
18	19	0	3
19	20	1	3
20	21	0	2
21	22	1	2
22	23	1	3
23	24	1	1
24	25	0	3
25	26	1	3
26	27	0	3
27	28	0	1
28	29	1	3
29	30	0	3

	PassengerId	Survived	Pclass \
..	...	...	...
861	862	0	2
862	863	1	1
863	864	0	3
864	865	0	2
865	866	1	2
866	867	1	2
867	868	0	1
868	869	0	3
869	870	1	3
870	871	0	3
871	872	1	1
872	873	0	1
873	874	0	3
874	875	1	2
875	876	1	3
876	877	0	3
877	878	0	3
878	879	0	3
879	880	1	1
880	881	1	2
881	882	0	3
882	883	0	3
883	884	0	2
884	885	0	3
885	886	0	3
886	887	0	2
887	888	1	1
888	889	0	3
889	890	1	1
890	891	0	3

	Name	Sex	Age	SibSp \
0	Braund, Mr. Owen Harris	male	22.0	1
1	Cumings, Mrs. John Bradley (Florence Briggs Th ...	female	38.0	1
2	Heikkinen, Miss. Laina	female	26.0	0
3	Futrelle, Mrs. Jacques Heath (Lily May Peel)	female	35.0	1
4	Allen, Mr. William Henry	male	35.0	0
5	Moran, Mr. James	male	28.0	0
6	McCarthy, Mr. Timothy J	male	54.0	0
7	Palsson, Master. Gosta Leonard	male	2.0	3
8	Johnson, Mrs. Oscar W (Elisabeth Vilhelmina Berg)	female	27.0	0
9	Nasser, Mrs. Nicholas (Adele Achem)	female	14.0	1
10	Sandstrom, Miss. Marguerite Rut	female	4.0	1
11	Bonnell, Miss. Elizabeth	female	58.0	0
12	Saundercock, Mr. William Henry	male	20.0	0
13	Andersson, Mr. Anders Johan	male	39.0	1
14	Vestrom, Miss. Hulda Amanda Adolfina	female	14.0	0
15	Hewlett, Mrs. (Mary D Kingcome)	female	55.0	0
16	Rice, Master. Eugene	male	2.0	4
17	Williams, Mr. Charles Eugene	male	28.0	0
18	Vander Planke, Mrs. Julius (Emelia Maria Vande ...	female	31.0	1
19	Masselmani, Mrs. Fatima	female	28.0	0
20	Fynney, Mr. Joseph J	male	35.0	0
21	Beesley, Mr. Lawrence	male	34.0	0
22	McGowan, Miss. Anna “Annie”	female	15.0	0
23	Sloper, Mr. William Thompson	male	28.0	0
24	Palsson, Miss. Torborg Danira	female	8.0	3
25	Asplund, Mrs. Carl Oscar (Selma Augusta Emilia ...	female	38.0	1
26	Emir, Mr. Farred Chehab	male	28.0	0
27	Fortune, Mr. Charles Alexander	male	19.0	3
28	O’Dwyer, Miss. Ellen “Nellie”	female	28.0	0
29	Todoroff, Mr. Lalio	male	28.0	0
..	...	...	...	...

	Name	Sex	Age	SibSp \
861	Giles, Mr. Frederick Edward	male	21.0	1
862	Swift, Mrs. Frederick Joel (Margaret Welles Ba ...	female	48.0	0
863	Sage, Miss. Dorothy Edith "Dolly"	female	28.0	8
864	Gill, Mr. John William	male	24.0	0
865	Bystrom, Mrs. (Karolina)	female	42.0	0
866	Duran y More, Miss. Asuncion	female	27.0	1
867	Roebling, Mr. Washington Augustus II	male	31.0	0
868	van Melkebeke, Mr. Philemon	male	28.0	0
869	Johnson, Master. Harold Theodor	male	4.0	1
870	Balkic, Mr. Cerin	male	26.0	0
871	Beckwith, Mrs. Richard Leonard (Sallie Monypeny)	female	47.0	1
872	Carlsson, Mr. Frans Olof	male	33.0	0
873	Vander Cruyssen, Mr. Victor	male	47.0	0
874	Abelson, Mrs. Samuel (Hannah Wizosky)	female	28.0	1
875	Najib, Miss. Adele Kiamie "Jane"	female	15.0	0
876	Gustafsson, Mr. Alfred Ossian	male	20.0	0
877	Petroff, Mr. Nedelio	male	19.0	0
878	Laleff, Mr. Kristo	male	28.0	0
879	Potter, Mrs. Thomas Jr (Lily Alexenia Wilson)	female	56.0	0
880	Shelley, Mrs. William (Imanita Parrish Hall)	female	25.0	0
881	Markun, Mr. Johann	male	33.0	0
882	Dahlberg, Miss. Gerda Ulrika	female	22.0	0
883	Banfield, Mr. Frederick James	male	28.0	0
884	Sutehall, Mr. Henry Jr	male	25.0	0
885	Rice, Mrs. William (Margaret Norton)	female	39.0	0
886	Montvila, Rev. Juozas	male	27.0	0
887	Graham, Miss. Margaret Edith	female	19.0	0
888	Johnston, Miss. Catherine Helen "Carrie"	female	28.0	1
889	Behr, Mr. Karl Howell	male	26.0	0
890	Dooley, Mr. Patrick	male	32.0	0

	Parch	Ticket	Fare	Cabin	Embarked
0	0	A/5 21171	7.2500	NaN	S
1	0	PC 17599	71.2833	C85	C
2	0	STON/O2. 3101282	7.9250	NaN	S
3	0	113803	53.1000	C123	S
4	0	373450	8.0500	NaN	S
5	0	330877	8.4583	NaN	Q
6	0	17463	51.8625	E46	S
7	1	349909	21.0750	NaN	S
8	2	347742	11.1333	NaN	S
9	0	237736	30.0708	NaN	C
10	1	PP 9549	16.7000	G6	S
11	0	113783	26.5500	C103	S
12	0	A/5. 2151	8.0500	NaN	S
13	5	347082	31.2750	NaN	S
14	0	350406	7.8542	NaN	S
15	0	248706	16.0000	NaN	S
16	1	382652	29.1250	NaN	Q
17	0	244373	13.0000	NaN	S
18	0	345763	18.0000	NaN	S
19	0	2649	7.2250	NaN	C
20	0	239865	26.0000	NaN	S
21	0	248698	13.0000	D56	S
22	0	330923	8.0292	NaN	Q
23	0	113788	35.5000	A6	S
24	1	349909	21.0750	NaN	S
25	5	347077	31.3875	NaN	S
26	0	2631	7.2250	NaN	C
27	2	19950	263.0000	C23 C25 C27	S
28	0	330959	7.879	NaN	Q
29	0	349216	7.8958	NaN	S
..	...	...	...	...	...

	Parch	Ticket	Fare	Cabin	Embarked
861	0	28134	11.5000	NaN	S
862	0	17466	25.9292	D17	S
863	2	CA. 2343	69.5500	NaN	S
864	0	233866	13.0000	NaN	S
865	0	236852	13.0000	NaN	S
866	0	SC/PARIS 2149	13.8583	NaN	C
867	0	PC 17590	50.4958	A24	S
868	0	345777	9.5000	NaN	S
869	1	347742	11.1333	NaN	S
870	0	349248	7.8958	NaN	S
871	1	11751	52.5542	D35	S
872	0	695	5.0000	B51 B53 B55	S
873	0	345765	9.0000	NaN	S
874	0	P/PP 3381	24.0000	NaN	C
875	0	2667	7.2250	NaN	C
876	0	7534	9.8458	NaN	S
877	0	349212	7.8958	NaN	S
878	0	349217	7.8958	NaN	S
879	1	11767	83.1583	C50	C
880	1	230433	26.0000	NaN	S
881	0	349257	7.8958	NaN	S
882	0	7552	10.5167	NaN	S
883	0	C.A./SOTON 34068	10.5000	NaN	S
884	0	SOTON/OQ 392076	7.0500	NaN	S
885	5	382652	29.1250	NaN	Q
886	0	211536	13.0000	NaN	S
887	0	112053	30.0000	B42	S
888	2	W./C. 6607	23.4500	NaN	S
889	0	111369	30.0000	C148	C
890	0	370376	7.7500	NaN	Q

[891 rows x 12 columns]

この大量のデータをすべて読んだ方がいたなら、その努力に敬意を評したい——逆に読み飛ばしてしまったとしても、わたしはちっとも驚かない。ここでは小さなサブセットではなく、あえて何十行ものデータを列挙したが、これはみなさんにデータサイエンティストの気分を味わってほしかったからだ。ずらりと並ぶ数字を使った作業は、それ自体に善悪を感じないし、ときとして退屈なものだ。数字だけを扱っているとときどき自分が人間でなくなったように感じられることがある。データセット内の一つひとつの行（ロウ）が、希望、夢、家族、歴史を持った現実の人間を表しているとの認識を持ち続けるのは、容易ではない。

さて、生データに目を通したところで、そろそろ作業に取り掛かろう。これをコンピューターで扱うために「配列」に直してみる。

```
# Create the target and features numpy arrays: target, features_one
target = train["Survived"].values

# Preprocess
encoded_sex = preprocessing.LabelEncoder()

# Convert into numbers
train.Sex = encoded_sex.fit_transform(train.Sex)
features_one = train[["Pclass," "Sex," "Age," "Fare"]].values
```

```
# Fit the first decision tree: my_tree_one
my_tree_one = tree.DecisionTreeClassifier()
my_tree_one = my_tree_one.fit(features_one, target)
```

ここでは「fit」という関数を、「my_tree_one」という決定木分類器の上に走らせるという作業を行なっている。考慮に入れたい特徴は、Pclass（乗客の等級）、Sex（性別）、Age（年齢）、Fare（乗船料金）だ。アルゴリズムに対しては、これら四つの間にあるどのような関係が、目標フィールド、すなわち「Survived（生存結果）」の値を推測するかを解明せよという指示を出している。

```
# Look at the importance and score of the included features
print(my_tree_one.feature_importances_)
[ 0.12315342  0.31274009  0.22675108  0.3373554 ]
```

属性「feature_importances」は、各予測因子の統計的有意性を示している。これらの値の中で最大の数値が、もっとも重要であると考えられる。

```
Pclass = 0.1269655
```

```
Sex = 0.31274009
Age = 0.23914906
Fare = 0.32114535
```

乗船料金（Fare）の数値がもっとも大きい。つまり結論は、タイタニック沈没事故で乗客が生き残ったか否かを決定するうえでもっとも重要な因子は、乗船料金だということになる。

データ分析をここまで進めてくると、このデータによって示される領域の数学的制約の中で、わたしたちの計算が具体的にどの程度正確なのかを、関数を使って確かめることができる。スコア関数を使って、平均精度を見てみよう。

```
print(my_tree_one.score(features_one, target))
0.977553310887
```

ワオ、97パーセント！　これはすごい。もし試験で97パーセント正解したなら、わたしは大満足だろう。このモデルは、97パーセントの精度だと言える。この機械はたった今〝学習した〟、より具体的に言えば、数理モデルを構築したわけだ。モデルは「my_tree_one」というオブジェクトの中に格納されている。

次はこのモデルを、テスト・データのセットに適用してみよう。もう一度確認しておくが、テスト・データには「Survived（生存結果）」のカラムがない。ここでの目的は、モデルを使って、テスト・データ内の各乗客が生き残ったか、死亡したかを予測することだ。乗船料金がもっとも重要な予測因子であることはこのモデルによってわかっているが、年齢、性別、乗客の等級もまた数学的に考慮される。ではモデルをテスト・データに適用し、何が起こるか見てみよう。

```
# Fill any missing fare values with the median fare
test["Fare"] = test["Fare"].fillna(test["Fare"].median())

# Fill any missing age values with the median age
test["Age"] = test["Age"].fillna(test["Age"].median())

# Preprocess
test_encoded_sex = preprocessing.LabelEncoder()
test.Sex = test_encoded_sex.fit_transform(test.Sex)

# Extract important features from the test set: Pclass, Sex, Age, and Fare
test_features = test[["Pclass," "Sex," "Age," "Fare"]].values print('These are the features:\
n')
print(test_features)
```

```
# Make a prediction using the test set and print
my_prediction = my_tree_one.predict(test_features)
print('This is the prediction:\n')
print(my_prediction)

# Create a data frame with two columns: PassengerId & Survived
# Survived contains the model's prediction
PassengerId =np.array(test["PassengerId"]).astype(int)
my_solution = pd.DataFrame(my_prediction, PassengerId, columns = ["Survived"])
print('This is the solution in toto:\n')
print(my_solution)

# Check that the data frame has 418 entries
print('This is the solution shape:\n')
print(my_solution.shape)

# Write the solution to a CSV file with the name my_solution.csv
```

```
my_solution.to_csv("my_solution_one.csv," index_label = ["PassengerId"])
```

アウトプットは以下の通りだ。

```
These are the features:
[[ 3.         1.        34.5       7.8292 ]
 [ 3.         0.        47.        7.     ]
 [ 2.         1.        62.        9.6875 ] ...,
 [ 3.         1.        38.5       7.25   ]
 [ 3.         1.        27.        8.05   ]
 [ 3.         1.        27.        22.3583]]

This is the prediction:
[0 0 1 1 1 0 0 0 1 0 0 0 1 1 1 1 0 1 1 0 0 1 1 0 1 0 1 1 1 0 0 0 1 0 1 0 0 0 0 1 0 1 0 1 1 0 0
 0 1 1 1 0 1 1 1 0 0 0 1 1 0 0 0 1 0 0 1 0 0 1 1 0 0 0 1 0 0 1 0 1 1 0 0 0 0 0 1 1 1 1 1 1 1 0
 0 0 1 1 1 0 1 0 0 0 1 0 0 0 0 0 0 0 1 1 1 0 1 1 0 1 1 0 1 0 0 1 0 1 0 0 1 0 0 1 0 0 1 0 0 0 0
 0 0 0 0 1 1 0 1 0 1 0 0 1 0 0 1 1 0 1 1 1 1 1 0 1 1 0 0 0 0 1 0 1 0 1 1 0 1 1 0 0 1 0 1 0 1 0
 0 0 0 0 1 0 1 0 1 0 0 0 0 1 0 1 0 0 0 0 1 0 1 1 0 1 0 0 1 0 1 0 1 0 1 1 1 0 0 1 0 0 0 1 0 0 1
```

```
0 0 1 1 1 1 1 1 0 0 0 1 0 1 0 1 0 0 0 0 0 0 0 1 0 0 0 1 1 0 0 0 0 0 0 0 0 1 0 1 1 0 0 0 0 0 1
1 0 1 0 0 0 1 0 1 0 1 0 0 0 1 0 0 0 0 0 0 0 1 1 0 1 1 0 0 1 0 0 1 1 0 0 0 0 0 0 0 1 1 0 1 0 0
0 1 0 1 1 0 0 0 0 0 1 0 0 0 1 0 1 0 0 0 1 1 0 0 0 1 0 1 0 0 1 0 1 1 1 1 0 0 0 1 0 0 1 0 0 1 1
0 0 0 1 0 0 0 1 0 1 0 0 0 0 0 1 1 0 0 1 0 1 0 0 1 0 1 0 0 0 0 0 1 1 1 1 0 0 1 0 0 0]
This is the solution in toto:
     Survived
892         0
893         0
894         1
895         1
896         1
897         0
898         0
899         0
900         1
901         0
902         0
903         0
```

```
904    1
905    1
906    1
907    1
908    0
909    1
910    1
911    0
912    0
913    1
914    1
915    0
916    1
917    0
918    1
919    1
920    1
921    0
```

...	...
1280	0
1281	0
1282	0
1283	1
1284	1
1285	0
1286	0
1287	1
1288	0
1289	1
1290	0
1291	0
1292	1
1293	0
1294	1
1295	0
1296	0

```
1297    0
1298    0
1299    0
1300    1
1301    1
1302    1
1303    1
1304    0
1305    0
1306    1
1307    0
1308    0
1309    0

[418 rows x 1 columns]
This is the solution shape:
(418, 1)
```

新しいカラム「Survived（生存結果）」には、テスト・データセットに記載されていた418人の乗客一人ひとりについての予測が含まれている。この予測を「my_solution_one.csv」と名付けたCSVファイルに書いて、それをDataCampにアップロードすれば、わたしたちの予測が97パーセント正確であったと証明することができる。じゃじゃーん! わたしたちはたった今、機械学習をやり遂げた。入門レベルではあるが、機械学習には違いない。だれかが「意思決定に人工知能を使った」と言うとき、それはたいていの場合「機械学習を使った」ことを意味しており、その人たちはたいていの場合、わたしたちがたった今やったことと似たようなプロセスをたどっている。

わたしたちは「Survived(生存結果)」のカラムを作り、97パーセントの精度と言える数値を得た。わたしたちは、乗船料金が、タイタニック号の生存者データの数理分析においてもっとも影響の大きな因子であることを学んだ。これは特化型の人工知能だ。恐がるようなことは何もなく、超知能コンピューターが地球を乗っ取る可能性が高まるようなこともなかった。「これらはたんなる統計モデルで、グーグルがボードゲームをプレイするのに使ったり、あなたのスマホが、あなたのメッセージを文字にするために、あなたが次にどんな言葉を言うかを予測するのに使ったりしているのと同じものだ」。カーネギー・メロン大学の教授で、機械学習を研究しているザカリー・リプトンはThe Register(テクノロジー系ニュースサイト)で、AIについてそう述べている。「AIに知覚力があるというなら、ボウル一杯のヌードルにだって知覚力があることになる」[17]

プログラマーにとって、アルゴリズムをひとつ書くというのはこれほど簡単なことだ。アルゴリズムは作られ、実装され、一見うまく機能する。だれもそれを厳しく検証したりはしない。プログラマー自身が、何かの機会に調整を加えて、多少は精度が上がるかどうかを試してみることはあるかもしれない。プログラマーはできるだけ高い数値を出せるよう努力する。そして、次の課題へと移っていく。

その間、外の世界では、そうした数値によってさまざまな事態がもたらされる。今回のデータを根拠として、より高い代金を支払う人の方が、海難事故を生き延びる可能性が高くなると結論付けるのは軽率なことだ。それでも、企業の重役が、こうした結論を出すことは統計学的に筋が通っていると主張することは大いに有り得る。われわれが保険料率を計算している立場にいると仮定すれば、高い乗船券を買う人の方が氷山の衝突事故で死ぬ確率が低く、これは早期支払いのリスクが低いことを表していると言うことはできる。乗船券に高い料金を支払う人は、そうでない人よりも裕福だ。つまりこの理屈でいくと、お金がある人たちの方により安い保険料を課すことが正当化されてしまう。これはひどい話だ。保険において重要なのは、たくさんの人たちがいる集団の中で、リスクが公平に配分されていることだろう。わたしたちは保険会社の利益を増やしたかもしれないが、より大きな意味での善をなしたことにはならない。

こうした類のコンピュテーションの技術は「価格最適化」、つまり顧客を非常に小さなセグメントに分割して、グループによって違う価格を提示することに利用されている。価格最適化は、保険から旅行までさまざまな業界で取り入れられており、そして多くの場合、価格差別を引き起こしている。NPO「プロパブリカ」と『コンシューマー・レポート』誌〔非営利組織コンシューマーズ・ユニオンが発行する月刊誌〕による２０１７年の分析では、カリフォルニア州、イリノイ州、テキサス州、ミズーリ州において、大手保険会社数社が、マイノリティーが多い地域に暮らす人々に対し、それ以外の地域の人々と比べて、類似の事故の場合のコストを最大30パーセント多く請求していたことがわかっている。[★18] ２０１４年には、『ウォール・ストリート・ジャーナル』紙の調査により、Staples.com〔事務用品通販サイト〕がごく一般的なホチキスについて、顧客によって異なる料金を請求していることが判明した。ホチキスの価格は、その顧客の郵便番号がおおよそどのあたりであるかに応じて、低くあるいは高く設定されていた。[19] クリスト・ウィルソン、デヴィッド・レイザーら、ノースイースタン大学の研究者チームは、Homedepot.com〔ホームセンター型量販店の通販サイト〕が顧客によって異なる価格を提示していること、また複数の旅行サイトが、顧客がサイトをモバイル機器で見ているか、あるいはデスクトップPCで見ているかによって価格に差を付けていることを突き止めた。[20] アマゾンは、差別的な価格設定についての実験を2000年に行なったことを認めている。CEOのジェフ・ベゾスは、これは「誤り」であったとして謝罪した。[21]

もし不公平な世界において、この世界のありのままの姿に基づいて価格設定アルゴリズムを作ったなら、女性、貧困層、マイノリティーの顧客たちは、必然的により高い金額を請求されることになる。数学者たちは、この事実に驚く場合が多い。女性、貧困者、マイノリティーは驚かない。人種、ジェンダー、階級は、明白なものも回りくどいものも含めたさまざまな方法で、価格設定に影響を与える。女性はヘアカット、ドライクリーニング、カミソリ、さらにはデオドラント用品にまで、男性よりも高い価格を請求される。[22] アジア系アメリカ人は、そうでない人の2倍の確率で、SATの準備コースに高い金額を請求される。アフリカ系アメリカ人のレストランの接客係は、白人の同僚よりもチップで稼ぐ金額が少ない。[23] 貧困であるがゆえに、生活必需品により多くのお金を支払わなければならない場面はたくさんある。家具を分割払いにすれば、その場で支払うよりも高くなる。ペイデイ・ローン〔給料を担保としたローン〕は、銀行ローンよりもはるかに利息が高い。家賃は、世帯の月額所得の30パーセント以下であれば無理のない範囲とされるが、貧困層では、経済的な不安定さに関わるさまざまな要因により、家賃の割合がこれを超えている場合が多い。「ミルウォーキーでは、貧困層の大半は少なくとも収入の半分を、また3人にひとりが少なくとも80パーセントを家賃にあてている」。社会学者のパット・シャーキーは、マシュー・デズモンド著『立ち退かされた人々――アメリカの都市における貧困と利益（*Evicted: Poverty and Profit in the American City*）』と、ミッチェル・ダニアー著『ゲットー――ある場所の発明、ある概念の歴史（*Ghetto: The Invention of a Place, the History of an Idea*）』という2冊のエスノグラフィー分野の書籍のレビューの中で、そう書いている。[★24]不平等はアンフェアではあっても、めずらしいことではない。もし機械学習モデルが今の世界をそのまま複製することしかしないなら、わたしたちがより公正な社会に近づくことはないだろう。「テクノロジーの魅力は明らかだ――未来を予測するという古代からの憧れに、統計的な合理性という現代性がほどよく混ぜ合わされるのだから」。法学教授でAI倫理の専門家であるフランク・パスクアーレは著書『ブラックボックス社会（*The Black Box Society*）』の中でそう書いている。「しかしながら、秘密主義が蔓延（まんえん）する世の中においては、悪い情報もよいものと同じように淘汰されずに生き残る可能性が高く、その結果、不公正なだけでなく、悲惨な事態を引き起こす予測が生み出されることになる」[★25]

機械学習で社会的決定を行なう際に問題が起こる理由は、ひとつには、数字が重要な社会的背景を見えなくしてしまうことにある。タイタニックの例においては、わたしたちは「生存結果」という分類器を取り上げた。わたしたちは分類器を予測するうえで特徴を利用したが、ほかにも因子となり得るものは存在する。たとえば、今回のタイタニックのデータセットに含まれていたのは、年齢や性別などの要因だけだった。わたしたちは予測因子を、手元にある情報をもとに構築した。しかしながら、タイタニックは数字上の出来事ではなく、人間が関わった事故なのだから、もっとほかの要因も働いていたはずだ。

タイタニックが沈没した夜についてくわしく見てみよう。1912年4月14日、タイタニックは、付近を航行する複数の船から氷山についての警告を繰り返し受けていた。午後11時40分、船が氷山に衝突した。真夜中過ぎ、タイタニック号の船長、エドワード・ジョン・スミスは、乗客を呼び集めて避難を開始した。スミスは「女性と子供を乗せてボートを海に降ろせ」との命令を下した。一等航海士ウィリアム・マードックは、右舷側の救命ボートの指揮をとっていた。二等航海士チャールズ・ライトラーが、左舷側のボートを担当した。ふたりの人物はそれぞれ、船長の命令を異なる意味に解釈した。マードックは、船長は女性と子供を「優先しろ」と言ったのだと考えた。ライトラーは、船長の言葉は女性と子供だけに「限定する」という意味だととらえた。マードックは、近くにいる女性と子供が全員乗ったあとに、男性もボートに乗せていた。ライトラーは近くにいる女性と子供を全員乗せたあと、席が空いていてもそのままボートを降ろした。両者とも、定員である65人に達する前にボートを海に降ろしている。乗客全員が乗れるだけの救命ボートは用意されていなかった。最高収容人数3547人のタイタニック号に装備されていた救命ボートは、わずか20隻だった。もっとも有力な記録では、船には乗組員892名と、乗客1320名というやや少なめの人数しか乗っていなかったとされている。

救命ボートに付けられた番号を因子として組み入れたテストを行なったなら、興味深い結果が得られるかもしれない。右舷のマードックのボートには奇数が付けられていた。ライトラーのボートには偶数が付けられていた。男性の生存率はおそらく、ボートの番号によって異なるだろう。なぜなら左舷で偶数の番号のボートを担当したライトラーは、男性を乗せなかったからだ。しかしながら、救命ボートの番号はデータには含まれていない。これは重大かつ解決し難い問題だ。ある因子が考慮されるためには、それがモデルに組み込まれて、コンピューターが計算できる形で示されなければならない。考慮に入れられるべき要因が、ひとつ残らず考慮されているわけではない。コンピューターは、自ら手を伸ばして、関連がありそうな追加の情報を見つけることはできない。人間にはできる。

さらには、因果関係を見誤るという問題もある。もし救命ボートの番号の情報が手元にあった場合、計算という観点からは、奇数番号の救命ボートに乗っていた男性の方が、タイタニックの事故を生き残る可能性が高かったと解釈されかねない。データに基づいて決定を下したなら、緊急事態により多くの男性を救うことができるよう、すべての救命ボートに奇数番号を付けようとする人が出てくるかもしれない。もちろん、そんなことは馬鹿げている。生存者数に違いが出た原因は、ボートではなく、それを担当していた航海士だ。

また、ある若者ふたりがたどった運命からも、純粋に数学的な説明は難しいことがわかる。ウォルター・ロードによるベストセラー・ノンフィクション『タイタニック号の最期（*A Night to Remember*）』は、沈没直前のタイタニック号の様子を描いた感動的な作品だ。[★26] この本の中でロードは、ジャック・セイヤーという名前の、当時17歳で、両親と一緒に欧州で長期の休暇を過ごしたあと、フランスのシェルブールからタイタニック号に乗船した少年について書いている。セイヤーは船の上で、同じく一等客室で旅をしていた若者ミルトン・ロングと親しくなる。船にいよいよ危機が迫ったとき、ふたりの若者はほかの乗客たちを安全に避難させるための行動をとった。午前2時には、ほぼすべての救命ボートが海に降ろされていたが、ロングとセイヤーはまだ女性や子供たちがボートに乗るのに手を貸していた。午前2時15分、最後に降ろされた数隻の救命ボートが、大きくうねる波に押し流されていった。船は左舷方向に傾いていた。

爆発があった。波が甲板に激しくぶつかった。料理人のジョン・コリンズは、子供をふたり連れて三等船室で旅をしていた女性と客室係に手を貸すために、甲板で赤ん坊を抱えて立っていた。彼らは全員が海に投げ出された。赤ん坊は、波の力でコリンズの腕からさらわれていった。

セイヤーとロングが見た甲板上は、混乱を極めていた。突然、明かりが消えた。水が第二ボイラー室に到達したのだ。明かりはもはや月と星、そして沈みゆく船からゆっくりと離れていく救命ボートのランタンだけとなった。第二煙突が大きな音を立てて崩れた。セイヤーとロングはあたりを見回した。救命ボートはすべて降ろされ、救援に駆けつけてくる船の姿は見えない。飛び降りるときが来たことがわかった。ふたりは握手をした。互いの幸運を祈った。ロードは書いている。

ロングは足を上げて手すりを乗り越え、一方のセイヤーは手すりにまたがって、オーバーコートのボタンを外し始めた。ロングは両手で手すりにつかまり、船の脇にぶらさがったままセイヤーの方を見上げて聞いた。「おい、来るだろ」

「先に行けよ。すぐに追いつく」。セイヤーは力強く言った。

ロングは船の方を向いた状態で滑り落ちていった。10秒後、セイヤーはもう一方の足を上げて手すりの外側へまわし、船の外を向いて腰掛けた。海面までは3メートルほどだった。そしてセイヤーは勢いをつけて、できるだけ遠くを目指してジャンプした。

船をあとにする際のこれらふた通りのやり方のうち、うまくいったのはセイヤーの方だけだった。

セイヤーは近くにひっくり返ったまま浮かんでいた救命ボートまで泳ぎ、これに40人の人々と一緒につかまることで生き延びた。彼の目の前で、タイタニックはふたつに折れ、船首も船尾も、瓦礫(がれき)が浮かぶ海の下へ沈んでいった。セイヤーは水の中で泣き叫ぶ人々の声を聞いた。まるでイナゴの羽音のようだと、彼は思った。やがて12番の救命ボートが、セイヤーたちを氷のように冷たい海から引き上げてくれた。救助がやってきたのは、それから何時間もあとのことだった。セイヤーはボートの上で震え続け、翌朝8時30分になってようやくほかの乗客とともにカルパチア号に救助された。

セイヤーとロングは同い年の若者で、身体能力も同程度、社会的地位も同程度、そしてふたりには事故を生き延びるチャンスもまったく同じだけあった。違っていた点はただひとつ、ジャンプだ。セイヤーは船からできるだけ遠くを目指して跳んだ。ロングは船のすぐ近くに滑り降りた。ロングは海の深みへと吸い込まれた。セイヤーは吸い込まれなかった。わたしに割り切れない思いを抱かせるのは、コンピューターがセイヤーあるいはロングの運命についてどんな予測をしようとも、それは正解にはならないという事実だ。わたしたちの予測は、乗船料金の等級、年齢、性別のみに基づいている――一方、現実には、ジャンプの仕方の違いという要因が生じていた。コンピューターとはつまり、根本的に誤解をするものなのだ。ロングの死、その無作為性こそが、タイタニック号の乗客のだれが生き残り、だれが死んだかについてのわたしたちの統計的予測が決して１００パーセント正確にはならない理由だ。統計的予測は決して１００パーセント正確にはならないし、なれない。なぜなら人間は今も、この先も、統計ではないからだ。

この話は「データの不合理な有効性」と呼ばれる原則に関わってくる。差別や混乱が生じている可能性にこちらが注意を払っていない限り、ＡＩは一見、実にうまく機能しているように見える。コンピューターサイエンスを通して世界を説明する方法の探求をめぐる文章として、わたしが気に入っているもののひとつが、グーグルの研究者であるアーロン・ハーヴェイ、ピーター・ノーヴィグ、フェルナンド・ペレイラらによる論文の中にある。

ユージン・ウィグナーの論文「自然科学における数学の不合理な有効性について」は、なぜ物理学の大半が、f=ma や $e=mc^2$ などの単純な数式によってあざやかに説明できるのかについて考察している。一方、素粒子ではなく人間が関わる科学分野は、精密で明解な数学にそこまでなじまないことがわかっている。経済学者は物理学をうらやみ、自分たちの学問は、人間の行動をすっきりとモデル化することができないと嘆いている。文法書は、英語の口語体や不完全な文法について1700ページ以上も費やしている。おそらく、自然言語処理とその関連分野の理論というものは、物理学の方程式のような精密さや明解さを決して持たない、複雑なものにならざるを得ないのだろう。しかしもしそうであるならば、わたしたちは、まるで自分たちの目的が極めて明解な理論を書くことであるかのように振る舞うのをやめ、その複雑さを受け入れ、わたしたちにとっての最高の味方を大いに活用すべきだろう。その味方とはつまり、データの不合理な有効性だ。[★27]

データは不合理なほどの有効性を発揮する――魅惑的なほどに、と言ってもいいだろう。それこそが、わたしたちが、タイタニック沈没事故においてある乗客が生き残るかどうかを97パーセントの精度で予測しているかのように見える分類器を構築することができ、またコンピューターが人間の囲碁チャンピオンを負かすことができる理由だ。機械学習のプロセスにおいて起こっていることを詳細に見てみると、現実の災害現場につきものである不測の事態を、機械はまるで考慮していないことがわかるが、これもまた、データの不合理な有効性によって説明がつく。データは極めて有効性が高い。しかし、データに基づいたアプローチにおいては、人間であれば大いに関係があると考える多くの因子は無視されている。

法律と社会は、人間が重要だと考えるものすべてに対応するように作られている。データに基づいた決定が、そうした複雑な規則とうまく嚙み合うことはほとんどない。こうした「データの不合理な有効性」は、翻訳、音声制御式のスマート家電、筆跡認識などにおいても発揮されている。言葉、および言葉の組み合わせに対する人間の理解と、機械によるそれらの理解は一致しない。機械の場合、音声認識や機械翻訳のための統計メソッドは、「N-gram（エヌグラム）」と呼ばれる短い単語の配列を集めた膨大なデータベースと、確率に頼っている。グーグルはこの問題に10年以上も前から取り組んでおり、現時点でこれらの課題についてもっともすぐれた科学的思考を有し、かつてだれも成し遂げたことがないほどたくさんのデータを集めている。Google Books のコーパス（さまざまな言葉を大規模に集めた資料）、『ニューヨーク・タイムズ』のコーパス、あらゆる人々がグーグルを使って検索をしたあらゆるもののコーパス──これらすべてのデータを搭載して、言葉同士が互いの近くでどの程度の頻度で表れるかという情報を集めた巨大なデータベースは、不合理な有効性を発揮する。シンプルな例で考えてみよう。N-gram において、「ボート」という言葉はたいてい「水」のそばに表れるため、このふたつは高い確率で関連があるとされる。「ボート」は、「有権者」や「カメムシ」よりも「水」に近い確率が高いため、検索はボートとカメムシに関連する言葉や文書よりも、ボートと水に関連するものを引っ張ってくる。人は一般に、似たようなタイプのものごとについて話をし、似たようなタイプのものごとについて検索し、また常識と呼ばれる知識は、実際に多くの人たちが共通に持っている。機械は本当の意味で学んでいるのではない。こうした検索プロセスはただ、人間の学習による影響を受けているだけだ。もしあなたがネットに上げられている数学に関する大量の解説を読み込んだなら、そうした計算が魔法ではなく、たんなる数学であることがはっきりとわかるだろう。コンピューターがある程度のことについて、ある程度の場合正しい答えを出すことを根拠に、コンピューターはほぼ正しいと言い切ってしまいたくなることもあるかもしれない――だがコンピューターは、間違った根拠によって、正しい答えを出すものなのだ。

社会的な決定はたんなる計算以上のものであるのだから、もし社会的な価値や判断を含む決定を下す際にデータのみを使うなら、そのあとには必ず問題が起こる。タイタニック号の一等船室で旅をするということは、その人の生存確率が上がることを意味した――しかし、災害の際に一等船客のほうが二等や三等の乗客よりも生き延びるに値すると提案するモデルを使用するのは間違っている。また、わたしたちが作ったような欠陥のあるモデルを、何かの根拠とすることも避けなければならない。先ほど作ったタイタニック号のモデルを、一等船客の旅行保険料を安くすることの正当化に利用することがたとえ可能だとしても、それは不条理な話だ。一等船室を確保できるだけのお金がないという理由で、人は負担を強いられるべきではない。そしてなにより、わたしたちはそろそろ理解しなくてはならない。世の中には機械が決して学ばないことが存在すること、そして人間による判断、補強、解釈が、常に必要であるということを。

第8章　車は自分で走らない

不合理なほど有効性の高いデータ駆動型（ドリブン）のアプローチは、電子検索、シンプルな翻訳、シンプルなナビゲーションなどにおいては問題なく機能する。実際のところ、充分な訓練データを与えられれば、アルゴリズムはさまざまな日常のタスクを上手にこなすし、足りない部分は通常、人間の工夫によってカバーされている。たとえば検索に関しては、今では大半の人たちが、以前よりも複雑さや特異性を増しつつある検索語句（あるいは、少なくとも類義語）をどのように使えば、検索ボックスからめあてのウェブページを探し出せるかをマスターしている。言語間の機械翻訳は、かつてないほど精度が向上した。まだ人間の翻訳にはおよばないものの、人間の脳というものは、要領を得ない文章から文意を読み取ることに長けている。ネットを流し見している人たちにとっては、ウェブページがつたなくぎこちない文に翻訳されるだけで、たいていは事足りる。A地点からB地点までの行き方を教えてくれるGPSシステムは、恐ろしく便利だ。GPSが常に飛行場への最適な道順を示すわけではないというのは、プロのタクシー運転手や相乗り（ライドシェア）ドライバーならだれでも知っていることだが、それでもＧＰＳはきちんと目的地まで連れて行ってくれるし、交通量がある程度多い場所では通常、道の混み具合も教えてくれる。

それでも、不合理なほど有効性の高いデータ駆動型のアプローチは多くの問題をはらんでおり、実際に生命が脅かされる可能性がある状況において、人間を完全にＡＩに置き換えることに対して、わたしは疑問を感じている。たとえばそれは、自動車の運転などだ。人工知能がどのような場合にうまく機能するのか、逆にどのような場合にまるで役に立たないのか、その両方について考えるうえで最適なケースといえば、自動運転車だろう。

わたしが初めて自動運転車に乗ったのは２００７年のことで、そのときは、もう自分は死ぬんだなとも、吐きそうだなとも、吐いたうえで死ぬんだなとも思った。だから２０１６年に、自動運転車がじきに市場に出る予定であり、テスラ社が「Autopilot（オートパイロット）」というソフトウェアを開発したとか、ウーバー社がピッツバーグで自動運転車をテストしているというニュースを聞いたとき、わたしの頭に浮かんだのはこんな疑問だった。あれから何が変わったのだろうか。２００７年にわたしが出会った向こう見ずなエンジニアたちは、重量2トンの殺人マシンの内部に倫理的な意思決定主体を埋め込むことに、本当に成功したのだろうか。

その後判明したのは、どうやらわたしが想像したほど、何かが大きく変化したわけではないらしい、ということだった。自動運転車の完成をめぐる競争の物語とはつまり、コンピューティングの本質的限界をめぐる物語だ。自律型自動車開発の最初の10年間で何がうまくいったのか――そして何がうまくいかなかったのか――をたどってみれば、技術至上主義（テクノショーヴィニズム）にとらわれた人たちが、なぜテクノロジーのことを不思議な力を持つ魔術であるかのように考えたり、公衆衛生を害するものを作るようになったりするのかについての教訓を得られるだろう。

わたしが初めて自動運転車を体験した場所は、あるテスト走行場だった。テスト走行場とは言っても実際のところそこは、週末でからっぽになった、サウス・フィラデルフィアにあるボーイング社の工場の駐車場だった。ペンシルヴァニア大学工学部の学生たちによって結成されたベン・フランクリン・レーシング・チームは当時、あるコンペティションを目指して自動運転車の制作に取り組んでいた。わたしの目的は、ペンシルヴァニア大学の同窓生向けの雑誌のために、このチームについての記事を書くことだった。ベン・フランクリン・レーシング・チームの面々とは、日曜日の明け方にキャンパスで顔を合わせた。そして、自動運転車レースの練習に向かう彼らのあとを追いかけて、わたしもハイウェイに車を走らせた。

練習走行は、交通量が少なくて人があまりいない時間帯にやる必要があった。彼らの車はトヨタのプリウスを改造したもので、公道を走らせるのが合法とは言い難い代物だった。車に搭載しなければならないものについては規定が存在し、たとえばハンドルはついていた。駐車場や大学の所有地で練習することは違法ではなかったが、ウェスト・フィラデルフィアのガレージからサウス・フィラデルフィアにある練習場まで、州間高速道路95号線を運転していくのはリスキーな行為だった。日曜の早朝であれば、ハイウェイをパトロールしている警察の車は少なく、路肩に止まれと言われる可能性は低かった。大学の弁護士らは、彼らの車が合法的に走れるようにするために、州レベルで法改正の働きかけを行なっていたが、それが実現するまでの間は、チームは世間が活動していない時間に練習をしつつ、困った事態に陥らないよう祈るしかなかった。

駐車場に入ると、わたしは彼らが「リトルベン」と名付けたプリウスのうしろに車を止めた。リトルベンの中は、エンジニアたちで満杯だった。機械工学科のタリー・フットが運転席に座り、後部座席には電気工学およびシステム工学博士号取得候補者のポール・ヴァーナザが、その隣には電気工学博士号取得候補者のアレックス・スチュアートがいた。ロッキード・マーティン社の社員で、少し前にドレクセル大学のコンピューターサイエンス学部を卒業したばかりのヒティーン・チョクシは、色鮮やかな黒と黄色のチーム・ジャケットを着て助手席に座っていた。車がゆっくりと停止し、外に出てきたフットがハッチバックを開けると、後部座席からルーフの上にかけて、乱雑に絡み合ったワイヤーがくねくねと伸びているのが見えた。センサーやこまごまとした部品がルーフにボルトで固定されているそのさまは、まるで世界滅亡後を舞台にした映画に出てくる大道具か何かのようだった。ダッシュボードを覆っているプラスチックのコンソールには、穴が開けられていた。そこからはひと束のワイヤーが飛び出し、大きくてやけにいかめしく見えるラップトップにつながれている。トランクの床は半分がプレキシグラス〔アクリル樹脂の一種〕に覆われ、ホイールウエル〔フェンダーの下の空間〕にはさらに多くのワイヤーやボックスが見えた。フットがトランクに据え付けられたLCDスクリーンにコマンド・プロンプトを呼び出すと、じきに駐車場の衛星画像が映し出された。ほかの3人はシートベルトを着けたまま車内に残り、それぞれが覆いかぶさるようにラップトップに向かっている。運転の実践練習が始まった。

彼らが出場を目指す2007年のグランド・チャレンジでは、リトルベンは閉鎖された軍用基地内に設けられた、だれもいない「市街」を自走しなければならない。遠隔操作も、進路をあらかじめプログラムしておくことも禁じられている。ただ89台の自動運転車だけが、自ら道を走り、角を曲がり、交差点を通り、互いにぶつからないようによけながら走ることになる。スポンサーである国防高等研究計画局（DARPA）は、トップでゴールしたチームに200万ドル、上位入賞チームには100万ドルと50万ドルの賞金を用意していた。

ロボット・カー技術は、2007年にはすでに一般のドライバーのアシストに活用されていた。そのころには、レクサスが特定の状況下において自動で縦列駐車ができる車を発売していた。「現在、すべてのハイエンド・カーにはアダプティブ・クルーズ・コントロール（ACC、定速走行・車間距離制御装置）やパーキング・アシストなどが搭載されています。車の自動化はますます進みつつあります」。チームのアドバイザーで、工学科の准教授であるダン・リーはそう説明した。「ところで、すべてを自動化するためには、車は周囲の世界を完全に認識しなければなりません。これはロボット工学にとってはかなりの難題で、具体的には、画像認識、コンピューターに音を〝聞かせる〟こと、コンピューターに周囲の世界で何が起こっているかを理解させることが必要となります。この場所は、そうしたことをテストするのに最適の環境です」

リトルベンが障害物を〝見て〟、それをよけて回り込むためには、自動運転とGPSナビゲーションが適切に作動し、同時にルーフ・ラック上にあるレーザー・センサーがその物体を観測する必要がある。そして、リトルベンはその物体を障害物として識別し、それを回り込む通り道の算段をつけなければならない。この日行なわれた練習における目標のひとつは、リトルベンにほかの車をよけることができるようにするためのサブルーチンの調整だった。

「システムが非常に複雑なので、予測できないことがしょっちゅう起こるんです」とフットは言った。

「もし何かひとつに遅れが出ると、ほかのどれかがクラッシュします。一般的なソフトウェア開発では、持ち時間の4分の3はデバッグに費やされます。今回のようなプロジェクトの場合、全体の10分の9はデバッグをしている感じです」

2007年のグランド・チャレンジは、それ以前の大会よりもかなり複雑なものだった。2005年大会の場合、タスクは砂漠に設けられた175マイル（約282キロ）のコースを、人間の介在なしに10時間以内でナビゲートできるロボットを作ることだった。2005年10月9日、スタンフォード・レーシング・チームとその車「スタンリー」が、モハーヴェ砂漠の132マイル（約212キロ、実際のコースは事前の告知よりも距離が短かった）のコースを走破したことによって、同大会の勝利（と賞金200万ドル）を手にした。コース上でのスタンリーの平均速度は時速19マイル（約30・6キロ）で、ゴールには6時間54分を要した。砂漠においては、「障害物が岩であるか低木であるかというのはたいした問題ではなかった。どちらにせよ迂回するだけだからだ」。当時スタンフォード大学のコンピューターサイエンスと電気工学の准教授だったセバスチアン・スランはそう語る。[★1]一方、市街を走るチャレンジの場合、車は公道上を走行し、一般的な道路上のルールに従う必要がある。これについてスランは「今回のチャレンジは、たんに周囲の状況を感知すればよかった前回とは違い、周囲の状況を理解することまで要求しているわけだ」と述べている。スタンフォードの新たなチャレンジカーである「ジュニア」は、2006年型フォルクスワーゲン・パサートをベースとしたもので、リトルベンの強力なライバルと目されていた。カーネギー・メロン大学（CMU）チームが開発していた2007年型シボレー・タホの「ボス」もまた強敵だった。カーネギー・メロンは2005年のチャレンジに「サンドストーム」と「ハイランダー」の2台を送り込み、それぞれ2位と3位に入賞を果たしている。ロボット工学におけるCMUとスタンフォード大学の対立関係は、バスケットボールにおけるノース・カロライナ大学とデューク大学の関係に似ている。スランは、もとはCMUの著名なロボット工学教授だったが、2003年に引き抜かれてスタンフォードに移った。

ボーイング社の駐車場に話を戻そう。電気工学専攻の4年生、アレックス・カシュリーヤヴが、真新しい自分の車日産アルティマを運転して駐車場に入ってきた。おもちゃの車によく使われているタイプのリモコンを買いに行っていたのだ。これが緊急停止ボタンになる。ロボットというものにはどうやら、コミックに出てくるような、大きな赤いボタンがどうしても必要になるらしい。ボタンはこれ以外にもふたつ、車のリア・サイド・パネルにダクトテープで貼り付けられ、この車の電子の〝頭脳〟であるMac Miniが並ぶサーバー・ラックにつながれていた。この時点でチームは、ペンシルヴァニア大学の汎用ロボティクス・オートメーション・センシング・認知（GRASP）研究所を通して、およそ10万ドルを同プロジェクトに費やしていた。ニュージャージー州チェリーヒルのロッキード・マーティン先端技術研究所、メリーランド州のタレス・コミュニケーションズ社も、同チームのスポンサーに名を連ねていた。

「プリウスは可操作度が高いという利点があり、またハイブリッド車なので大型の車内搭載バッテリーを持っています。われわれは車だけでなく、たくさんのコンピューター、たくさんのセンサー、たくさんのモーターを走らせるので、そうした大きなパワーが必要なのです」とリーは言った。電気モーターが、リトルベンのガソリン、ブレーキ、ステアリングを制御していた。方向指示器からワイパーに至るまであらゆる機能は、変速レバーの上に据えられたパネルに付いているボタンを使って制御できるようになっており、これは足の代わりに手を使って運転する障害者ドライバーのためのカスタマイズとよく似ていた。リトルベンは、通常のやり方で運転することも、手動制御で運転することもできた。オートパイロットが作動すればドライバーはまったく必要なくなると、チームのメンバーは主張した。

わたしは、車が駐車場内で短距離を何度も走行するのを眺めた。安全確保のためのドライバーが、片手を緊急停止ボタンにかけた状態で助手席に座っていた。からっぽの運転席の前でハンドルが動いている車が走る様子を見るのは、心許ないがスリリングでもあった。

バッテリーの低いうなりを響かせながら、カシュリーヤヴがハンドルを握って、時速15マイル〔約24キロ〕で駐車場を横切った。今日の目標は、駐車場にある障害物をよける練習をすることだった。レース本番では、リトルベンは最高時速30マイル〔約48キロ〕で走りながら、交差点やカーブを通過し、停止標識、ほかの車、野良イヌなどにどう対処するかを決断しなければならない。

そしていよいよ、わたしが体験する番がやってきた。運転席に座る。頭がからっぽになったような、妙な気分だった。カシュリーヤヴが自動運転装置をオンにすると、車は数メートル進み、それから——急激に左に、続いて右に曲がり、ジャンプして軌道を外れた。「制御しろ！」後部座席からスチュアートがどなった。車は街灯めがけて突進していく。街灯の基部にあるセメントの壁が近づいてきたところで、車が加速した。このままでは衝突する。わたしは足でブレーキがあるはずの場所を踏みつけたが、そこには理解不能な改造が加えられていた。「減速しなくていいの?」パニックになってわたしは叫んだ。わたしは目を閉じ、もう衝突するのだと確信して、金切り声を上げる準備をした。

後部座席から、ブツブツつぶやく声と猛烈なタイピング音が聞こえた。カシュリーヤヴが自動操縦を解除し、ブレーキをかけた。車はガクンという揺れとともに止まった。セメントの壁までわずか数センチというところだった。まるで自分の胃を1メートルもうしろに残してきたような気分だった。

わたしは振り返り、ラップトップの前にいる男を睨(にら)みつけた。「プログラムのバグでしょう」。彼はそう言って肩をすくめた。「よくあることです」

「GPSの読み込みがもう少し遅ければ死ぬところでしたね」。スチュアートが愉快そうに言った。エンジニアたちは、たった今起こった、道を逸れるという問題について話し合った。小さくなめらかにターンすべきところで、リトルベンは大きく車体をくねらせていた。レーザー・センサーは車前方のエリアをきちんとスキャンしていたが、ソフトウェアが街灯を障害物として検知していなかった。どうやらこれがステアリングに影響をおよぼし、車はなめらかにターンする代わりに、急激に曲がったのだろうと思われた。

フットとスチュアートが協議をした。ふたりはロボット・カー作りのベテランで、カリフォルニア工科大学の学部生時代、グランド・チャレンジに出場するためのロボット・カー2台の制作に参加した経験があった。前回の挑戦は、2005年のグランド・チャレンジのために開発したフォードE350バンの「アリス」だった。砂漠を走るこのレースで、アリスは11キロメートルほど走ったあと、報道陣のテントとレース・コースを隔てているバリアの方向へ向かい、これを乗り越えた。アリスは審査員の判断で失格となり、新聞の見出しを飾るチャンスを逃した。

リトルベンのハンドルが、だれも触っていないのに何度か動いた。スチュアートとヴァーナザが後部座席から制御しているようだった。コードの問題は解決され、カシュリーヤヴがもう一度駐車場を横切るように車を走らせてから、オートパイロットを作動した。ハンドルが急激に回り、車はエンジンからキーキーと叫ぶような音を出しながら、駐車場の端に停められていた巨大な除雪車めがけて突進していった。

「くそっ」。スチュアートが言った。

「Sheepのせいじゃないか」。ヴァーナザが、車を制御しているプログラムのうちのひとつの名前を挙げた。

「これは、今日は絶対に直したくない類のやつだな」とスチュアートが言った。

わたしがこのとき考えた（しかし記事には書かなかった）のは、この技術においては、経験は信頼につながらないということだった。彼らの車に乗ることで、わたしは酔っ払った幼児が運転する車に乗っているかのような危険を感じた。自動運転車のテクノロジーを開発しているのがああした人たちだとして、わたしの命にまるで無関心だった彼らの態度は、明るい未来を予感させるようなものではまるでなかった。あの子供たちによって作られたマシンに、自分の子供を安心して乗せようという気にはとうていなれない。これが道路を走るとは思いたくなかった。この車は、まるで一般市民に対する脅威ではないか。わたしはこの件についての記事を書き、自動運転技術はじきに下火になるか、別のプロジェクトに吸収されて、Real Player動画やマクロメディア・ディレクター、Jazドライブのように、ひっそりと今はなきテクノロジーの仲間入りをするのだろうと考えた。記事を提出したら、そのあとはもう、ペンシルヴァニア大学のロボット・カーのことは忘れてしまった。

一方、リトルベンにはまだレースに勝つという仕事が残っていた。DARPAグランド・チャレンジ本番の2007年11月3日の朝、スターティング・ゲートに車が並んだ。参加車はこれから、基地としてはすでに用済みとなった、ネヴァダ州のジョージ空軍基地内に設けられたコースを駆け抜ける。そこには道路や標識があり、伴走車もいる。スタート・ラインには、この日に間に合うよう大急ぎで仕上げられた多種多様な車が勢揃いしていた。彼らに課せられたタスクは、道路標識に従い、ほかの車をよけながら、基地内を60マイル〈約97キロ〉にわたって走ることだ。

ポール・ポジションは、1週間前に行なわれた予選走行ですでに決定されていた。カーネギー・メロンの車、ボスがトップシードで、つまりはこの車が最初にコースに入ることができ、そのあとに間隔をおいてほかのロボット・カーや、人間が運転する追跡車が続くことになる。レースがスタートしたとき、ボス・チームの面々は準備万端だった——ただし、ボスを除いては。ボスのGPSが作動していない。いっとき、場が騒然とした。ほかの車がコースへ入っていくのを横目に、カーネギー・メロンのメンバーが車のまわりに群がった。やがてトラブルの原因が判明した——スタート位置のすぐ脇に置かれた大型テレビ・モニターからの無線周波数干渉だ。大型のモニターが、GPS信号を妨害していたのだ。だれかがモニターのスイッチを切った。

ボスは10番目に道路に出た。スタンフォードの車からは20分遅れだった。ハイスピードのレースにはならなかった。ボスは平均時速14マイル〈約23キロ〉で、全長55マイル〈約89キロ〉のコースを走り抜けた。「ボスの動きは、すべてにおいてみごとだった」。チームの技術ディレクターを務めたクリス・アームソンはそう言った。「スムーズで、速かった。ほかの車にうまく反応していた。ボスはやるべきことをやっていた」

優勝したのはボスだった。2位はスタンフォード・チームで、ボスからは20分ほどの遅れだった。リトルベンは完走したものの、賞金には届かなかった。コーネル大学とMITもゴールしたが、規定の6時間を超えていた。ロボット・カー技術において、ピッツバーグとパロアルト〈カーネギー・メロンとスタンフォードそれぞれの地元」は、圧倒的な地位を誇っていた。

ペンシルヴァニア・チームのアプローチとスタンフォード／CMUのアプローチには、重大な違いがあった。リトルベンのアプローチは知識ベースだった。チームが作ろうとしていたマシンは、知識ベースとプログラムした一連の〝経験〟に基づいて、道路上で何をすべきかを決定する。この知識ベースのアプローチは、人工知能思考における主流な二系統のうちのひとつだ。ペンシルヴァニア・チームが目指したのは汎用型AIのソリューションだった。そしてそれは、期待したほどの成果をもたらさなかった。

リトルベンは、人間と同じように障害物を〝見る〟ことを目指していた。ルーフに設置された「ライダー（lider）」、つまりレーザー光を使ったレーダーが、物体を識別する。次にソフトウェアの〝頭脳〟が、形状、色、大きさなどの基準に基づいてその物体の正体を判別する。頭脳は、決定木を使って何をするかを決める。もしそれが人やイヌのような生きものであれば、車は速度を落とす。もしそれが鳥のような生きものなら、おそらくは向こうがよけるだろうから、速度を落とす必要はない。これをうまく機能させるためには、リトルベンに現実世界の物体に関する大量の情報を持たせる必要がある。たとえば三角コーンだ。まっすぐ立っているとき、三角コーンは四角い基礎部分に三角形が乗った特徴的な見た目をしている。三角コーンの高さは通常30センチ〜1メートルくらいだ。これをもとにすれば、以下のようなルールを書くことができる。

```
identify object:
  IF object.color = orange AND object.shape = triangular_with_square_base
```

```
    THEN object = traffic_cone;
  IF object.identifier = traffic_cone
    THEN intitiate_avoid_sequence
```

〈オブジェクトを識別せよ
もしオブジェクトの色＝オレンジ、かつオブジェクトの形＝三角で基礎部分は四角
であればオブジェクト＝三角コーン
もしオブジェクト識別子＝三角コーン
であれば回避シーケンスを起動〉

もし三角コーンが横倒しにされたらどうなるだろう。わたしが住んでいるマンハッタンでは、横倒しになった三角コーンを目にすることはしょっちゅうだ。三角コーンのせいで道が塞がれているところや、運転手が車を降りてその三角コーンを脇に移動させて道を通れるようにしている場面にも遭遇したことがある。三角コーンが通りの真ん中でぺちゃんこにつぶされているのも見た。つまり、三角コーンに関するルールには修正が必要となる。さっきとは違うルールを書いてみよう。

```
identify object:
  IF object.color = orange AND object.shape is liketriangular_with_square_base.rotated_in_3D
    THEN object = traffic_cone;
```

```
IF object.identifier = traffic_cone
THEN intitiate_avoid_sequence
```

〈オブジェクトを識別せよ
もしオブジェクトの色＝オレンジ、かつオブジェクトの形＝３Ｄで回転させたときほぼ三角で基礎部分は四角
であればオブジェクト＝三角コーン
もしオブジェクト識別子＝三角コーン
であれば回避シーケンスを起動〉

さて、ここでわたしたちは人間の思考とコンピュテーションの違いにぶつかる。人間の脳には、物体を空間の中で回転させる能力がある。わたしが「三角コーン」と言ったなら、あなたは頭の中に三角コーンを思い描くことができる。もしわたしが「地面に横倒しになった三角コーンを想像せよ」と言ったなら、あなたはおそらくそれも思い描けるし、三角コーンを想像の中で回転させることもできるだろう。エンジニアはとくに、頭の中での空間操作を想像することが得意だ。一般に広く使われている子供向けの数学適性テストにも、平面の上に立体が乗っている図を示し、次にほかの図をいくつか見せて、その物体が回転したところが描かれているのはどれかを選ばせるというものがある。

一方、コンピューターは想像力を持たない。物体を回転させたところを想像するためには、その物体を3次元化したもの——少なくともベクトル地図が必要になる。プログラマーは、３Ｄ画像を組み込まなければならない。コンピューターはまた、脳が行なうような推測をすることも苦手だ。地面にある物体は、

既知の物体リストに載っているものか、載っていないもののどちらかでしかない。

わたしが乗車していた間に、リトルベンはふたつのことをした。まず円を描いて回り、次に障害物をよけるのに失敗した。恐怖を乗り越えたあと、わたしはリトルベンが障害物を回避しなかった理由についてじっくりと考えてみた。このときの障害物は柱だ。リトルベンには「if obstacle.exists_in_path and obstacle.type=stationary, obstacle.avoid〔もし「障害物が通り道に存在し」かつ「障害物のタイプ＝動かない物」であれば「障害物を回避する」〕」のようなルールが必要だった。しかしこのルールでも問題は生じる。動かない物体がすべて、ずっと動かないままでいるわけではないからだ。たとえば人間は、しばらくの間は動かないように見えても、次の瞬間には動く可能性がある。ということは、ルールをこんな風にしてみたらどうだろう。「if obstacle.exists_in_path and obstacle.type = stationary, AND obstacle.is_not_person, avoid〔もし「障害物が通り道に存在し」かつ「障害物のタイプ＝動かない物体かつ障害物が人ではない」であれば「回避する」〕」。これもうまくない。このやり方では、人と柱の違いを明確にする必要が出てくるため、物体の分類問題に逆戻りしてしまう。もし柱を柱として認識することが可能であれば、柱のためのルールと、人のためのルールを書くこともできる。しかしながら、視覚か、少なくとも物体認識能力がなければ、それが柱であるかどうかはわからない――わたしが巨大なセメントの柱に衝突する車の中で死にそうになった理由はここにある。

問題の核にあるのは知覚力だ。心の理論をプログラムする方法は存在しないのだから、障害物に対して人間と同じように反応することは、車には決してできない。コンピューターは、人から伝えられたことを〝知っている〟だけだ。「知覚力」、つまり未来について判断する認知能力がなければ、街灯を障害物だと判断したうえで適切な回避策をとるために必要な判断を瞬時に下すことはできない。

この知覚力の問題は、ＡＩが誕生したときから中心的な課題として存在した。これについてはミンスキーも、かつて取り組んだ中でもっとも難しい問題のひとつだと認めている。おそらくはこうした理由から、スタンフォードとカーネギー・メロンは、このやり方をそもそも採用さえしなかったのだろう。彼らは、障害物があるコースに車を通過させるという課題に対して、根本的に違うアプローチをとっていた。彼らの特化型ＡＩのアプローチは、純粋に数学的で、データの不合理な有効性を活用したものだった。このやり方は周囲の予想を上回る成果を上げた。わたしはこのアプローチについて、「ロボットのカレル」計画によく似ているという印象を持っている。

１９８１年、スタンフォード大学教授のリチャード・パティスは、Karel the Robot（ロボットのカレル）という名称の教育用プログラム言語を発表した。Karel という名称は、「ロボット」という言葉を考案した作家のカレル・チャペックにちなんでいる。パティスが作ったロボットの Karel は、現実のロボットではない。Karel は、紙に描かれた四角い枠の内部に引かれたグリッドの上に乗っている矢印だ。基本的なプログラミングの概念を学習するために、学生たちはその矢印をロボットであると想定するわけだ。ボックスには出口がひとつ以上ある。Karel はグリッド上を移動することができる。タスクは、Karel がボックスから脱出するのを助けることだ。この初心者向けのプログラミングの練習問題――紙と鉛筆があればできる――は、長年の間、ＭＩＴ、ハーヴァード、スタンフォードほか、テクノロジーに強いあらゆる大学のプログラミングの授業において、コンピュテーションに関わる最初の課題として使われていた。わたしが通っていた大学でも、教授から、枠の中に Karel を書き入れた課題を与えられた。枠の中にはさまざ

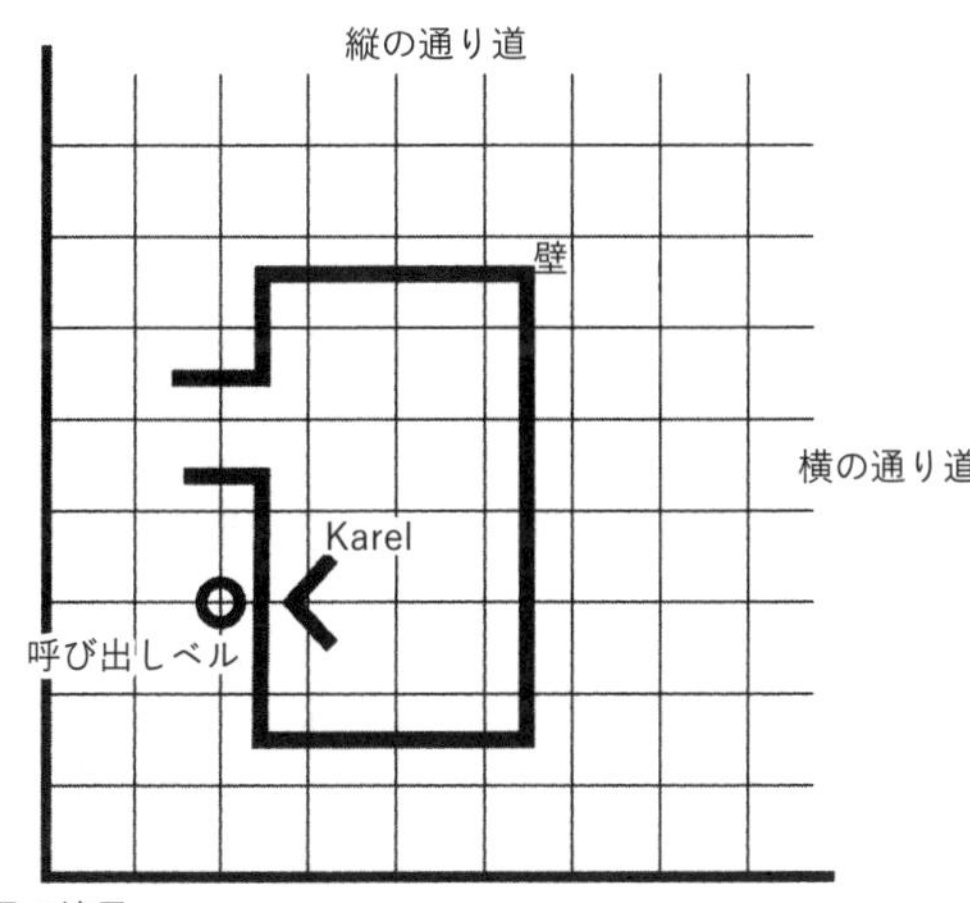

図 8.1　典型的な「ロボットの Karel」問題

まな障害がある。学生の仕事は、Karel を現在の位置から出口まで、障害物をよけながら動かすコマンドを書くことだ。これはまあまあおもしろい課題だった。少なくとも、わたしが Karel を知った大学1年生のときにとっていた微分積分学の授業よりおもしろかったとは言えるだろう。Karel の課題例をひとつ挙げてみよう（図8・1）。このパズルには、こんな説明文がついている。「Karel は毎朝、新聞——beeper（呼び出しベル）で表されている——が家の玄関先に投げ込まれると、ベッドで目を覚ます。Karel が新聞を取り、それをベッドに持ち帰るようプログラムしなさい。新聞は常に同じ場所に投げ込まれ、Karel の世界は、ベッドも含めて図示の通り[★2]」。矢印で表されている Karel は、彼が最初にいる位置にある想像上のベッドの中にいる。呼び出しベルを取るためには、Karel は北に90度回転し、北に横の通り道2本分移動し、西に縦の通り道2本分移動し……といった行動を、グリッドの呼び出しベルの位置に到達するまで続ける必要がある。

Karel問題を解く鍵は、障害物を前もって知っておくこと、そしてそれを回り込むようにKarelのルートを決定することだ。プログラマーである人間には、Karelのいる世界全体のマップであるグリッドが見えている。Karelはまた、内部メモリーにグリッドを記憶している。つまり、彼はグリッドの存在を〝知って〟いる。CMUチームが車を作る際に採用したのは、Karel型のアプローチだ。彼らは車に搭載したレーザーレーダー、カメラ、センサーを使って、空間の3Dマップを作った。そのマップには、車が〝認識〟した〝物体〟は配置されない。一方で、配置されたのは、機械学習を使って識別された進行可能なエリアと、進行不可能なエリアだ。ほかの車などの物体は、3Dの塊（ブロブ）として表示される。ブロブは〝物体〟ではなく、Karelに登場するものと同じタイプの幾何学的な障害物だ。

この方法のすぐれた点は、ボスやジュニアが処理しなければならない変数の数を劇的に削減できることだ。リトルベンは視界に入るすべての変数の正体——道、鳥、歩行者、ビル、三角コーン——を識別し、次にそれぞれの変数が、この先どの位置にいるかを予測する必要があった。リトルベンは仮説の一つひとつについて、複雑な方程式を解かなければならなかった。ボスとジュニアには、これをやる必要がなかった。この2台には、地形と自分が進むべきルートが記された3Dマップがあらかじめロードされていた。機械学習を活用し、3Dマップのどの部分が走行可能かは事前に確認がなされた。ジュニアおよびボスのアプローチは、すぐれたマッピング技術を活用した特化型AIソリューションだった。

車は走行しながら、独自の周辺環境マップを作成した。Karelがグリッドを持っていたのと同じように、車はグリッドを作成した。こうしておけば、ほかに考慮すべきは例外的な状況だけだ。もし三角コーンがオリジナルのマップに存在しなければ、要因として考慮に入れる必要がある。もしオリジナルのグリッドにあったのなら、それは静止物体であり、前もって計算されているため、走りながらプロセッサーが画像認識を行なう必要はない。

ＣＭＵチームは、ほかの出場チームよりも有利な立場にいた。彼らには、長年の間、コンピューター制御車の研究に取り組んできた歴史があった。「アルヴィン」という自動運転バンがＣＭＵで開発されたのは１９８９年のことだ。★3 この車を開発している最中、彼らは大変な幸運に恵まれた。グーグル創業者のラリー・ペイジが、たまたまデジタル・マッピングに強い興味を示すようになったのだ。彼は大量のカメラを乗用型バンの外側に取り付けて、カリフォルニア州マウンテンヴュー周辺を走りまわり、風景を撮影しながらその画像で地図を作っていった。やがてグーグルは、バンを使ったこのプロジェクトを、大規模なマッピング計画「Google ストリートビュー」へと進化させた。ペイジが思い描いていたビジョンは、先ほども登場した、ＣＭＵの教授でＤＡＲＰＡチャレンジの参加チームに協力していたセバスチアン・スランが開発した技術ととても相性がよかった。スランと学生たちは、通りの写真を組み合わせて地図にするプログラムを開発した。スランはＣＭＵからスタンフォードに移った。グーグルは彼のテクノロジーを買い、これを Google ストリートビューに組み込んだ。

この時点で、もうひとつ重要なことがハードウェアに起こった。動画と３Ｄは大きなメモリー・スペースを占拠する。ムーアの法則〔インテル創業者ゴードン・ムーアが提唱した、半導体の進化に関する法則〕によると、集積回路上のトランジスターの数は年ごとに倍増しており、この容量の増加は、コンピューター・メモリーがどんどん安価になっていることを意味する。２００５年前後に、記録メディアが突如として安価かつ豊富になり、マウンテンヴューの街全体の３Ｄマップを作ってこれを車載メモリーに収納することが、この時期に初めて可能になった。安価な記憶容量(ストレージ)が、大変革の鍵だった。

スランや、その他の有力な自動運転車のエンジニアたちは、人間の認知および意思決定プロセスを複製することはおそろしく複雑であり、かつ現在のテクノロジーでは不可能であることを発見した。そして彼らは、これを無視することに決めた。こういった類のイノベーションの話をしていると、このあたりでライト兄弟のことを思い出す人は多い。ライト兄弟より前の時代、人々は、空を飛ぶ機械なら鳥の動きを模倣しなければならないと考えていた。ライト兄弟は、空を飛ぶ機械は羽を上下させずとも、翼で滑空するだけで充分だということに気がついた。

自動運転車のプログラマーたちは、知覚力なしで車を作れることに気がついた――グリッドの中を動き回るだけで、ことは足りるというわけだ。彼らが行き着いた設計は、いわば非常に複雑なリモコンカーのようなものだ。知覚力を持っている必要も、運転のルールを知っている必要もない。その代わりに車が活用するのは、統計的推定とデータの不合理な有効性だ。これはおそろしく洗練されたイカサマであり、非常にクールかつ多くのシチュエーションにおいて有効だが、イカサマであることに変わりはない。このやり方はまるで、ビデオゲームをクリアするためにイカサマをしているようだと、わたしは思う。人間と同じようにこの世界を動き回れる車を作る代わりに、あのエンジニアたちは実際の世界をビデオゲームに変え、そこで車を走らせているのだ。

統計的なアプローチは、すべてを数字に変換して確率を推測する。現実世界にある物体は、物体として変換されずに、特定の方向に向かって、計算済みの速度で、グリッド上を移動する幾何学的な図形に変換される。コンピューターは、動く物体がその軌道上にとどまる確率を判断し、その物体が、自身が搭載されている車といつ交わるかを予測する。双方の軌道が交わるとの予測が出れば、車はスピードを落とすか、停止する。みごとなソリューションだ。こうすればほぼ正しい結果が得られるが、ただしその根拠は正しいとは言えない。

　こうしたやり方は、脳の動作とは正反対だ。２０１７年の『アトランティック』誌の記事にはこうある。「現代のわたしたちの脳は、あらゆる瞬間に１１００万個の情報を取り込んでいる。わたしたちが意識的に処理できるのはそのうち40個ほどであるため、代わりに非意識的な心が、バイアス、ステレオタイプ、パターンを用いてノイズを除去している[★4]」

　あなたがこの車の自律性に対してどんな感想を抱くかは、あなたがＡＩをどんな存在だと信じたいかによって変わってくるだろう。多くの人が、ミンスキーやその仲間たちと同じように、コンピューターは思考できると信じたがっている。「わたしたちはＡＩについてのこんな空想を、もう60年近く抱き続けてきた」。２０１６年4月、x.ai（エックス・ドット・エーアイ）社の創業者兼ＣＥＯのデニス・Ｒ・モーテンセンは、『スレート』誌にそう語っている。「わたしたちは常々、ＡＩは必ずや最終的には何らかの人間レベルの存在となり、今あなたとわたしがしているように、互いに会話をすることができるだろうと考えてきた。この先もずっと、これは空想であり続けるだろう。わたしには自分が生きている間に、いや子供たちの時代にさえ、これが現実になるとは思えない[★5]」

　モーテンセンは、今後登場するのは「非常に専門的な、垂直型のＡＩ」だけだと述べている。「それはおそらく、理解できる仕事はひとつだけだが、その仕事をみごとにこなすといったものになるだろう」。これはまさしく慧眼（けいがん）だ——しかし、運転はひとつの仕事ではない。運転は、同時にこなすべきたくさんの仕事から成り立っている。機械学習アプローチは、記号でできた固定領域内部でのルーチン・タスクには非常に向いている。一方、重量2トンの殺人マシンを、何をするか予測がつかない人間が大勢うろついている路上で操作する仕事には、向いているとは言えない。

2007年大会のあと、DARPAは、グランド・チャレンジのテーマとして自律運転車を取り上げるのをやめてしまった。DARPAが優先的に資金提供をする分野に現在、自動運転車は入っていない。「人生では当然ながら、先のことはわからない。将来的に発生するかもしれない問題をはらむ状況や意外な状況を、プログラマーがすべて予測することは不可能であり、これはつまり、既存の機械学習システムがこの先もずっと、現実世界における環境の不規則性・予測不能性に遭遇した際に発生する失敗による影響を受けやすいままであることを意味している」。DARPAの生涯学習機械プログラムのプログラム・マネージャーであるハヴァ・シーゲルマンは2017年、そう述べている。「今のところ、機械学習システムの能力を向上させて新しいシチュエーションで動くようにする場合には、システムの稼働を停止させてから、その新しいシチュエーションに関する追加のデータセットで再訓練を行なう必要がある。このアプローチは、とにかく拡張性に乏しい[★6]」

それでも商業の世界では、夢は今も生き続けている。現在、自動運転車の規則に関する決定は州に任されている。ネヴァダ州、カリフォルニア州、ペンシルヴァニア州が先頭を走っているが、少なくともこのほか九つの州が、ある程度の自律運転を許容する法律を検討している。

決定が州に任されているという事実は、大きな問題をはらんでいる。50の異なる基準が存在すれば、実質上、それらに対応するプログラムを作るのは不可能だ。プログラマーにとっては、一度プログラムを書いたら、あとはどこを走っても大丈夫というのが望ましい。もし50の州、そしてワシントンDCと準州のすべてが、自動運転に関して異なる道路交通法や基準を作るとしたら、プログラマーはそれぞれに合わせて交通規則や操作のルールを書き換えなければならなくなる。これではあっという間に、行方不明の教科書問題〔本書第5章〕と同じような、収集のつかない混乱状況に陥ってしまうだろう。州の権限はアメリカの民主主義を構成する重要な要素だが、これに対応するプログラムを作るというのはとてつもなくやっかいだ。プログラマーはタイピングさえ億劫だと思っている。彼らが驚くほど几帳面になり、自ら粛々と50以上の州の交通スキーマを受け入れ、さらには自律自動車を購入する顧客一人ひとりに対して、そうしたさまざまに異なる操作手順を伝えるために工夫をこらすだろうとは、とうてい思えない。

自動運転車についての話になると、コミュニケーションの問題が再び浮上する。自動車と幹線道路の安全管理を担う政府機関である米国運輸省道路交通安全局（ＮＨＴＳＡ）は、自律運転についての対話をうながすため、自律運転とは何かを示す複雑な基準を考案した。長年の間、プログラマーも行政も、「自動運転車」という言葉を、その意味を具体的に定義することのないまま使い続けていた。これもまた教科書問題と同じく、言うは易く、政策にするのは難しいという例だ。開拓時代のアメリカ西部さながらという、自律自動車を取り巻く状況を整理するために、ＮＨＴＳＡは自律自動車の分類を発表したわけだ。２０１６年９月に発表された連邦自動運転車政策にはこうある。

多様な自動化レベルに対して複数の定義が存在し、以前より、明快さと一貫性を向上させるための規格化の必要性があった。そのため、このポリシーではＳＡＥインターナショナル（ＳＡＥ）〔自動車技術者協会）による自動化レベルの定義を採用する。SAEの定義は「だれが、何を、いつ行なうか」に基づいて自動車を分類している。

一般に：

・SAEレベル0においては、人間のドライバーがすべてを行なう。
・SAEレベル1においては、車両の自動化システムが、人間のドライバーをときどき支援し、運転タスクの一部を行なうことができる。
・SAEレベル2においては、車両の自動化システムが、実際に運転タスクの一部を行なうことができ、その間、人間は運転環境の監視を続け、その他の運転タスクを行なう。
・SAEレベル3においては、自動化システムが運転タスクの一部を実際に行ない、また場合によって運転環境の監視を行なうことができるが、人間のドライバーは、自動化システムからの要請があった場合すぐに制御を取り戻せるよう準備しておかなければならない。
・SAEレベル4においては、自動化システムが運転タスクと運転環境の監視を行なうことが可能で、人間が制御を取り戻す必要はないが、自動化システムが稼働できるのは、特定の環境かつ特定の条件下に限られる。
・SAEレベル5においては、自動化システムは、人間が運転を行なえるあらゆる条件下において、すべての運転タスクを行なうことができる。★7

これらの基準は、わたしが本書を書いている間に少なくとも一度、もしかすると二度、変更された——これもやはり、ひたすら変化し続ける学校の標準の件を思い起こさせる。レベル3、4においては、車両は複雑で高価なセンサーを用いて周辺の状況を感知する必要がある。センサーとして使われるのは主に、ライダー、GPS、IMU〔慣性計測装置〕、カメラだ。センサーからの入力データは、車内のコンピューター・ハードウェアによって処理できるよう、バイナリー情報に変換する必要がある。このプロセスにおけるハードウェアとは、第2章で登場したターキー・サンドイッチの中の「層」を形成していたものと同じハードウェアであり、またペンシルヴァニア大学のエンジニアたちがリトルベンのトランクに取り付けていたものと同じハードウェアだ。センサーからの入力データに基づいた運転判断を行なうためには、各自動化レベルに応じて、さらに大きなコンピューティング・パワーが必要となる。あらゆる場所と天候状況において通常の運転を任せられるほどパワフルなハードウェアやソフトウェアを作ることに成功した人間は、まだだれもいない。「今のところ、市販の車で自律レベル2を超えているものはない」。2017年10月に発表された、最先端のドライビング用コンピューター・チップについての記事で、吉田順子はそう書いている。[★8] レベル5は、通常の走行条件において走れるものは存在せず、おそらく今後も登場することはないだろう。

自動運転車の発展は主に、運転支援技術が隆盛を極めていることに由来する。レベル0〜2では、いくつもの有益なイノベーションがあった。自動的に縦列駐車をしてくれる車というアイデアは、大いに人気を博している——小規模で限定的な幾何学演習である縦列駐車は、テクノロジーを活用する対象としてふさわしい。

自律車両の研究の大半と一部の訓練データは、arXiv（アーカイヴ）〔物理学、数学などの論文が公開されているサイト〕や、各種学術リポジトリーから、オンラインで入手できる。[★9] GitHub（ギットハブ）には訓練データが置かれており、ここにはまた、Udacity（ユーダシティ）〔オンラインの教育プラットフォーム〕が主催するオープンソースの自動運転車コンペティション（スランの最新プロジェクト）向けのコードもある。わたしはUdacityのイメージ・データセットに目を通してみた。思っていたよりも、中にある情報は少なかった。このデータの重大な欠点のひとつは、「常識的でないもの」が組み込まれていないことであり、組み込まれていないものを、アルゴリズムは予測できない、タイタニックのデータと同じように、すべての救命ボートが出発したあとで沈みゆく船から飛び降りるための方策を計算に入れる方法は存在しない。

現実の生活では、常識的でないことが起こるのは日常茶飯事だ。カーネギー・メロン大学の卒業生で、グランド・チャレンジでの優勝経験を持つ元ウェイモ社の最高責任者、クリス・アームソンは、人気を博したあるYouTube動画の中で、とりわけ奇妙な事例をいくつか披露している。ウェイモ社はもう何年も前から、自動運転の試作車をマウンテンヴュー周辺に走らせて、データを収集している。動画の中でアームソンは、カエルの真似をして飛び跳ねながら幹線道路を渡る子供たちや、電動車いすに乗った女性が、道路の真ん中でグルグルとアヒルを追い回す様子を、いかにも愉快そうに笑いながら紹介してみせた。こうしたことはしょっちゅう起こるわけではなくとも、間違いなく起こる。人間には知性がある。人間は常識的でないことに対応できる。コンピューターには知性がない。コンピューターは、そうしたことに対応できない。

だれであれ、車に乗っているときに奇妙なものを見かけた経験があるだろう。わたし自身が出会ったもっとも常識はずれの経験は、動物に関わるものだった。そのときわたしは、車に友人のサラを乗せて、滝を見に行くために、くねくねと曲がったヴァーモントの山道を走っていた。見通しの悪い角を曲がると、巨大なヘラジカが道の真ん中に立っていた。車は横滑りしながら止まった。心臓が早鐘のように打っていた。自動運転の車なら、こうしたシチュエーションにどう対処するのだろうかと、わたしは考えた。わたしはYouTubeにアクセスし、人々が運転支援機能を使ってあれこれと遊んでいる動画の中でも、とくに人気のあるものを視聴してみた。わたしが見つけた動画はどれも、自分が所有しているクールな車を見せびらかしたい男性によって作られたものだった。彼らは一様にポジティブだった。「この車は、安心感へといざなってくれる」。ある『Wired』誌のライターは、車がほとんど走っていないネヴァダ州の幹線道路でのドライビングを紹介する動画の中でそう言っていた。テスラのオートパイロット機能を使用している間、運転者がやることがいかに少ないかを、彼は得意げに話していた。説明書には両手をハンドルに置くようにと明記されているにもかかわらず、彼はハンドルから手を離しても大丈夫だし、両手を使わずに片手だけでも運転ができるという発言を繰り返した。彼はプログラマーがコードの中に潜ませたジョーク、いわゆる「イースター・エッグ」と呼ばれるものを、いくつか起動してみせた。ハンドルを6回クリックすると、ディスプレイの表示が変わり、ビデオゲームの「マリオカート」に出てくる虹色の道路が現れた。続けて披露されたふたつ目のイースター・エッグは、運転席のディスプレイから、TV番組『サタデー・ナイト・ライブ』の有名コント「もっとカウベルを」の音声が鳴り出す、というものだった。

わたしはウェイモ社によるプロモーション・ビデオもいくつか視聴した。そのうちのひとつでは、ナレーターが、ウェイモの技術は車の周囲360度と、その先のサッカー場ふたつ分を〝見る〟ことができると言っていた。車の形状は、センサーの視野を広げるために最適化されている。設計の大きな特徴のひとつは、まだ完璧とは言えないそうだが、コンピューターが振動と熱変動に耐えられるようにすることだという。「われわれは長い間、現存の車にさまざまなものをボルトで付け足すということをやってきたわけですが、やがてわかってきたのは、現存の車両という制約に対してできることは非常に限定的だということです」。ウェイモのシステム・エンジニアであるジェイミー・ウェイドは、２０１４年のビデオでそう言っている。「車両の物理的な操作に関しては、センサーとソフトウェアがあらゆる仕事をこなします。ハンドルやブレーキペダルといったものは必要ないため、わたしたちが本当に考える必要があったのは、出発の準備ができたという合図を出すボタンひとつだけでした。たくさんの思考が詰め込まれて、車両のプロトタイプは制作されています。われわれは安全性について、多くを学びつつあります」

安全性の話をするとしよう。自動運転車を推奨する意見の中でも有力なものに、自動運転のおかげで道路はより〝安全〟になるというものがある。ウェイモ社のＣＥＯジョン・クラフシクは、自身のLinkedIn〔リンクトイン〕（ＳＮＳ）に、こう書いている。「毎年、自動車事故によって世界中で１２０万人が亡くなっている。そのうちの95パーセントは人間によるミスだ。現在、地球上にはおよそ10億台の車がある。運転する時間の95パーセントを、人はぼんやりと腰掛け、資本を浪費し、都市の貴重な空間を消費して過ごしている。もっといい方法があるはずだ。……自動運転車は何千人もの命を救い、人々により高い機動性を与え、現在の運転について人々がフラストレーションを感じているさまざまな問題から、われわれを解き放ってくれるだろう」

クラフシクはどうやら、ドライバーのせいだと言いたいようだ。やっかいな人間たちが、人為的なミスを起こしているのだと。これは技術至上主義だ。運転でミスをするのが人間の責任であるのはあたりまえだ。車を運転しているのは人間以外にはいないのだから（とはいえ、わたしは一度、ヤンキースの帽子をかぶったイヌが、ロウアー・マンハッタンのブロードウェイの歩道でミニチュアのメルセデスを運転しているところを見たことがある。おもわず二度見したが、うしろからイヌの飼い主がリモコンを持ってついて歩いていた。おかげでその日の午後は、リモコンで動く乗り物に乗せられた動物たちの動画を検索して楽しい時間を過ごした）。

車が登場してからすでに長い年月がたち、わたしたちは人間が車の運転でミスを犯すことを知っている。ドライバーは人間だ。人間はミスを犯す。わたしたちはこれを知っている。ソフトウェアを作る人間もまた、ミスを犯す。完璧なドライバーなどどこにもいない。自律車両のソフトウェアを書く人間でさえ、完璧なドライバーではない。人間が1年間で車を何兆マイルも走らせ、たいていの場合は事故を起こさずに済んでいるというのは、よく考えればすごいことだ。

人間のミスに関する統計値は、同じものが何度も繰り返し使われている。人が死ぬのは悲しいことだ。わたしは死を小さく見積もろうとしているわけではない。それでも、こんな風にたったひとつの統計値が何度も登場する場合、そこに何かしらの意図があるように思えてくる。通常、こうした状態が意味するのは、その数字がたったひとつのソースから出ているということであり、つまりはその出処が、世論に影響を与えることを意図した特定の利益団体であることを意味する。クラフシクが引用した、95パーセントが人間のミスであるという数字は、2015年2月、バウヘッド・システムズ・マネジメント社の上級数理統計学者であるサントク・シンが提出した報告書にも登場する。シンは、NHTSAの下部組織である全国統計分析センターの数理解析部との契約で仕事をしていた。[★10] この報告書では、5470件の衝突事故の重み付きサンプルを取り上げ、それぞれについて原因を挙げている。原因はドライバー、車、あるいは環境（つまり道路か天候）だ。

バウヘッド・システムズ・マネジメント社は、ウクピアグヴィク・イヌピアト社の子会社だ。ウクピアグヴィク・イヌピアト社は、政府との契約により、メリーランド州とネヴァダ州において、米海軍の無人自律システム（ＵＡＳ）のオペレーションを担っている。つまりまとめると、こういう図式になる――軍用に無人自律システムを作る会社であるバウヘッドが、民間用の無人自律システム（車）を作ることを正当化する公式の政府統計を作成していた。

国立衛生統計センターは、入手可能な最新の数値である２０１４年の自動車による死者数を３万５３９８人と報告している。割合にすると、10万人のうち死者11人だ。自動車事故以外も含めた全体では、全員の加齢を考慮に入れた年齢構成修正死亡率でみると、10万人中７２４・６人が亡くなっている。

多くの人が交通事故で命を落とす。これは重大な公衆衛生の問題だ。統計学用語では、怪我によって死亡することを「傷害死亡」という。２００２～２０１０年にかけて、不慮の自動車事故関連の怪我は傷害死亡の原因としてもっとも多く、２番目は不慮の中毒だった。米国運輸省のＮＨＴＳＡによると、２０１５年、自動車事故による死亡は７・７パーセント増加した。２０１５年には自動車事故で推定３万５２００人が死亡したが、２０１４年の死者数はそれよりも少ない３万２６７５人だった。

その原因はいったい何だろうか。携帯電話でメールを打ちながら、またほかのことをしながらの運転が、死者の増加に寄与していることは間違いない。直接的なソリューションのひとつは、公共交通機関への投資を増やすことだろう。カリフォルニア州のベイエリアでは、公共輸送は恐ろしいほどの資金不足に陥っている。わたしが以前、ラッシュアワーのサンフランシスコで地下鉄に乗ろうとしたときには、3本も列車を見送ってからようやく、満員の車両になんとか体を押し込むことができた。道路の状況はさらに厳しい。ベイエリアのプログラマーたちが、自動運転車を作って、渋滞の中でただ座っている以外にも何かできるようにしたいと考えるのも無理はない。わたしの限られた目撃例に基づいて判断するなら、ベイエリアでの通勤とはつまり、渋滞の中で恐ろしく長い時間を過ごすことと同義だ。しかしながら、公共輸送への資金調達は複雑な課題であり、何年もかけた、大規模な連携による取り組みが必要となる。そこには政府との官僚的なやり取りが関わってくる。これはまさしく技術畑の人間が手を出すのを避けたがる類のプロジェクトであり、その理由は、非常に長い時間がかかり、複雑で、容易な解決策が存在しないからだ。

とはいえ、自動運転車はいまだに空想の存在だ。2011年、セバスチアン・スランは、グーグル社の〝ムーンショット〈月旅行のように野心的・革新的なプロジェクトの意〉〟担当部門として、グーグルX〈ウェイモ社は同部門の自動運転車プロジェクトから誕生した〉を立ち上げた。2012年には、スランはUdacityを設立し、こちらもまた失敗に終わっている。「わたしは人々に深い教育を与えたいと願っていた——人々に何か価値のあるものを教えたかったのだ。しかし実際のデータは、このアイデアを肯定するようなものではなかった。これはろくでもないプロダクトだ」。スランは『ファスト・カンパニー』誌にそう語っている。[★11]

スランは、自身が試みたうえでうまくいかなかったことに対して、これまで率直に語ってきた——しかしどうやら、それに耳を貸す者はどこにもいないようだ。なぜか。もっともシンプルに説明するなら、その理由は欲だ。テクノロジー投資家のロジャー・マクナミーは、『ニューヨーカー』誌にこう語っている。「われわれの中には、愚直な言い方をすれば、世界をよりよい場所にするためにここに来た者たちがいる。

そして成功しなかった。われわれは一部のものをよくした一方で、別のものを悪くしたし、そうこうするうちにリバタリアンに乗っ取られてしまった。やつらは善悪になど何の興味も持っていない。ただ金を儲けるためにここにいるのだ[★12]」

そして2017年、自分が情報として得てきたものに現実がどの程度近づいたかを確かめるために、わたしはついに自動運転車の試乗の予約をとることにした。最初にトライしたのはウーバー社だ。ピッツバーグはわたしが住んでいるところからさほど遠くない。広報の担当者はわたしに、予約はいっぱいだと告げた。ピッツバーグまで行ったなら、道端で自動運転車を呼び止めて乗れるだろうかとわたしは尋ねた。それはおすすめしないと相手は言った。ここでわたしは気がついた。自動運転車はどうやら、広く使われているわけではないらしい。まだ大々的に売り出す段階になっていないのだろう。

自動運転車は数々の問題を抱えている。たとえば、整備の行き届いていない道路上では、センターラインにうまく沿って走れない。また、雪などの悪天候のときには役に立たない。そうした状況下では周囲を〝見る〟ことができないからだ。自律自動車に搭載されたライダーによるガイダンス・システムは、レーザービームを近くの物体に反射させることによって機能する。レーザーが戻ってくるまでの時間を測って、物体がどの程度離れているかを測定するわけだ。雨、雪、埃(ほこり)の中では、ビームは自転車に乗っている人などの障害物に反射するよりも前に、空気中の粒子にぶつかってしまう。自動運転車が、一方通行の道を逆進しているところを目撃された例もある。ソフトウェアはどうやら、その道が一方通行であるとは考えなかったようだ。自動運転車は簡単に混乱する。その原因は、黒人の写真をゴリラと見間違える程度の、あまり上等とは言えない画像認識アルゴリズムに頼っていることだ[★13]。大半の自律車両は、ディープニューラルネットワークと呼ばれるアルゴリズムを使っており、これは一時停止の標識にシールや落書きがあるだけで混乱する。[★14] GPSのハッキングもまた、自律車両にとって非常に現実的な脅威だ。ポケットサイズのGPS妨害装置は違法だが、50ドルほど出せばすぐにネットで注文できる。商用トラックの運転手には、GPS対応型料金所を無料で通過するために妨害装置を使っている人も少なくない。[★15] 自動運転車はGPSに従って走る。自動運転のスクールバスが、幹線道路を時速120キロで走っている最中に、隣のレーンの妨害装置のせいでナビゲーション・システムを失ったらどうなるだろう。

科学コミュニティーにいる人々は、全般に懐疑的だ。ある人工知能の研究者は、わたしにこう言った。「わたしはテスラを持っているが、あのオートパイロットは、幹線道路を走るときにしか使わない。街なかを走るのには役に立たないからね。あのテクノロジーはまだまだだ。エヌビディア社の研究では、自動運転車のアルゴリズムは平均で10分に1回ミスを犯すことがわかったそうだよ」。ここで言われていることは、テスラのユーザー用マニュアルの内容とも一致する。そこには、オートパイロットは運転者監視のもと、幹線道路で短時間のみ使用することと書かれている。

ウーバー社は2017年、当時のCEOトラヴィス・カラニックが、ウーバーの運転手ファウジ・カマルに対して暴言を吐くさまを動画に撮られ、報道で大いに叩かれた。カマルの主張は、ウーバーが運賃を値下げし、運転手の時給をわずか10ドルまで下げるというビジネス戦略をとったせいで、自分は9万7000ドルを失って破産したというものだった。当時のカラニックの純資産は63億ドルだった。カマルはカラニックに向けて、自らの苦境を訴えた。それに対するカラニックの答えはこうだ。「世の中には、自分のクソに責任をとりたくないやつらがいる。そいつらは、人生のすべてをだれかのせいにしている。せいぜいがんばることだな！」ウーバー社は、州の規則を無視してカリフォルニアに自動運転車を投入した。法廷で争ったあと、同社はこの事業を停止した。カラニックは、DARPAグランド・チャレンジの参加経験を持ち、グーグルXやウェイモ社でスランとともに仕事をしていたアンソニー・レヴァンドウスキを、個人的な交渉の末に引き抜いた。レヴァンドウスキは2017年5月、ウーバーを解雇された。その理由は、彼がウェイモ社から知的財産を盗んでウーバー社のテクノロジー向上のために活用しているという訴えが真実かどうかについての調査に協力することを拒んだためだ。[★16]

2016年5月、オハイオ州カントンのジョシュア・B・ブラウンが、自動運転車によって死亡した最初の人物となった。40歳のブラウンは、元は海軍特殊部隊に所属し、爆発物処理（EOD）のベテラン技術者から、テクノロジー起業家に転身した人物だった。彼は自らが所有するテスラ社の車で、自動運転のオートパイロット機能を使っている最中に死亡した。彼は自分の車に絶大な信頼を寄せており、オートパイロットにすべての作業を任せていた。それはよく晴れた日で、車のセンサーは、交差点を曲がろうとしていた白いセミトレーラーを認識することができなかった。テスラはトラックの下に突っ込んだ。車の上部は完全に削ぎ取られた。車の基部は前進を続け、数メートル先でようやく止まった。[★17]

「運転者の監視付きで利用される場合には、オートパイロットが運転者の仕事量を軽減し、統計学上、安全性を大幅に向上させる結果をもたらすというデータは疑いの余地がない」。衝突事故のあと、テスラはそう主張した。[★18] AP通信は、事故についてこう書いている。

自動ブレーキ・システムがうまく作動しなかったのは今回が初めてではなく、この問題に対処するためにこれまで数件のリコールが出ている。たとえばトヨタは11月、自動ブレーキ・システムのレーダーが、路面の金属製ジョイントおよびプレートを障害物であると誤認したことによって自動ブレーキが作動したとして、フルサイズのレクサスをはじめ3万1000台をリコールした。また昨年秋、フォードは、前方に何もないのにブレーキが作動するとして、F - 150ピックアップトラック3万7000台をリコールした。同社は、光を反射する大型トラックを追い越すときに、レーダーが混乱する場合があると述べている。

自動運転テクノロジーは、複数のカメラ、レーダー、レーザー、コンピューターを駆使して物体を感知し、それが走行の障害となるかどうかを決定すると、ケリー・ブルー・ブック社〔自動車価格の調査会社〕のアナリスト、マイク・ハーレーは言う。テスラが搭載しているようなシステムは、カメラへの依存度が高く、「明るい光や、コントラストの低い光に対処できるほど精度が高くない」。ハーレーは、事故は残念だったとする一方で、自律テクノロジーが改良されていく過程では、さらに多くの死亡事故が起こるだろうと述べている。★19

NHTSAは事故とその周辺調査を行なったが、衝突はコンピューターではなく、ブラウンのミスだったと結論づけた。一方で同局はテスラ社に対し、この機能の「オートパイロット」という名称の再考を検討するようにと通達している。

自律車両がどう反応すべきかをめぐる決定は、文字通り命をかけた決定となる。テスラのモデルXP90Dは、車両重量が5381ポンド〔約2441キロ〕にもなる。ちなみに、雌のアジアゾウの体重は60

00ポンド〔約2722キロ〕だ。

ピッツバーグでウーバーの自動運転車に試乗する計画が頓挫したあと、わたしは自律車両に使われているチップを製造しているエヌビディア社に連絡して、試乗ができるかと尋ねてみた。担当者の答えは、今は時期が悪いので、ラスヴェガスで開催される大規模な見本市コンシューマー・エレクトロニクス・ショー（CES）が終わってから連絡する、というものだった。言われたとおりに待ってみたものの、連絡は来なかった。ウェイモ社のウェブサイトには、報道機関からの要望には応じられないと書いてある。最終的にわたしは、消費者の視点から最先端技術を確かめてみることにしようと、テスラ車の試乗を予約した。よく晴れたすがすがしい冬の朝、わたしは夫や息子と一緒にマンハッタンにあるテスラのディーラーへ向かった。ショールームは西25丁目の、ハイライン〔廃止された高架鉄道を利用した空中公園〕の下に位置していた。周辺には、もとは車体修理店だった建物を利用したアート・ギャラリーがいくつかあった。通りの向かいには、錬鉄で女性の輪郭をかたどったオブジェが見える。その鉄の像に、だれかがヤーン・ボム〔毛糸を利用したストリート・アート〕を仕掛けていた。桃色のニットのビキニが、女性の輪郭からだらりと垂れ下がっている。

ショールームに入ると、赤いモデルSのセダンが見えた。その隣には、まったく同じ深紅に包まれたミニチュアの車が置かれている。こちらはラジオ・フライヤー社〔米おもちゃメーカー〕製のテスラ・モデルSだ。それはまるでバービー・ジープ〔バービー人形カラーの子供用ジープ〕や、ミニチュアのジョン・ディア〔大手農業機械メーカー、ディア・アンド・カンパニー社のブランド〕のトラクターや、パワーホイール〔玩具大手フィッシャープライス社による子供用乗用玩具のブランド〕のように、たいそう小さかった——それでも、立派なテスラ車なのだった。わたしはすっかり見とれてしまった。

わたしたちは、ライアンという名の販売員と一緒に、モデルXに試乗するために外へ出た。Xのドアはファルコン・ウィングのように、上下に動いて開閉する。息子が車に近づいていく。ライアンが、後部座席のドアを開けるために、テスラ車と同じ形をしたリモコンに触れると、電子音がした。ドアがゆっくりと開いていく。「あなたがそこに立っているのを感知するんですよ」とライアンが言った。「勢いよく開いて人にぶつかるようなことはありません。あなたのことが見えているからです」。ドアは止まった。いちばん上まで全開にはならない。ライアンがリモコンをもう一度鳴らし、眉をひそめた。車に近寄り、何か調べている。わたしたちは歩道に立って、それを見守った。

ライアンが戻ってきた。ホッとしたような表情だ。「センサーでした」とライアンが説明する。ドアのセンサーが、「道路の清掃日には駐車禁止」と書かれた標識のすぐ脇に位置しているのだという。その緑色をした金属製のポールのすぐ脇にあるセンサーは、助手席側の後輪のハウジング内部に取り付けられている。車体にはこうしたセンサーのほか、8台のカメラが搭載されている。ポールのせいでドアが全開にならないのだと、ライアンは言った。そして、戻ってきたときに車を別の場所に駐車すれば、ウィングが上まで上がった状態の写真を撮っていただけますと約束した。

全員が乗車し、ライアンはどこに何があるかをあれこれと説明した。わたしは深く息を吸った。新しい車と高級品のにおいがした。白い〝ヴィーガンレザー〟〔動物由来のものを使用せずに革を再現した素材〕がドライバーズ・シートを包み込み、背もたれは輝く黒いプラスチックに覆われていて、まるで60年代のジェームズ・ボンドの映画に登場する車のようだった。そして実際、この日の体験は実にジェームズ・ボンド的なものになった。

ブレーキに足を乗せ、車をスタートさせる。通常の車にある各種ボタンの代わりに、モデルXには巨大なタッチ・スクリーンがあった。ボタンは全部でふたつしかない。ひとつはハザード・ランプ用だ。「それは国に義務付けられているんです」。言い訳でもするかのように両手を振りながら、ライアンが言った。もうひとつのボタンは巨大なタッチ・スクリーンの右側にあり、こちらはグローブ・ボックスを開けるためのものだ。

電気自動車の走行時には、ガソリン・エンジンを積んだ車につきもののガタガタという揺れがない。ガソリン・エンジンでは、ときどきかすかな振動が起こるが、テスラの場合、そうした振動も感じられない。車は静かにスムーズに、駐車していた場所を出発し、ウェスト・サイド・ハイウェイに向けて走っていった。

わたしはオートパイロット機能をオンにしようと、ハンドルの左側にあるレバーに手を伸ばした。作動させるために、レバーを手前に2回引く。ビープ音がなり、ディスプレイ画面にオレンジ色のライトが点灯した。「これは新車ですから。オートパイロットはアクティブじゃないんです」とライアンが説明する。「数日前、大規模なオートパイロットのアップデートが始まったので、この車でオートパイロットが使えるまでにはあと数週間かかるんです。データを収集する必要がありますので」

「つまり機能しないってこと？」とわたしは聞いた。

「機能はするんです」とライアン。「この車は完全自律が可能ですが、それをまだ実装できないということで、理由はつまり、ご存知でしょうが、規制のせいなんです」。「ご存知でしょうが、規制のせい」という言葉が示唆しているのは、ジョシュア・ブラウンがオートパイロットの事故で亡くなり、NTHSAがまだその調査を終えてないという状況だ――だからテスラは、すべての車のオートパイロット機能をオフにして、新しいものを作り、テストし、実装できるようになるのを待っているというわけだった。

ライアンは、未来についてあれこれとおしゃべりを続けた。彼にとって未来とは、テスラ車がそこら中を走り回る世界を意味するようだった。「イーロン・マスクは、完全な自律走行が実現すれば、ボタンを押すだけでどこにでも車を呼び寄せることができるようになると言っています。車が持ち主を見つけるまでに数日かかるとしても、それでも間違いなくやってくるのです」。自分の車の到着を何日も待つというのでは、そもそも車を所有する利点などなくなるとこの人は考えないのだろうかと、わたしは思った。

自律車両をめぐる会話の中では、「いつか」という言葉が頻繁に使われる。自律車両というのは、「もし実現すれば」ではなく、「いつ実現するか」という課題だというわけだ。わたしはこれに違和感を覚えている。わたしがウーバー社、エヌビディア社、ウェイモ社で自動運転車に乗ることができなかったという事実は、ライアンの「ご存知でしょうが、規制のせい」というセリフと同じことを意味している。それはつまり、自動運転車はうまく機能しないということだ。あるいは、自動運転車は簡単な走行環境であれば機能する、と言い換えてもいい。晴れた日に、最近ラインが引かれたばかりの、がらんとした幹線道路を走るのであれば。だからこそ、ウーバーの子会社オットー（レヴァンドウスキが起業した）は、東海岸から西海岸までビールを配送することができる自動運転トラックを開発すると大々的に宣伝してみせたのだ（輸送トラックは高速道路の走行時間が長く、道が単純で歩行者も少ないため）。適切な条件を整えれば、自動運転は一見、うまく機能しているように見える。それでも、技術的な欠陥は山ほどある。たとえば、持続的な自律運転のためには、車内にサーバーを2台搭載する必要があり――1台はオペレーション、もう1台はバックアップを担う――これら2台のサーバーは、合計で約5000ワットを生成する。これだけのワット数からは、多くの熱が発生する。5000ワットというのは、広さ400平方フィート〔約37平方メートル〕の部屋を暖めるのに必要な電力だ。この熱を処理するために欠かせない冷却装置をどのように組み入れるかという問題は、まだだれも解決していない。[★20]

ライアンはわたしに、ウェスト・サイド・ハイウェイに乗って車の流れに入るよう指示した。普段やっているように、わたしは足をアクセルから離し、そのままゆるやかに信号に向かって進みながら、その手前でブレーキをかけようとした――ところが、テスラには回生ブレーキが搭載されており、つまりはわたしの足がアクセルから離れた瞬間に、ブレーキが作動した。方向がわからなくなるような感覚があった。普段どおりの運転ではまずいと感じた。だれかがわたしに向かってクラクションを鳴らした。そのクラクションが、わたしが信号の手前でおかしな動きをしたせいだったのか、高級車に乗っているわたしに対する嫌がらせだったのか、たんにその人がニューヨークによくいるごく一般的な自己中だったせいなのかはわからない。

わたしはハイウェイを直進してから、交差点を曲がって丸石敷のクラークソン通りに入った。いつもよりガタガタという揺れが少なく感じる。ライアンは、ハウストン通りを通り過ぎ、その先の私道がなく歩行者も少ない平らな道が1区画分、荷物の配送所の裏に沿って伸びているところへ行くよう指示した。「スピードを上げて」。ライアンがけしかける。「このあたりにはだれもいません。行きましょう」

二度言われる必要はなかった。ペダルを限界まで踏み込むと――いつかこれをやってみたいと、わたしは常々思っていた――、車は猛スピードで走り出した。そのパワーにうっとりとなる。加速のせいで、全員がシートに背中を押し付けられた。「スペース・マウンテンみたいでしょう」とライアンが言った。後部座席にいる息子が、本当だねと同意する。この区画がこんなにも短いことが、残念でならなかった。車がウェスト・サイド・ハイウェイに戻ると、わたしは加速を感じたくて再びアクセルを踏み込んだ。再び、全員が背もたれに押し付けられる。

「失礼」とわたしは言った。「これって最高」

ライアンはそうでしょうとも、という顔でうなずいた。「運転がお上手ですね」と彼は言い、わたしはにっこりと微笑んだ。きっとだれにでもそう言っているのだろうとは思ったが、それはそれで構わなかった。バックミラーの中の夫が、少し悔しそうな顔をしているのが見えた。

「これは市販車の中でいちばん安全な車ですよ」とライアンは言った。「これまで作られた中で、もっとも安全な車です」。ライアンは、ＮＨＴＳＡがテスラ車の破壊試験を行なったときの話をした。破壊試験とは言っても、実際には破壊することができなかったのだという。「試験では、車をひっくり返そうとしたのですが、できませんでした。結局はフォークリフトを持ってきてひっくり返しましたよ。衝突試験では車を壁に突っ込ませるのですが、壊れたのは壁の方でした。おもりを車に落下させたときには、おもりが壊れました。テスラ車は、これまでのどの車よりもたくさんの試験器具を壊したんです」

わたしたちは、グリニッチ・ヴィレッジにある別のテスラ・ショールームの前を通り過ぎながら手を振った。これはテスラ車のオーナーたちの習慣だ。彼らは互いに手を振り合う。サンフランシスコの幹線道路でテスラを走らせたなら、手の振りすぎで腕がくたびれてしまうことだろう。

ライアンはイーロン・マスクに繰り返し言及した。マスクは個人崇拝の対象となっており、これは一般のカー・デザイナーには見られない現象だ。フォード・エクスプローラーをデザインしたのはだれだろうか。わたしにはわからない。しかしイーロン・マスクは、わたしの息子でさえ知っている。「イーロン・マスクは有名だよ」と息子は言っていた。「『ザ・シンプソンズ』にもゲスト出演してたしね」

わたしは車を駐車し、ウィングドアをいちばん上まで上げてから、息子と一緒にピカピカの白い車の横に立って写真を撮った。わたしたちは、ショールームの外に停めてあった自分たちの車に乗りこんだ。「なんだか、この車がやけに古臭く思えるよ」と息子が言った。家に向かう途中、ウェスト・サイド・ハイウェイを通り、丸石敷きのクラークソン通りに入った。車は石の上でガタガタと激しく揺れた。テスラで体験したスムーズな乗り心地とはまるで正反対だった。自分の車が揺れるのは、自分の程度が低いせいであるかのように感じられた。それはまるで、「ル・ベルナルディン」〔ニューヨークの高級フレンチ店〕でランチをとり、帰宅してから、夕飯にはホットドッグくらいしか食べるものがないと気づいた瞬間のような気分だった。

車としてのテスラはすばらしい。自律車両としてのテスラには、わたしは疑問を感じる。問題の一部は、機械倫理が確立されていないことにある。なぜなら機械倫理は、明確な説明が非常に難しいものだからだ。この倫理的ジレンマを大まかに理解するには、哲学的な思考実験である「トロッコ問題」について考えてみるといい。想像してみてほしい。あなたは猛スピードで軌道を走るトロッコを運転しており、その先には大勢の人々がいる。あなたはトロッコの進路を別の軌道に変えることもできるが、その場合は軌道の先にいるひとりの人間をひいてしまう。あなたならどちらを選ぶだろうか。確実なひとりの死か、それとも大勢の死か。グーグル社やウーバー社は、哲学者を雇用することによって倫理的な問題の解決策を探り、それをソフトウェアに組み込もうとしてきた。今のところ、その成果は出ていない。『ファスト・カンパニー』誌の２０１６年10月号によると、メルセデスは車を、常に運転者と同乗者を守るようにプログラムしたという。[★21] これは理想的な対策とは言えない。自律運転のメルセデスが、１本の木と、その横にあるスクールバスのバス停に並ぶ大勢の子供たちに向かって横滑りしていくところを想像してみてほしい。メルセデスのソフトウェアは、木ではなく、子供の集団に突っ込むことを選ぶだろう。なぜなら、その方が運転者の安全を確実に守れる可能性が高いからだ――しかし人間であれば、木の方向にハンドルを切るだろう。子供たちの命は大切だからだ。

これと逆の場合はどうだろうか。車のプログラムに、通行人ではなく、運転者と同乗者を犠牲にしろという指示が組み込まれていたとしたら。あなたは自分の子供と一緒に、その車に乗るだろうか。あなたは自分の家族がその車に乗っても構わないと思うだろうか。あなたは運転者が乗っていない車や、あなたか運転者のどちらかを殺すように設計されたおそまつなソフトウェアを搭載した自動車がいるところで、道路に出たり、歩道を歩いたり、自転車で走ったりしたいだろうか。あなたは、あなたの代わりにそうした決断を下しているどこのだれとも知れないプログラマーを信用するだろうか。自動運転車にとって、死はひとつの機能であって、バグではない。

トロッコ問題は、コンピューター倫理を教えるための古典的な練習問題だ。多くのエンジニアが、このジレンマに対する意見を表明しているが、どれも納得のいくようなものではない。「もし少なくともひとりの命を救えることがわかっているなら、少なくともそのひとりを救うべきだ。車の中にいるひとりを」。

メルセデスで無人自動車の安全性部門を担当するクリストファー・フォン・ヒューゴは、『カー・アンド・ドライバー』誌のインタビューでそう述べている。[★22] コンピューターサイエンティストやエンジニアたちは、ミンスキーら前世代の例にならい、自分たちが作りつつある前例や、ささやかな設計に関する判断が持ち得る意味合いについて、深く考えない傾向にある。考えてしかるべきだが、そうしないことが少なくない。エンジニア、ソフトウェア開発者、コンピューターサイエンティストたちは、倫理について最低限の訓練しか受けていない。実を言えば、コンピューティング分野においてもっとも有力な学会であるACM（計算機械学会）には、倫理コードが存在する。同学会は2016年になってようやく、1992年以来初めて、この倫理コードの見直しを行なった。思い出してほしいのだが、ウェブが誕生したのは1991年で、フェイスブックのローンチは2004年だ。

コンピューターサイエンスを教える際の推奨標準カリキュラムには、倫理が必要条件として含まれているものの、強制ではない。コンピューターあるいはエンジニアリングの倫理に関する授業を取り入れている大学はほとんどない。倫理や道徳は、現在議論の対象となっている課題の範疇に含まれていないが、これは今までになかった新しい分野というわけではない。社会的な契約などの倫理的考慮や道徳概念は、だれもが本当であると知っていることや、前例に基づいて扱い方を知っていることの範疇に収まらないものに遭遇したときに用いられる。人は自分が進むべき道について、自らが暮らす社会の共同体としての枠組みに適合する決定をしようとする。そうした枠組みが、宗教コミュニティーや物理的なコミュニティーによって形成される場合もある。しかしながら、枠組みが存在せず、互いへの責任感も持たないとき、人は道に外れた決定を下す傾向にある。自動運転車の場合、企業のオフィスビルにいる個々の技術者によって下された決定が、現実の公共の利益にマッチするかどうかを、わたしたちが確かめるすべはない。こう考えてくると、わたしたちはもう一度、以下のような問いに立ち戻る。このテクノロジーはだれのためのものなのか。これを使う人にとってどのように役立つのか。もし自動運転車が幼稚園児の集団よりも運転者を守るようにプログラムされているとしたら、それはなぜなのか。そのプログラムをデフォルトとして受け入れ、ハンドルの前に座ることはどういう意味を持つのか。

科学技術者も含む大勢の人たちが今、自動運転車についての警告を発し、まだ解決されていない極めて難しい問題に対する自分たちの取り組みについて語っている。インターネットの先駆者であるジャロン・ラニアー〔VRの父としても知られる〕は、あるインタビューで経済的な因果関係について指摘している。

自動運転車を動かしているのはビッグデータだ。車の運転の仕方を知っている優秀な人工頭脳ではない。街の通りが、極めて詳細にデジタル化されているおかげだ。ではこのデータはどこから来るのだろうか。その一部は自動撮影のカメラからだ。しかしその出処がどこであろうと、チェーンのいちばん下にはデータを集めているだれかがいる。データの収集は完全に自動化されているわけではない。それがだれであれ――最近道路に出来た穴を発見できるグーグルグラスをかけているだれかや、自転車に乗っただれかかもしれない――、そのデータを拾うのはごく少数の人々だ。そのとき、データが洗練されるこの瞬間に、データの価値は上昇する。必要不可欠なこの入力データをアップデートしていくこと、その1ビット1ビットは、現在われわれが想像しているよりもはるかに価値が高い。★23

ここでラニアーが描写しているのは、車両の安全性が、収益化されたデータに依存しかねない世界――もっともすぐれたデータが、それに高い金額を支払える人々のものになるディストピアだ。彼は、自動運転車が将来的に、安全でも、倫理的でも、より大きな善に向かうわけでもない道に進みつつあると警告しているのだ。問題はどうやら、これに耳を貸す人がほとんどいないということのように思える。「自動運転車はかっこいいし、もうじき現実となる」というのが、広く受け入れられている考え方であり、技術者が「もうじき」と言い続けてすでに数十年がたつことについては、だれも気にしてはいないようだ。現在に至るまで、あらゆる自動運転車の〝実験〟においては、常に運転者とエンジニアが乗車していることが必須とされてきた。この現状を失敗ではなく成功だと表現するのは、技術至上主義者だけだろう。

自動運転車の開発プロジェクトからは、消費者にとって有益な進歩もいくつか生まれている。わたしの車には4面すべてにカメラが搭載されている。そのカメラからのライブ映像のおかげで、楽に駐車をすることができる。一部の高級車には、狭いスペースに駐車する運転者のための縦列駐車支援機能が付いている。車線区分線に近づき過ぎたときに警告音を発する、レーン監視機能を持つ車もある。わたしの心配性の知人などは、この機能をとても高く評価している。

それでも、安全機能が車の売れ行きに影響することはほとんどない。車載DVDプレイヤーや車内Wi‐Fi、統合型 Bluetooth といった新しい機能の方が、自動車メーカーの利益を増やすうえではよほど役に立つ。そうしたものはしかし、より大きな善に近づくうえで必要なものではない。安全に関する統計からは、車により多くのテクノロジーを搭載することが、必ずしもドライビングのためにいい効果があるわけではないことがわかる。安全・衛生の監視団体「全米安全評議会」が実施した調査によると、メーカーが車内にインフォテインメント・ダッシュボード〔情報および娯楽（インフォテインメント）を提供する多用途モニターを搭載したダッシュボード〕とハンズフリー技術を搭載した場合、それらの機能を使うのは安全に違いないと考える人は、ドライバーの53パーセントにのぼるという。現実はその正反対だ。より多くのインフォテインメント技術が搭載されるほど、事故は増える。不注意運転の数は、人々が運転中に携帯電話でメールを打ち始めて以来、増加傾向にある。米国では毎年3000人以上が、不注意運転による事故で命を落としている。全米安全評議会は、携帯電話をチェックした運転者の集中力が完全に戻るまでには、平均で27秒かかるとしている。運転中にメールを打つことは、46の州、コロンビア特別区、プエルトリコ、グアム、米領ヴァージン諸島で禁じられている。それにもかかわらず、運転の最中に通話をしたり、メールを打ったり、道を探したりするために、人々は電話を使い続けている。若者はとくにその傾向が強い。NHTSAによると、2006～2015年の間に、携帯端末を操作しているところを目撃された16～24歳のドライバーの数は、0・5パーセントから4・9パーセントに増加した。★24

安全性の問題を解決するために自動運転車を作るというのは、観葉植物についた虫を殺すためにナノボットを放つようなものだ。人間に取って代わるシステムではなく、人間を支援するシステムを作ることに、わたしたちはぜひとも集中すべきだ。くれぐれもこの世界を、機械で動くものにしてはならない。大切なのは人だ。必要なのは人間中心のデザインだ。人間中心のデザインの例をひとつ挙げるなら、自動車メーカーが、運転者の携帯電話をブロックするデバイスを標準車載パッケージに組み込むことだ。このテクノロジーはすでに存在する。これはカスタマイズが可能なため、運転者は必要に応じて911〔警察・救急などを呼ぶ緊急電話番号〕にかけることはできるが、それ以外のときには通話もメールもできず、ネットにもつながらない。この技術があれば、不注意運転は大幅に減るだろう。ただしこれは、経済的な成功にはつながらない。一攫千金への期待が、自動運転車を過剰に持ち上げる言説を支える原動力となっている。この希望を進んで手放す投資家はほとんどいない。

自動運転車をめぐる経済は、結局のところ、一般の人々の認識にかかってくるのかもしれない。『Wired』誌に掲載されている、2016年に当時のバラク・オバマ米大統領とMITメディアラボ所長の伊藤穰一（ジョイ・イトウ）が交わした会話の中でふたりは、自律自動車の未来について語っている。[★25] オバマは言った。

テクノロジーは、すでにここにある。われわれの手元には、いくつもの判断を瞬時に下し、ひいては交通事故死者数を大幅に減らし、交通網の効率を劇的に改善し、地球温暖化を引き起こす炭素排出などの問題の解決に寄与するマシンがある。しかしジョイが以前、するどい指摘をしてくれた通り、問題は、どんな価値基準をその自動車に組み込むのかということだ。選択しなければならないことがいくつも出てくるだろう。定番の命題としてはたとえば、車を走らせているとき、ハンドルを切れば歩行者をはねずに済むが、壁に激突して自分が死ぬかもしれない、というものがある。これは倫理的な判断であり、そのルールをいったいだれが作ることになるのだろうか。

伊藤の答えはこうだ。「以前、このトロッコ問題について調査したときにわかったのは、大半の人は、多くの人を救うためには運転者と同乗者は犠牲になっても構わないという考え方を好むということだ。同時にその人たちは、自律運転の車は絶対に買わないとも言っていた」。わたしたちが今、さあ自分たちの命をこれに預けようと勧められているマシンよりも、一般市民の方が倫理的かつ知的であるという事実に、驚く人はいないだろう。

第9章 「ポピュラー」は「よい」ではない

〝よい〟自撮り写真を撮るには、どうしたらいいだろうか。2015年、アメリカの複数の有力メディアが、この質問にデータサイエンスを使って答えるという実験の結果を報道した。その内容は、写真の基礎を知っている人ならだれでも予想できる程度のもので、ピントが合っているかどうか確認せよ、被写体の額が切れないようにせよ、といった文言が並んでいた。実験で用いられた手法は、わたしたちが第7章でタイタニックのデータ分析に使ったのと同じタイプのものだ。

この実験について特筆すべきこと——しかしこの実験を行なった、当時はスタンフォード大学博士課程の学生で、現在はテスラ社のAI部門責任者であるアンドレイ・カルパシーは特筆しなかったこと——とは、〝よい〟とされた写真の大半が、若い白人女性を写したものだったことだ。最初に集められたたくさんの自撮り写真の中には、もっと年長の女性や男性、有色の人々のものも含まれていたにもかかわらずだ。カルパシーは「人気度（ポピュラリティー）」という尺度——それぞれの写真がソーシャル・メディア上で獲得した〝いいね〟

の数——を、「よい」を構成する要素を測る基準として用いていた。こうした類の過ちは、生成される統計に影響を与えている社会的価値と人間の行動について、批評的に考察をしないコンピューション研究者の間では、非常によく見られる。ある種の写真が人気を集めた、だからそれらはよいものであると、カルパシーはみなしたわけだ。ポピュラリティーを基準に選ぶことによって、このデータサイエンティストは、重大なバイアスのあるモデルを作った。そのモデルは、若くて白人でシスジェンダーという、ごく狭い異性愛規範的な魅力の定義にあてはまる女性の写真を、高く評価した。たとえばあなたが高齢の黒人男性で、自分の自撮り写真をカルパシーのモデルに評価させたとする。モデルは、あなたの写真がどんな出来であろうとも、「よい」という評価は付けないだろう。あなたは白人ではないし、シスジェンダーの女性でもなく、若くもない。だから、あなたはこのモデルの〝よい〟の基準を満たすことはできない。この実験についての記事を読む人が受け取る社会的含意はこうだ——あなたがある特定の見た目をしていない限り、あなたの写真は決してよいものにはならない。これは真実ではない。それにこれは、親切でまっとうな判断力のある人間が他人に向かって言うような内容でもない。

　コンピューターによって下される、質（クオリティー）に対する主観的な判断をともなう意思決定には、常にこのような「ポピュラー」と「よい」との融合が影響をおよぼす。別の言い方をするなら、人間であれば、「ポピュラー」と「よい」という概念の違いを認識できる、ということだ。人間には、ポピュラーではあるがよくないもの（たとえばラーメン・バーガーや人種差別など）や、よくはあるがポピュラーではないもの（たとえば所得税や速度制限など）を識別して、それを社会的に適切なやり方で評価することができる（言うまでもないが、運動や赤ちゃんなど、ポピュラーでありよいものも存在する）。一方、機械にできるのは、アルゴリズムで指定されている基準を用いてポピュラーなものを識別することだけだ。ポピュラーであるものについて、そのクオリティーを自律的に判別することは、機械にはできない。

ここでわたしたちは、根本的な問題に立ち返る。その問題とは、アルゴリズムを設計しているのは人間であり、人間は自らの無意識的なバイアスをアルゴリズムに組み込んでいる、というものだ。これが意識的に行なわれることはほとんどない――しかしだからといって、データサイエンティストには罪がないとも言えないだろう。わたしたちがすべきは、過ちを起こすことが明らかであるものに対して批判をし、警戒を怠らずにいることだ。もし差別が組み込まれていることに気づいたなら、わたしたちはそこから、平等という概念に近づくシステムを設計していくことができる。

インターネットの基本的価値観のひとつは、ものごとはランク付けができるという概念だ。現代社会は「測ること」に取り憑かれている。この測定への度を超した愛着が、ランク付けというものに対する数学的な関心から来ているのか、それともこの数学的な関心が、何らかの社会的インセンティブに導かれた反応であるのかは、わたしにはよくわからない。いずれにせよ、今やランキングがすべてを支配する。世の中には、大学のランキングもあれば、スポーツ・チームのランキングもあれば、ハッカソン・チームのランキングもある。学生たちは、なんとかいい学年順位を取ろうと競い合う。学校はランク付けされる。被雇用者はランク付けされる。

だれもがトップになりたいと考える。底辺にいたい者はいないし、底辺の人間を雇いたい（あるいは選びたい）者もいない。しかしながら、わたしがいちばんよく知る教育という分野においては、ここに必然的な誤謬が生じる。たとえば1000人の学生と彼らの試験のスコアを見た場合、スコアは通常、ベル曲線に沿った分布になる。学生の半数は平均以上、半数は平均以下、そしてごく少数が非常に高いスコア、あるいは非常に低いスコアを取る。これはあたりまえのことだ――しかし学区や州当局は、われらの目標はすべての生徒を〝優秀〟レベルにすることだと主張する。これは、優秀の基準をゼロに設定しない限り不可能だ。学区が、すべての生徒を成績優秀者にすることを目指すのは実によくあることだが、不可能な理想に向かってがむしゃらに進むのは、必ずしもよいことではない。

「ポピュラー」の方が「よい」よりも重要であるという考え方は、インターネット検索のＤＮＡそのものに深く染み付いている。検索の起源を思い起こしてほしい。１９９０年代、コンピューターサイエンスを学ぶあるふたりの大学院生が、次は何の本を読めばいいのかと頭を悩ませていた。彼らが学んでいる学問は、誕生からわずか50年しかたっていなかった（数千年の歴史を持つ数学の諸分野とは真逆の状況だ）。授業で指示されているもののほかに何を読むべきかを判断するのは、容易ではなかった。

そういえば以前、引用索引（サイテーション・インデックス）（ある文献が引用している文献、またその文献が引用されている文献の情報を調べるための索引）を得るための引用の分析に関する数学についていくらか学んだことがあったなと考えた彼らは、これをウェブページに適用してみることにした（当時、ウェブページの数はさほど多くなかった）。彼らが取り組んだ課題は、どうやって〝よい〟ウェブページを見分けるかということであり、よいウェブページとはつまり、読む価値があると彼らが判断するページを意味していた。ふたりはこれを、学術論文における引用（サイテーション）と同じものにしようと考えていた。コンピューターサイエンスにおいては、もっとも頻繁に引用される論文がもっとも重要な論文とされる。つまりよい論文とは、もっとも人気がある（ポピュラーな）論文ということになる。そこでふたりは、任意のウェブページにどれだけの被リンクがあるかを計算する検索エンジンを設計した。そして、被リンクの数と、ページ上にある発リンクのランキングに基づいてPageRankと呼ばれるランキングを生成する方程式を実行した。この仕組みにした理由について彼らは、ウェブユーザーの行動は学者たちのそれとまったく同じだからだと説明している。個々のユーザーがウェブページを作り、そのページは各自がよいと判断したほかのウェブページにリンクされている。ポピュラーなページ、つまり大量の被リンクがあるページは、被リンクが少ないページよりも上位に位置づけられる。PageRankという名称は、このふたりの大学院生のうちのひとり、ラリー・ペイジにちなんだものだ。ペイジとそのパートナーであるセルゲイ・ブリンは、自分たちが作ったアルゴリズムの商業化を目指し、世界でも有数の影響力を誇ることになる企業、グーグル社を立ち上げた。

何年もの間、PageRankは問題なく機能した。ポピュラーなウェブページは、よいウェブページであった――これはひとつには、ウェブ上にあるコンテンツが非常に少なかったせいで、「よい」のしきい値がさほど高くなかったためだ。しかしやがて、インターネットに接続する人間はどんどん増え、コンテンツは膨大になり、グーグルはウェブページ上の広告売上によって収益を得るようになっていった。検索ランキング・モデルは学術論文からヒントを得たものであり、広告モデルは印刷出版からヒントを得たものだった。

PageRankのアルゴリズムを出し抜いて、検索結果における自分のページのランクを上げるにはどうすればよいかという情報が世間に知れ渡るにつれ、人気度（ポピュラリティー）はウェブ上の通貨のような存在になっていった。グーグルのエンジニアは、スパム業者にシステムを悪用されることを避けるために、検索順位を決定する際に使用する要因を追加していかなければならなかった。彼らはいくつもの機能を追加し、アルゴリズムを反復的に改善させたり、微調整したりした。とくに興味深い変更としては、ユーザーが検索ボックスに打ち込む内容のオートコンプリート機能において、地理位置情報の利用を追加した、というものがある。グーグル検索のオートコンプリートは、あなたの周囲で起こっていることに基づいて実行される。あなたが検索ボックスに「ga」と打ち込み、もしそのときあなたの近くにいる人たちの多くが「ジョージア州（Georgia）」に関する話題〔あるいは「UGA football」〔ジョージア大学フットボールチーム〕〕を検索していた場合、オートコンプリート機能により自動的に「ＧＡ」と表示される〔ジョージア州の略称が「ＧＡ」であるため〕。あるいは、近くにいる人たちの多くがミュージシャンの「レディー・ガガ」について検索していたなら、検索ボックスの表示は自動的に「Lady GaGa」となる。今では、検索の際に考慮される要因は２００項目を超え、PageRankには機械学習を含む多くのメソッドが用いられるようになった。これは実に美しく機能する——ただし、常にそうとは限らない。

テクノロジーのみに頼るデジタルへの変換作業が必ずしもうまく機能しないことの例として、デザイナーが新聞サイトのトップページをどのように作るのかを見ていきたい。新聞サイトのトップページは、高度なキュレーション作業によって仕上げられる。ページの各エリアにはそれぞれ名称が付けられている。わかりやすいものとしては、「アバヴ・ザ・フォールド（above the fold）」〔スクロールなしで閲覧できる画面領域〕と、「ビロウ・ザ・フォールド（below the fold）」〔スクロールしないと閲覧できない画面領域〕がある。『ウォール・ストリート・ジャーナル（ＷＳＪ）』紙の場合、トップページに明るい話題を提供する定番コーナーを設けており、これは「A-hed（アヘッド）」と呼ばれている。このコラムは、深刻なニュースばかりの紙面に軽やかさをもたらす役割を果たしている。長年ＷＳＪの記者を務めるバリー・ニューマンは書いている。

「A-hed」とは当初、たんにある見出しを表すコード名だった。やがてそれが、〝ページから浮き上がる〟くらい軽い記事を指すコード名となった。A-hedは、大声で主張する見出しではない。クスクスと笑う見出しだ。

一般に、偉大な編集者というものは、記者たちが自らの仕事を注ぎ込める器を作るものだと言われている。それこそが、バーニー・キルゴアが1941年に始めたことだ。現行の『ウォール・ストリート・ジャーナル』の初代編集局長であるキルゴアは、ビジネスの世界にはちょっとした陽気さを注ぎ込む必要があることを知っていた。

目に付きやすい一面に愉快な記事を載せ、その周囲に悲惨なニュースを配置することによって、キルゴアはより大きなメッセージを伝えていた――『ウォール・ストリート・ジャーナル』紙を読むくらい人生に真面目に取り組んでいる人は、だれであろうと、一歩下がって人生の不条理について考える賢さを持っているはずだ、と。……

できのいい「A-hed」は、たんなるニュース記事以上のものだ。ネタはわたしたちの個性、わたしたちの興味、わたしたちの情熱から生まれてくる。「A-hed」はユーモア・コラムではない。「A-hed」は意見を押し付けない。わたしたちは話をでっちあげない。ときには、ささやかな辛辣さがジョークを脇役に追いやることもある。それでも、ふたりの記者がまったく同じ奇妙なできごとについての記事を書いたなら、そのふたりは必ずやその奇妙さを、それぞれ独自の奇妙なやり方で伝えようとする

はずだ。[★1]

これはフェイスブックのニュース・フィードのようなスクロール・ページとは大きく異なる。なぜなら、ページの編集者によって記事の組み合わせ方が吟味されているからだ。軽めの記事を入れ、暗めの記事を入れ、さらにその中間の記事を入れてバランスをとる。『ウォール・ストリート・ジャーナル』のトップページは、さまざまな要素の精密な組み合わせによって成り立っている。『ニューヨーク・タイムズ』紙には、毎日欠かさず朝から晩まで、デジタル版の一面を手作業でキュレーションするチームが存在する。こうした作業に人員を割く余裕のある報道機関はそう多くはないため、比較的規模の小さなところでは、一日に一度だけトップページの構成に手を入れたり、印刷版の1面に基づいて自動更新したりしている。編集者によるこうしたキュレーションは、読むという体験に付加価値を与える。これはよいことではあるものの、ポピュラーなことではない。ニュース・サイトのトップページのトラフィックは、ソーシャル・メディアが世界を侵食し始めて以来、着実に減少を続けてきた。

公共政策をめぐる市民の発言やその報道の減少を、ジャーナリストやジャーナリズムのせいにすることはポピュラーだ。わたしはしかし、そうした責任の押しつけはお門違いであるし、社会のためにもよくないと主張したい。印刷からデジタルへの切り替えは、アメリカで生産されるジャーナリズムの質に多大なインパクトを与えた。米労働省労働統計局によると、2015年の情報産業内において、インターネット・パブリッシングや検索ポータル産業の平均年間給与は19万7549ドルだった。一方、新聞社の平均年間給与はわずか4万8403ドルで、ラジオ局では5万6332ドルだ。[★2]才能ある記者や調査ジャーナリストが給与の高い職へと移っていくにつれ、ニュースの編集局からは人材がいなくなり、鶏小屋にキツネを近づけないようにする（価値あるものを守るために警戒する、の意）ための人手も残りわずかになってしまった。

これは大いに問題であり、なぜなら現代のコンピューター・テクノロジーやテック文化のＤＮＡには、不正行為が染み付いているからだ。２００２年頃、イリノイ州では、25セント硬貨の絵柄が刷新されることになった。アメリカ全50州の独自デザインをあしらった25セント硬貨を発行するという、全国的なプロジェクトの一環だった。イリノイ州の役人たちは、コンテストを開催して、市民にもっともよいと思う絵柄に投票してもらうことを決めた。わたしの友人のプログラマーは、候補となったものの中でも、とくにある絵柄を気に入っていた。それは「リンカーンゆかりの地」をモチーフにしたデザインで、若くてハンサムなエイブラハム・リンカーンが、イリノイ州の輪郭を象った（かたどった）ラインの内側に本を持って立っている、というものだった。リンカーンの左側には、シカゴのスカイラインのシルエットが見える。リンカーンの右側には、家屋、納屋、サイロのある農場のシルエットが配置されていた。その友人にとって、イリノイ州の象徴として全国に向けて発信されるのは、この図柄以外には考えられなかった。

そこで彼女は、〝正直エイブ（リンカーンの愛称）〟が有利になるよう、ちょっとした細工をすることにした。

イリノイ州当局は、コンテストをインターネット上で開催していた。当時はまだ市民参加の手法として目新しいものだったネット投票を導入することによって、新たな有権者にアピールしようと考えたのだろう。投票ページの構造を調べた結果、友人は、簡単なコンピューター・プログラムを書けば、「リンカーンゆかりの地」に繰り返し投票できることを突き止めた。プログラムを書くために要したのは、わずか数分だった。彼女はこのプログラムを繰り返し実行し、「リンカーンゆかりの地」への票をどしどし投票箱に詰め込んでいった。この図柄は、圧倒的な勝利を収めた。そして2003年、「リンカーンゆかりの地」の図柄があしらわれた硬貨は、全国に向けて発行された。

2002年に友人から初めてこの話を聞かされたとき、わたしはこれをおもしろいと感じた。今でも、ポケットに入った小銭を確かめて、そこにイリノイ州の25セント硬貨を見つけると、彼女のことを思い出さずにはいられない。当初わたしは、州の25セント硬貨の投票に不正を仕掛けるという行為は、害のないイタズラであるという彼女の意見に同意していた――しかし時がたつにつれ、これは州当局にとっては嘆かわしいことだったろうと考えるようになった。イリノイ州の役人たちは当時、公共の課題に対して、市民からかつてないほどの反応が得られていると思ったはずだ。彼らが実際に手にしていたのは、ある日ふと仕事に嫌気がさした20代女性の、なにげない出来心の結果だった。イリノイ州当局者の目にそれは、今まさに大勢の市民が公共の課題に関わってくれているように見えたことだろう。何千、何万という市民が、たいそう熱心に硬貨の絵柄について考えてくれたことで、彼らは大いに喜んだに違いない。硬貨の絵柄以外にも、この投票結果は、米財務省内の人々のキャリア、昇進、財政上の決定など、数々の判断に影響を与えたはずだ。

こうした類の不正行為は、インターネット上で毎日、毎時間起こっている。インターネットはすばらしい発明だが、同時にそれは、前例がないほど大量の詐欺行為と嘘のネットワークを世に解き放ち、あまりにすばやいその動きには、法の支配も容易には追いつけないでいる。2016年の大統領選以降、虚偽報（フェイク・ニュ）

道への関心が著しく高まった。テクノロジー関係者の中に、フェイク・ニュースの存在に驚かされた人間はひとりもいない。彼らを驚かせたのは、それが人々に真剣に受け止められたという事実だった。「いったいいつから、人はネット上に書かれていることを全部真実だと思うようになったんだろう」。あるプログラマーの友人は、わたしにそう尋ねた。ウェブページがどうやって作られていて、それがどうやってネットに上げられるのかを理解していない人間が存在することを、彼は本当に認識していなかった。それを認識していなかったからこそ、世間の人々の中には、ネット上で何かを読むことは、正規の報道機関によるニュースを読むことと同じだと考える人もいるということに、彼は気づいていなかった。それらは同じではないのだが、今となってはこのふたつの行為は一見、とてもよく似ており、よほどの注意を払っていない限り、正規の情報と非正規の情報はたやすく混同されてしまう。

そして、よほどの注意を払う人間はほとんどいない。

問題に対して見て見ぬふりを続ける、一部のテクノロジー・クリエイターによるこうした態度があるからこそ、わたしたちにはあらゆる立場や属性の人々に配慮したインクルーシブな技術が必要であり、また調査ジャーナリズムによって、アルゴリズムとその作り手たちに説明責任を果たさせる必要がある。現在の状況はまるで、インターネット時代の幕開けからずっと、鶏小屋の警護をキツネに任せてきたようなものだ。２０１６年12月、コンピューターサイエンスの専門家による最大の組織である計算機械学会（ACM）は、同会の倫理規定をアップデートすると発表した。これは１９９２年以来初めてのことだ。１９９２年以降、いくつもの倫理的な課題が持ち上がっていたにもかかわらず、コンピューターサイエンティストたちは、社会的正義の問題に対してコンピューターが果たす役割に、正面から取り組む姿勢を見せてこなかった。幸いなことに、新たな倫理規定はACMの会員たちに向けて、コンピューター・システムに組み込まれている差別問題に対処するよう呼びかけている――こうした動きを後押しする一助となったのは、アルゴリズムの説明責任を引き受けてきたデータジャーナリストや学者たちによる努力だ。[3]

たとえば、18歳のブリシャ・ボーデンのケースを見てほしい。彼女はフロリダ州郊外の通りで、友人と一緒に遊んでいた。ふたりは鍵のかかっていない自転車とキックスクーターを見つけた。どちらも子供用サイズだった。ふたりはこれに手をかけ、乗ろうとした。近隣の人間が警察を呼んだ。「ボーデンと友人は逮捕され、住居侵入と、総額80ドルの品に対する軽窃盗の嫌疑をかけられた」。プロパブリカのジュリア・アングウィンは、この事件を報じる記事にそう書いている。[4] アングウィンは次に、ボーデンが犯した罪と、同じく80ドル分の商品が盗まれた別のケースとを比較してみせた。こちらの犯人である41歳のヴァーノン・プレイターーは、フロリダ州のホームデポで86ドル35セント分の道具を万引きした。「プレイターーは過去に、凶器を使った強盗および強盗未遂の有罪判決を受け、その罪で刑務所に5年間服役していたほか、また別の強盗の嫌疑もかけられていた。ボーデンにも前科があったが、それは彼女が子供の頃に起こした軽犯罪だった」と、アングウィンは書いている。

どちらの人物も、逮捕時に将来的なリスク評価を受けた――映画でよく見るおなじみの手続きだ。黒人であるボーデンはリスクが高いと評価された。白人であるプレイターーはリスクが低いとされた。これはリスク評価を行なうアルゴリズムのCOMPAS（コンパス）〔本書第4章〕が、どの人物が再犯のリスクが高いかを計測した結果だ。COMPASを開発したノースポイント社は、定量的手法を活用して治安維持に貢献することを謳う数多くの企業のひとつだ。これは悪意に基づいた行為ではない。大半の企業は善意の犯罪学者を雇用しており、彼らは、自分は犯罪行動に対してデータに基づいた科学的思考を行ない、その範囲内で活動していると考えている。COMPASの設計者とこのプログラムを採用した犯罪学者は、ある人間に再犯の可能性がどのくらいあるかを評価する数式を用いることによって、自分たちはより公平な判断を下しているのだと、心から信じていた。「客観的で標準化された機器を使用することは、主観的な判断のみに頼るよりも、個々の犯罪者に合わせた更生計画のニーズを判断するうえで、もっとも効果的な手法である」。カリフォルニア州矯正更生局が発行した2009年のCOMPAS概況報告書にはそうある。★5

問題は、その数学的手法がまともに機能していないことだ。「黒人の被告はそれでもなお、将来的に暴力犯罪を犯すリスクが高いと判断される確率が77パーセント高く、種類を限定しないあらゆる犯罪を将来的に犯すリスクが高いと判断される確率は45パーセント高かった〔この根拠となるテストは、犯罪歴や再犯可能性などの要因から人種の影響を切り離したうえで行なわれている〕」とアングウィンは書いている。プロパブリカは、分析に用いたデータを公表した。この行為がすばらしいのは、透明性の拡大につながるからだ。データが公表されれば、ほかの人々がこれをダウンロードし、検証を行ない、プロパブリカが出した結論の正当性を確かめることができる――そしてその通りのことが、実際に起こった。この記事をきっかけとして、AIおよび機械学習コミュニティー内部には猛烈な嵐が吹き荒れた。とてつもなく激しい論争が、学術的な形で粛々と繰り広げられた――つまり、大量のホワイトペーパー〔複雑な問題について簡潔に説明し、その問題に対する執筆者の見解を明らかにする文書〕が書かれ、ネットに投稿されたのだ。中でもとくに重要なものが、コーネル大学のコンピューターサイエンス教授ジョン・クラインバーグ、コーネルの大学院生マニッシュ・ラガヴァン、ハーヴァード大学の経済学教授センディル・ムッライナタンによって書かれた文書だ。この文書によって彼らは、COMPASが白人と黒人の被告人を公平に扱うのは、数学的に不可能であることを証明してみせた。アングウィンは書いている。「リスクスコアは、すべての人種に対して等しく予測的であるか、あるいは等しく間違うが、その両方ではありえないことを、彼らは発見した。その理由は、新たに告訴される頻度において、黒人と白人の間に差があることだ。クラインバーグはこう述べている。『不平等な基準率を持つふたつの集団があった場合、公平性の定義の両方を同時に満たすことはできない』」[★6]

つまりはこういうことだ。アルゴリズムは公平に機能せず、その理由は、人間が自らの無意識的なバイアスをアルゴリズムに埋め込んでいるからだ。技術至上主義(テクノショーヴィニズム)によって人は、コードに埋め込まれた数式は、社会問題を解決するうえでより優秀、あるいはより公正であると思い込む――しかしそれは間違った思い込みだ。

COMPASのスコアは、逮捕時に行なわれる137問からなる質問票調査に基づいている。質問に対して記入された答えは、高校でみなさんが解いたような一次方程式にあてはめられる。これによって、7種の「犯罪者性向ニーズ」、つまりリスク要因が割り出される。これにはたとえば、「教育上・職業上・金銭上の不足と達成能力」「反社会的および向犯罪的な友人」「家族・婚姻による機能不全的な人間関係」などが含まれる。こうした基準はどれも、貧困の結果として生じるものだ。まさしくカフカの小説のような不条理さではないか。

ノースポイント社の人間がだれひとりとして、この質問票あるいはその結果に偏見があるかもしれないと考えなかったという事実は、技術至上主義者に特有の世界観と関わりがある。数学とコンピューテーションの方が〝より客観的〟、あるいは〝より公正〟であると信じるのは、多くの場合、不平等と構造的なレイシズムはキーをひとつ叩くだけで解消できると考えるタイプの人間だ。彼らは、デジタル世界は現実世界とは違う、よりすぐれた世界なのだから、決定を計算に任せれば、わたしたちは世界をより理性的な場所に変えていくことができると思い込んでいる。開発チームが小規模で、互いに似たような意見を持ち、多様性に欠けている場合には、こうしたタイプの思考があたりまえのように感じられることもある。しかし、それでより公正かつ公平な世界に近づくことができるわけではない。

テック界の夢想家やリバタリアンがこの先、より多くのテクノロジーを使って、よりよい世界を作ってくれるだろうとは、わたしには思えない。少しだけ便利さが増した世界を作るというのであれば、もちろん可能だろう――しかし、すべてがデジタル化された未来予想図というものを、わたしは信用しない。その理由は、偏見が入り込むからというだけではない。物は壊れるからだ。デジタル技術は、うまく機能しないうえに、さほど長持ちもしない。[★7] 電話のバッテリーは消耗し、時間がたつうちに充電がもたなくなる。ラップトップは、数年間使ってハードドライブがいっぱいになればもう動かない。自動水栓はわたしの手の動きを認識しない。何十年も前に発明された堅牢な技術に基づいたシンプルなアルゴリズムで動いているはずのわたしのマンションのエレベーターでさえ、あてにはならない。わたしは高層マンションに住んでおり、そこでは複数のエレベーターが1カ所に並んで設置されている。廊下はどれもまったく同じ見た目だ。いくつものエレベーターのうち、配線か集積回路に問題を抱えたものが1基あるため、何週間かに1回の頻度で、自分のフロアのボタンを押すと、ひとつ上あるいはひとつ下の階に連れて行かれることがある。予測することは不可能だ。これまでにもう何度も、エレベーターを降り、自分の部屋と思われるドアの前まで歩き、そこで鍵が合わないことが判明するという目に遭っている。降りた階が間違っていたのだ。これと同じことが、同じマンションに住んでいる全員に起こっている。住民たちはエレベーターの中で、その経験について語り合う。

　エレベーターは、プログラムが埋め込まれた高性能の機械だ。機械の中には、どのエレベーターがどの階に向かい、どのエレベーターがロビーまで直行し、どのエレベーターが各階ごとに止まるかを決定するアルゴリズムが存在する。アルゴリズムの種類によって、精巧さにも違いがある。最近のエレベーターには、特定の時刻にボタンを押す人のルートを最適化するプログラムが搭載されている。『ニューヨーク・タイムズ』が入っているビルでは、エレベーター群の中央に設置されたキーパッドで行先階のボタンを押すと、そこにもっとも速く到着できるよう、同じタイミングで近くの階に行くほかの人々に基づいて最適化されたエレベーターに乗るよううながされる。それでも、エレベーターの仕事はたったひとつだ。そのひとつの仕事は、高度な技術を持つ発明家、構造エンジニア、機械エンジニア、販売員、マーケティング担当者、卸売業者、修理業者、検査業者たちに支えられている。もしそれほど大勢の人々が何十年も力を合わせて仕事をしたうえで、まだわたしのマンションのエレベーターにそのたったひとつの仕事を完遂させることができないのであれば、エレベーターとは異なるサプライ・チェーンに属する、同じくらい高度な技術を持つ人々の集団が、いくつもの仕事を同時にこなし、かつわたしも、わたしの子供も、スクールバスに乗っているほかの人の子供も、バス停で待っている罪のない子供たちも殺さない自動運転車を作る能力を持っていると信じることは、わたしにはできない。

エレベーターや自動水栓のような小さなことがなぜ重要なのかといえば、それらはより大きなシステムが機能するかどうかの指標であるからだ。小さなものがうまく機能しないのであれば、それよりも大きなものが機能するだろうと何の根拠もなく思い込むのは、あまりにおめでたいというものだ。

プログラマーたちが抱える無意識のバイアスは、何年も前から目に見える形で表れていた。2009年、ギズモード〈テック関連ニュースサイト〉は、ヒューレット・パッカード社の顔追跡ウェブカムが、肌が黒い人の顔を認識しないと報じた。2010年には、マイクロソフトのゲーム用デバイスKinect〈キネクト〉は、照明の暗い場所では肌が黒いユーザーを認識しにくいことが判明した。発売当初のApple Watchには、生理カレンダーが搭載されていなかった——あらゆる女性にとって、生理の記録が自己定量化〈自分の行動や状態を定量的に観測し、自己の向上につなげる行為〉において重要であることはあまりに明らかだ。ビル&メリンダ・ゲイツ財団のメリンダ・ゲイツは、この事実についてこうコメントしている。「アップルのあら探しをするつもりはまったくないが、月経を追跡しないヘルス・アプリを売り出すとは、いったいどういうことだろう。あなたはどうか知らないが、わたしはこれまでの人生の半分にわたって月経と付き合ってきた。これはあまりに無神経な過ちであり、女性たちのために今捨て去るべきたくさんのものごとの、ほんの一例だ」。ゲイツはまた、AI研究の世界に女性が少ないことにも言及している。「研究室を覗いて、AIに取り組んでいるのはだれかと見てみると、女性はこっちにひとり、あっちにひとりいる程度だ。研究室に3人か4人の女性が一緒にいるところさえ見かけない」[★8]。研究室の開発チーム以外に目をやれば、テック企業におけるリーダー層のジェンダー・バランスは比較的マシにはなるが、いいと言えるほどでもない。『ウォール・ストリート・ジャーナル』紙がまとめた2015年の多様性についての統計によると、大企業の中ではリンクトイン社が、指導的地位に就いている女性の割合がもっとも高いが、その数字はわずか30パーセントにすぎない。アマゾン、フェイスブック、グーグルは、それぞれ24、23、22パーセントにとどまっている。一般に、リーダー層に関する統計値は、マーケティングやヒューマン・リソース部門のトップに女性が就くことによって改善される傾向にある。これらふたつの部門は、エンジニアとして働く人々よりも、ジェンダー・バランスが取れていることが多い。ソーシャル・メディア・チームも同様だ。しかしながら、テック企業においては、真に力を持っているのは開発者やエンジニアであって、マーケッターやヒューマン・リソースの担当者ではない。

このほか、突如として莫大な資金がプログラマーのコミュニティーにもたらされた場合に、何が起こるかについて考えてみることも重要だ。ドラッグは、シリコンバレーにおいて、ひいてはより広範なテック文化において、大きな影響力を持っている。ＬＳＤやマリファナから、マッシュルーム、ペヨーテ、覚醒剤まで、多種多様なドラッグは、１９６０年代のカウンターカルチャーの重要な要素であった。テック界において、ドラッグの人気が衰えたことは一度もないが、これまで長年の間、開発者がマリファナでハイになっていようとも、コードが時間どおりに仕上がりさえすれば、それを咎めるものはだれもいなかった。現在、オピオイド危機〔麻薬系鎮痛剤の過剰摂取による死者の急増問題〕がかつてないほど高まる中、ＡＤＤ薬、ＬＳＤ、マッシュルーム、マリファナ、向知性薬、アヤフアスカ、そしてシリコンバレーでも需要の高い、パフォーマンスを向上させる手作りドラッグなどの人気と流通には、科学技術者たちが相当に貢献しているのではないかという疑問を抱かずにはいられない。「活況を呈するスタートアップ・カルチャーが、競争心に溢れる現場責任者やアドレナリンに駆り立てられるプログラマー、さらにはストレスで疲れ切った経営者が見て見ぬふりをする風潮に支えられて勢いを増す中、違法ドラッグとブラック・マーケットからもたらされる鎮痛剤は、世界に向けてテクノロジーを次々と送り出すこの業界における、あたりまえの風景の一部になっていった」。ヘザー・サマヴィルとパトリック・メイは2014年、『サンノゼ・マーキュリー・ニューズ』紙にそう書いている。[★9]

2014年、カリフォルニア州は、18〜25歳で違法ドラッグへの依存・濫用がある人の割合の高さにおいて、すべての州の中で2番目にランクされた。この年、同州のベイエリアでは、娯楽目的で摂取されることの多い鎮痛剤ヒドロコドンが140万件処方されている。眠らず起きているためにスピードを摂取し、眠るときには鎮痛剤が役に立つというわけだ。「バレーにはこうしたワーカホリズム礼賛の空気があり、緊急のプロジェクトを恐ろしいほどのスピードでこなす能力が、まるで名誉の象徴のように扱われている」。サンディエゴの薬物濫用コンサルタント、スティーヴ・アルブレクトは『マーキュリー・ニューズ』紙にそう語っている。「バレーの労働者は徹夜を何日も続け、彼らの多くが、働き続けるために徐々にメタンフェタミンやコカインを摂取するようになる。レッドブルやコーヒーには、限られた効果しかない」。サンフランシスコ、マリン郡、サンマテオ郡では、10万人中159人が、興奮剤濫用で病院の緊急治療室に運ばれている。これは全国平均の数値である10万人に30人の5倍だ。

ドラッグの使用は、すべての人種集団に平均的に見られると、ミシェル・アレクサンダーは自著『新たなジム・クロウ法（*New Jim Crow*）』〔ジム・クロウ法とは、19世紀末から20世紀、米国南部の諸州で制定されていた人種差別的な法律〕で書いている。[★10]しかしながら、貧困コミュニティーと有色人種コミュニティーがドラッグ法の遵守をめぐって容赦ない監視を受ける一方で、その監視システムを作っているテック界のエリートたちに対しては、厳しい目が向けられているようには思えない。Silk Road（シルクロード）という名称の、いわばeBay（イーベイ）のドラッグ版のようなサイトは、２０１１～２０１３年にかけて、ネット上で堂々と活発な取引を行なっていた。創業者のロス・ウルブリヒトが刑務所に入れられると、また別の人間たちが現れてその隙間を埋めた。２０１４年、アレックス・ハーンは『ガーディアン』紙にこう書いている。「オンラインのドラッグ取引市場Silk Roadに代わる分散型のマーケットプレイスを作ることを目的としたシステムDarkMarket（ダークマーケット）が、ネット上でのイメージ向上のために名称をOpenBazaar（オープンバザール）に変更した。OpenBazaarは、今はまだ概念実証の段階にある。この計画は、４月中旬にトロントのハッカー集団によって概要が作られたもので、彼らはこのアイデアで〔ハッカソンの〕１等賞金２万ドルを手にしている[★11]」

それから２年後、ブライアン・ホフマンという名の起業家がOpenBazaarのコードを入手し、これを商業化して、ベンチャー投資会社のユニオン・スクエア・ベンチャーズ社やアンドリーセン・ホロウィッツ社から３００万ドルの投資を得て、代替デジタル通貨のビットコインを使ったマーケットプレイスの運営に乗り出した。ここにわたしたちは、ピーター・ティールらが思い描いたリバタリアンの楽園を見る。そこは政府の手の届かない、新たな空間だ。彼らの計画はどうやら、順調に進んでいるように思える。金融・技術企業（フィンテック）のレンドEDU社は、ミレニアル世代を対象に、PayPalが所有する支払いアプリVenmo（ヴェンモ）の使用状況を調査した。回答者の33パーセントが、Venmoを使ってマリファナ、アデロール、コカインなどの違法麻薬を購入したと答えている[★12]。Vicemo.comという名のサイトは、「だれがVenmoでドラッグ、酒、セックスを買っているかを見てみよう（See who's buying drugs, booze, and sex on Venmo）」というキャッチフレーズを標榜している。このサイトでは、Venmoでそうしたものを取引したことを公言する人々の投稿が、リアルタイムで表示される。デリカシーも何もあったものではない。典型的な投稿は、たとえばこんなものだ。「カデンがコディに支払った／うちのメシ代とガンジャ〔マリファナ〕代」。このほか、錠剤や皮下注射器の針の絵文字を投稿する者もいる。「trees（木）」、「leaves（葉）」、「cutting grass（草刈り）」は、マリファナ取引を表す言葉だ。当然ながら、中にはジョークの投稿や、本物の草木を購入したという意味の投稿もあるのだろう。いずれにせよ、この国がオピオイド危機に苦悩する中、これだけの取引が行なわれている現状を目の当たりにするのは、いささか衝撃的だ。★13

違法ドラッグはポピュラーだ。ドラッグは常にポピュラーだった。大半の人は、違法ドラッグの使用は、少なくとも社会全体のためにはよくないことだと言うだろう――つまり、テクノロジーがドラッグの使用促進や販売に使われるとき、テクノロジーはわれわれの文化における善に逆行する形で使われていることになる。これはしかし、必然的な結果だ。テクノロジーはリバタリアン的価値に従って、その使われ方を故意に軽視したまま生み出されているのだから。もしドラッグを売買しているだれかが逮捕され、その人の統計値をCOMPASシステムに通したなら、露骨な差別行為がまたひとつ、助長されることになるのだろう。だからこそ、新たな技術的イノベーションに対しては、「それはよいものなのか」と問うだけでは十分ではない。わたしたちは、こう問わねばならない。「それはだれにとってよいものなのか」と。わたしたちは、自らが選択する技術のより広範な適用とその含意について、注意深く調べ、その結果が自分たちの意に沿うものでないかもしれないという事実を、受け止める覚悟をしておかなくてはならない。

第Ⅲ部　力を合わせて

第10章　スタートアップ・バスにて

技術至上主義者（テクノショーヴィニスト）たちは破壊的イノベーションが大好きだ。ハーヴァード・ビジネス・スクールの教授、クレイトン・クリステンセンの1997年の著書『イノベーションのジレンマ（*The Innovator's Dilemma*）』で広く知られるようになった「破壊的イノベーション」とは、競合相手を一掃し、大きな利益を生み出すテクノロジーの大波であるとされている。

イノベーションは――考えてみれば破壊も――通常、若者と結び付けられる。どこかの企業の幹部に、究極のイノベーターとはどんな人物だと思うかと尋ねてみれば、その幹部はきっと、パーカーを着た20代のコンピューターの天才で、次なる100万ドルのスタートアップを立ち上げるためのコードを書いている、といった人物像を描いてみせるに違いない。その人が言おうとしている、あるいは望んでいるのは、若者たちには非常に斬新で、非常に新鮮で、非常にオリジナルな発想があるため、彼らはまったく新たな市場を作り出すことができる、ということだ。それは新たな商品かもしれない。消費者の新たな欲望や、既存産業への新たな切り口かもしれない。それどころか、まったく新たな産業かもしれない。『エコノミスト』紙が破壊的イノベーションについて「近年でもっとも影響力の大きいビジネス・アイデア」[★1]と評したことには理由がある。破壊的イノベーションは、恐ろしいほどの大金を生み出す可能性を秘めているのだから。先ほどの仮説上の企業幹部からはまた、コラボレーションはパワーの源であるとか、クリエイティブな人々をホワイトボードのある部屋に集めれば、破壊的イノベーションを起こすことができる、などという発言も聞かれるかもしれない。

わたしは、イノベーションのプロセスの一部始終をこの目で見て、そうした類の言説にはどの程度の真実があるのかを確かめようと考えた。わたしにはふたつの選択肢があった。ひとつは、ハッカー〈この場合は、イノベーション・チームにおけるテクノロジー担当者の意〉とビジネス戦略家のチームに所属して、事務所で数カ月間、彼らが新しいアプリをローンチするか、ソフトウェア製品を世界に送り出すのを手伝うというもの。一方、もうひとつの選択肢を選べば、それと同じサイクルを5日間で完了することができた。わたしは後者を選び、その結果、27人の見知らぬ人たちと一緒に、ウェスト・ヴァージニア州を走るオンボロバスの中で、ラップトップのスクリーンに張り付いて過ごすことになった。わたしは「スタートアップ・バス（Startup Bus）」という名の、イカれたコンピューター・プログラミング・コンペティションに参加したのだ。

シリコンバレーではさまざまなものがゲーム化されているのだから、イノベーションがゲーム化されていても何の不思議もない。その最たる例が、イノベーション・コンテストだ。イノベーションに挑む理由は、たいていの場合、経済的報酬だ。あなたが新しいテレビ番組のための脚本を書いたとしたら、テレビ局はあなたに対して、もっと多くの脚本を書いたり、番組をさらに盛り上げるうえで協力してもらったりするために報酬を支払う。このほか「オープン・イノベーション」と呼ばれるものの場合は、企業の外にいる人たちが、新しいツールやプロダクトをさまざまな利他的、あるいは利己的な理由から開発するという形をとる。[★2] さらには「イノベーション・コンペティション」というものもあり、これは企業が開催して、もっとも優秀なプロダクトやソリューションに賞金を提供する、というものだ。中でも有名な例が、勝者が200万ドルを手にできるロボットカー・レース、DARPAグランド・チャレンジであり、これについては第8章で取り上げた。ところで、TV番組『サバイバー』の賞金は100万ドルで、これはテクノロジーとは何の関係もなく、イノベーションともほとんど関わりがないが、出演者が熱帯の島でごくわずかな食料と水だけで、見知らぬ、狡猾（こうかつ）な人々の中で勝ち残ることを目指すという内容だ。期間は39日間。その間、カメラはずっと回されている。

「スタートアップ・バス」は果たして、走るバスの中でコンピューターに向かう人々によって繰り広げられる、『サバイバー』のようなものになるのだろうか。それとも、ここに集う赤の他人同士のグループは、新しくかつ価値があるもの、テクノロジー産業を震撼（しんかん）させるような何かを、生み出すことができるのだろうか。わたしは『アトランティック』誌の編集者を説得して、記事を書かせてもらうことを約束し、事実をこの目で確かめてみることにした。午前5時、マンハッタンのチャイナタウンの街角に、わたしは数十人の技術屋（テッキー）たちと一緒に立っていた。自分の頭をめいっぱい使ってイノベートする準備はできていた。

3日目、スタートアップ・バスに搭乗した人間は、その半分が車酔いでつぶれていた。わたしたちは2晩か3晩寝ておらず、グレートスモーキー山脈を走る道路は恐ろしいほどくねくねと曲がり、ツアーバスは全速力で飛ばし、だれもがラップトップの画面をあまりに長い間見つめすぎていた。

うちのチームのだれかが、みんなで使っているテーブルにぶつかり、テーブルが膝の上に崩れ落ちた。この日3回目の事故だ。それとも10回目だったかもしれない。チームのデザイナーであるアリシア・ハーストが、自分のコンピューターが落下する前にこれをつかんだが、彼女の巨大なウォーター・ボトルは床に――またもや――どすんと落ちた。うちのビジネス戦略家エマ・ピンカートンがテーブルを持ち上げ、わたしはその間に――またもや――大急ぎでテーブルを壁に半端に固定するためのボルトを探した。ごちゃごちゃになったバックパック、財布、コンピューター・バッグ、エナジーバーの包み紙、延長コード、トルティーヤ・チップスのかけらの下に潜り込んで探すと、ボルトはようやく見つかった。

秩序が戻ったのはつかの間で、今度はスタートアップ・バスのコンダクター（彼らはそう自称していた）のひとりであるジェニファー・ショウがマイクを握った。「ヘイヘイ、ニューヨーク、ニューヨーク！」彼女がこれを言うのはもう100回目だ。ショウとエドウィン・ロジャーズは、ニューヨークの代表団のリーダーだ。わたしは、これからテック企業を立ち上げるという設定のもと、バスの中で3日間過ごすという同意書に署名をした24人の〝バスプレナー〟（わかっている。たいしたネーミングだ）たちのひとりなのだった（バスプレナーは、バスと起業家（アントレプレナー）からの造語）。バスが目指すのはテネシー州ナッシュヴィルで、そこでサンフランシスコ、シカゴ、メキシコシティ、タンパからやってくるほかの4台のバスと合流することになっていた。これらすべてのチームが、バスに乗っている時間内で、だれがもっともすぐれたテック企業を作れるかを競い合う。

ショウがマイクで呼びかけた場合は、歓声を上げるのが決まりだった。しかしこの山道では、弱々しいつぶやきしか聞こえてこない。「ちょっと声が小さいんじゃないの」とショウは言った。彼女は36歳で、残酷なほど陽気で、赤い髪を長く伸ばし、前歯の間に隙間があった。「声を聞かせて！　ハロー、ニューヨーク！」　今度は反応する声が少しだけ大きくなり、ショウは満足したようだった。彼女は口をつぐんだ。ショウの顔に一瞬、困惑したような表情が浮かんだ。まるで何のためにマイクをつかんだのかを忘れてしまったかのように見えた。ショウは前日の夜、2時間くらいしか寝ていない。同僚のロジャーズがマイクを手にとった。

「そろそろピッチ〔スタートアップが投資家などに向けて行なう簡潔なプレゼンテーション〕を再開するぞ」とロジャーズは力強く言った。「ここまでは君たちを甘やかしてきた。だが予選は明日で、審査員は君たちを甘やかしてはくれない。審査員は全員が、起業家、投資家、以前にバスに乗ったことがある経験者だ。彼らはコレの厳しさを知ってる。自分たちのアイデアが魅力的だってところを見せつけてやれ。彼らが見たいのは、ユーザー、収入、10億ドルを生み出すプロダクトだ」。ロジャーズは徐々に興奮していった。彼の実践するコーチングは、人を叱りつける類のものだった。ぎゅう詰めのバスに揺られ、Ｗｉ-Ｆｉはときどきしかつながらず、電気系統が壊れているせいで三つのプラグを50以上のデバイスでシェアしなければならないというこの状況だけでは、まだ厳しさが足りないとでも言いたいのだろうか。わたしはオレンジ色をしたスポンジ素材のイヤープラグを耳に押し込み、ラップトップに向き直った。わたしが取り組んでいたのは、わがチームのピザ計算アプリ——詳細はこのあとすぐに説明する——「Pizzafy〈ピッツァファイ〉」のプレゼン資料づくりだった。Pizzafy のウェブサイトアドレス「pizzafy.me」は、この旅の初日に購入してあった。

スタートアップ・バスが、全国で週末にあまた開催されているハッカソンの中でも、とりわけイカれたものであることは間違いない。「ハッカソン（hackathon）〔ハック＋マラソン〕」とは、マラソン形式のコンピューター・プログラミング・コンペティションのことで、コンピューター・プログラマーの間では、ビデオゲーム、アルティメット・フリスビー〔フリスビーを使用する、アメリカンフットボールとバスケットボールに似た競技〕、TVドラマ『ゲーム・オブ・スローンズ』にわずかにおよばない程度の人気を誇る。ハッカソンの開催期間は24時間から5日間で、通常、出場者はレッドブルをがぶ飲みし、睡眠はほとんど取らない。

スタートアップ・バスは、ハッカソンの中でも特殊な「デスティネーション・ハッカソン」と呼ばれる部類に属しており、参加者は開催期間のうちに、どこか遠く離れた目的地まで行くことを要求される（たとえば元バスプレナーが運営する「スターター・アイランド」という大会では、参加者はバハマ諸島のヨットの上でプログラミングをしながら5日間を過ごす）。スタートアップ・バスの創業者エリアス・ビザーニーズによると、この時点までにすでに１３００人がバスに乗り、スタートアップ・バス・コミュニティーに〝入会(イニシエート)〟したということだった。最初のバスは、２０１０年にサンフランシスコからオースティンまで走り、アントレプレナーたちを大規模イベント「サウス・バイ・サウスウエスト」〔オースティンで毎年開催される音楽・映画・ゲーム・IT技術などの祭典〕に送り届けた。わたしが参加した２０１５年には、各地から来るバスはナッシュヴィルで開催される「36|38」というテック会議で集合することになっていた。6月は、3月よりも車で全国を回るのに向いている。前年には、カンザスシティのバスがオースティンに向かう途中、ハイウェイが凍って24時間立ち往生するという事態に陥った。

ハッカソンに参加した経験のない人たちに言わせると、こうしたイベントはイノベーションを育む苗床であり、偉大な頭脳が集まってエキサイティングな新しいアイデアを次々に生み出す場所、ということになる。ハッカーたちの認識は、これとは異なる。彼らは公然の秘密を共有している。その秘密とは、ハッカソンで有益なものが生み出されたことは一度もない、というものだ。使い物にならないソフトウェアを表す「ヴェイパーウェア（vaporware）〔蒸発する製品の意〕」という言葉さえ存在するほどだ。この言葉はつまり、あるアイデアが生み出されても、ハッカソンが終わったあと、（だれにも悪気はないものの）そのプロジェクトを進めようとする人がいないため、それが「蒸発」してしまうことを表している。

現実のハッカソンはスポーツ・イベントであり、ソーシャル・イベントだ。力を合わせてボートを漕ぐレガッタのおたく（ナード）版とも言える。ハッカソンにはまた、とんでもなく複雑な人材採用イベントという側面もある。ベンチャー・キャピタルや一流テック企業のヘッドハンターたちは、才能ある人材を見つけて引き抜くために、ハッカソンに積極的に足を運ぶ。一方で、ハッカソンで作られるソフトウェアの短命さを、公にはだれも口にしない。参加者はあくまで、自分たちは、これから本当にビジネスを立ち上げる、影響力を持つソフトウェアを作り上げる、人生を変えるかもしれない何かに取り組んでいる、という態度を崩さない。次のグーグルを作るという幻想は魅力的だ——あまりに魅力的であるがゆえに、人はハッカソンに参加して、見知らぬ人たちと何日も過ごし、睡眠を捨てて、まるでテック起業家になったかのように振る舞うのだ。

スタートアップ・バスの始まりは、酔っぱらいの空想だった。創業者でＣＥＯのビザーニーズは、会計士として働いていたオーストラリアから、２０１０年にサンフランシスコに移ってきた。スタートアップ・カルチャーに魅力を感じてはいたものの、やがて銀行口座の残りは数百ドルとなり、すぐに何かをローンチしなければカリフォルニアを離れるしかないという状況に追い込まれた。ある夜、友人たちと酒を飲んでいるとき、彼の頭にアイデアがひらめいた。人気のハッカソン「スタートアップ・ウィークエンド」を、自分なりにアレンジしてみたらどうだろう。参加者を全員、バスに乗せるのだ。ビザーニーズは、フロリダに住む知人の投資家スティーヴ・レペッティに電話をかけ、眠っている彼を起こした。レペッティは、自分もバスに乗ることを条件に5000ドルの投資を約束した。プロジェクトは数カ月後にローンチした。ビザーニーズはその後、チャールズ・リバー・ベンチャーズ社傘下のベンチャー・キャピタルに職を得、現在はスタートアップ・バスを毎年開催しているほか、「スタートアップ・ハウス（Startup House）」という、HBOのコメディドラマ『シリコンバレー』で大いにネタにされたものによく似た、ハッカーを集めた住宅型のインキュベーター〔ベンチャー企業への支援を行なう組織・団体〕の運営も手がけている。ビザーニーズはまた、2013年には、テッククランチ社〔IT・スタートアップ関連ニュースのオンライン・パブリッシャー〕が主催するハッカソン「ディスラプト（Disrupt）」の審査員を務めたことで、あまりよくない意味でも有名になった。この年、2名の参加者が「Titstare（ティッツテア）〔tits は胸、stare は凝視の意〕」と名付けた、女性の胸をジロジロと眺めるためのアプリを提案した〔このアプリの機能は、男性が、自分が女性の胸を凝視している写真を投稿して「いいね」を送り合うというもの〕。彼らはのちにこのアプリはジョークだったと主張したが、テック界における女性の数とその立場を考えれば、これをジョークととらえることはとうていできない。たとえちょっとしたユーモアを発揮しようとしただけなのだとしても、このアプリは、ハッカソンにおける破壊（ディスラプション）とイノベーションが実際にはどの程度のものであるかについて、世間が知るべきことをすべて物語っている。ベッツィ・モライスは『ザ・ニューヨーカー』誌にこう書いている。

「ミソジニー〔女性嫌悪・蔑視〕が、進歩的思考の世界観を自負する分野における制度的な現実であることは、Titstareによって浮き彫りにされた不条理の半分にしか過ぎない」★3

うちのチームがスタートアップ・バスで取り組んでいたテーマはピザだったので、おそらく物議をかもすようなことはないだろうと思われた。わたしの任務は、いささかメタ的だった。わたしがバスに乗っているのは、スタートアップ・バスに乗る経験についての記事を書くためなのだから。とはいえ、わたしは負けず嫌いで、プログラミングが得意で、そこそこイノベーティブ〔なはず〕な人間なので、この勝負に勝ちたいとも思っていた。わたしにはプランがあった。それは落胆から生まれたアイデアだ。3年前、初めて参加したハッカソンで、わたしは自分が本当に欲しいと思うソフトウェアについてピッチをした。それはコミュニティー・ガーデン〔地域の人々が協力して手入れをしている庭園〕を見つけるためのアプリで、自分が今いるロケーションを入力すると、近隣にあるコミュニティー・ガーデンをすべてリストアップし、連絡先や入場の順番待ちリストのおおよその長さなどを知らせてくれる、というものだった。

わたしのガーデン・ファインダー・チームに参加したいという人は、ひとりもいなかった。

その経験からわたしが学んだのは、理想的なハッカソン・プロジェクトとは、時間内に完成させることができ、同室内にいる大半の人たちが魅力を感じるテーマに関するもので、そのときに話題になっているテクノロジー関係のトピックを少しだけ取り入れたものである、ということだ。ハードウェアが大きな注目を浴びた時期もあった。ファブリケーション、センサー、3Dプリンティング、ウェアラブル技術によって社会に変革がもたらされる可能性に、ごく短い間、人々は大いに沸いた。データサイエンスがしばらく話題になったこともあるし、人工知能もそうだ。このハッカソンのために、わたしは間違いなくウケるアイデアを用意していた。もとはわたしの夫がジョークとして思いついたものなのだが、考えれば考えるほど、これは(Titstareとは違って)パーフェクトなアイデアだと思えてならなかった。

ニューヨークのバスが初日の午前6時30分に予定より1時間半遅れてマンハッタンを出発すると、ショウとロジャーズはバスに乗った全員に、立ち上がって自分のアイデアをピッチするよううながした。ウケたものもあれば、ウケなかったものもある。ソフトウェア開発者のドレ・スミスが立ち上がり、こう言った。「わたしのアイデアはシンプルです。ヴァーチャル・リアリティーのダンスパーティを構築したいと思います」。これはみんなが気に入った。また別の開発者は、会議室使用のスケジューリングをより効率的に行なうためのアプリを提案した。「それはもうあるな」と、わたしは心の中で思った。予想した通り、ミレニアル世代同士が出会うためのアプリというアイデアもいくつか出された(ハッカソンでは、オンラインでのソーシャル・ネットワーキングと同じ体験を現実で再現するためのアプリを作ろうというアイデアが、毎回決まって提案される)。

参加者のうちいく人かは、「〜のための〜のようなもの」という言い回しを使った。たとえばジェンという名の、ショウと同じく赤毛の女性は、「わたしのアイデアは、ボートを対象としたAirBnB(エアビーアンドビー)のようなアプリを作ることです」と言っていた。これをバスの上で3日間で作るというのはあまりに現実味がない気もしたが、わたしは常々ヨットの操縦を習いたいと思っていたので、ボート好きのバスプレナーたちと一緒に仕事をするのは楽しいだろうと考えた。わたしはメモに、もし自分のアイデアでチームを作れなかったら、彼女のアプリを手伝うことにする旨を書き留めた。

わたしの番が来た。立ち上がってマイクを握る。「わたしのアイデアは、パーティーでどのくらいの量のピザが必要になるのか、その正確な数を計算するアプリです」。人々がパッと頭を上げた。「以前、友人たちと毎月ピザ・パーティーを開いていた時期があって、そのたびにピザをどのくらい頼んだらいいのか、みんなで大いに頭を悩ませました。わたしたちはそれを〝ピザ数学〟と呼んでいたのですが、そうして出した答えはいつも間違っていました。わたしは、あるイベントに必要なピザの数を、参加するのはだれなのか、その人たちの年齢、ジェンダー、好みのトッピングをベースに計算するアプリを作りたいと思います」。拍手が起こった。思っていたよりも、自分がホッとしているのに気がついた。このバカげたプランは、もしかしたらうまくいくかもしれない。

　わたしのチームのピザ・アプリをまとめ上げることができたのは、グループ内のもうひとりのハッカー、エディ・ザネスキのおかげだ。ハッカソンは参加者が男性中心になりがちだが、わたしのチームはめずらしいことに半分以上が女性だった。エディは25歳、身長2メートルの男性で、いつもテック・イベントで無料で配られるTシャツばかり着ていた。「もう服は何年も買ってない」。ぐらつくテーブルを挟んだ向かいに座っているわたしに、エディは言った。「服の数ならガールフレンドにも負けないよ」。エディは、センドグリッド社というテック企業の開発者兼伝道者（エヴァンジェリスト）だ。つまり彼は、全国でさまざまなハッカソンに参加して、ピザ・パーティーを開催し、開発者たちにTシャツを配って、自社技術のSendGridを使ってほしいと営業をかける仕事に従事しているのだった。SendGridは、ウーバー社やエアビーアンドビー社といった多くのテック企業が、領収証やマーケティング・メッセージなどの自動生成メールを送るために使用している技術だ。Tシャツを多く持ってきすぎたかもしれないと、エディはしきりに気にしていた。わたしたちのバスには、全部で28人しか乗っていなかった。重ねると高さが1・2メートルにもなる、T

シャツが詰められた三つの巨大な箱は、今はバスの床下の荷物入れにしまい込まれていた。

エディはしかし、自分にはTシャツよりも重要な課題、たとえばナッシュヴィルでのハッカソンの予選に間に合うようにピザ計算アプリを仕上げるといった仕事があるのだったと思い直し、青いヘッドフォンを着けて、ラップトップに戻っていった。彼のラップトップの蓋についたリンゴが、18F、PennApps、GitHub、HackRUなど、そこにベタベタと貼られたテック・イベントやテック企業のステッカーを通して光っていた。HackRUはエディお気に入りのハッカソンで、彼の母校であるラトガーズ大学で開かれたものだ。わたしがエディをうちのチームに誘ったのは、彼のステッカーのせいだった。ハッカーたちは、ファッション・マニアが服のラベルについて語るように、ラップトップに貼られたステッカーについて語り合う。政府のオープンデータ・チームである「18F」のステッカーは、エディが（わたしと同じように）シヴィック・ハッカーとして、社会貢献のためにテクノロジーを活用していることを意味していた。

わたしたちのアプリの作成には、Node.js（ノードジェイエス）、マイクロフレームワークのExpress.js（エクスプレスジェイエス）、MongoDB（モンゴディービー）オブジェクト・リレーション・マッパーのMongoose（マングース）、認証ミドルウェアのPassport（パスポート）を使用した。アプリはHeroku（ヘロク）に上げ、フロントエンドにはBootstrap（ブートストラップ）を使った。これらはすべて、開発者がソフトウェアを作るために使う無料のソフトウェア・ツールだ。２０１５年にインターネット・アプリを作るというのは、たとえて言えばカスタムメイドのレゴハウスを作るようなものだった。レゴブロック、つまり小さなコードのかけらは、すべてネット上で手に入った。そうしたコードがもっとも多く集まっているリポジトリーは、コード・シェアリング・サイトのGitHubだ。わたしたちは、アプリに何をさせたいかを決め、〝家〟

の基礎となる構築済みのコードを引っ張ってきて、壁や装飾を作っていった。

現在のソフトウェア開発の大半は工芸（クラフト）で成り立っており、それは家を建てたり家具を作ったりするのとよく似ている。ハッカソンは、新しいテクニックを、同じ部屋の中にいる（自分よりも少しだけ）経験のある人たちと一緒に、実践で試してみるには最適の場だ。ハッカー・コミュニティーにはこんな秘密もある。それは、紙に書かれた説明やネットの動画は、ある程度のところまでしか役に立たない、というものだ。あなたが本当に腕を上げたいとか、何かを本当に速いスピードで作りたいなら、自分以外の人と同じ部屋にいなければならないし、相手と直接顔を合わせて話をしなければならない。伝説的な情報理論家でデザイナーのエドワード・タフトは、「データ密度」についての理論を提唱し、電子機器を介したコミュニケーションよりも対面のそれの方がすぐれている理由を説明している。★4 人間の目は、小さな領域内に非常にたくさんの特徴をとらえるように最適化されていると、タフトは書いている。たとえばわたしが机の向こうの壁に目をやれば、ペンキや壁のテクスチャーの中に、ささやかなバリエーションをいくつも見出すことができる。これらのデータ要素は、ビデオ会議には登場しない。なぜなら、ビデオカメラはイメージをグリッドの中のピクセルとしてとらえており、そうした小さな変化をとらえて映し出すほどのハードウェア能力を持たないからだ。ビデオ画像はコンピューター画面に映し出されるが、この画面もまた、ハードウェアによる制約を受ける。画面の解像度は固定であり、リフレッシュ・レート（1秒間に画面が書き換えられる回数）も固定されている。画面を通すと、目は限られた量の情報しか取り入れることができない。これとは対照的に、あなたの視神経は恐ろしいほど膨大な量の情報を取り入れ、それを絶え間なく処理している。高解像度の世界からは、よりすぐれた情報を入手することができる。コンピューター画面の解像度が上がるにつれ、ビデオ会議は広く行なわれるようになってきた。それでも、目の方がすぐれていることに変わりはない。Eメールの有用性は、ハガキのそれと同程度だろう。一方、電話での5分間の通話は、2ページ分のメールよりもすぐれている。なぜなら、声のイントネーションや、相手とつながってコミュニケートしているという事実そのものから、付加的な印象、複雑性、情報が得られるからだ。高解像度のビデオ会議は、おそらく電話よりもわずかにすぐれており、顔を直接合わせてのミーティングは、複雑な情報をやりとりするうえではもっともすぐれていると言えるだろう。一方で、低解像度のビデオ会議は電話に劣る。なぜなら、ピクセルの歪みや拾われなかった言葉によって、伝えられる情報量が少なくなるからだ。つまり違いは効率にある。コンピューター・プログラミングのような複雑な知識労働においては、オンライン・チュートリアルを何時間も受けるよりも、対面での5分間の対話の方が、よほど個人に対応した、適切な、データがみっしりと詰まった情報が得られる。

　こうしたコミュニケーションの深さが、人々がハッカソンに参加する理由のひとつだろう。もうひとつの理由としては、同じ世界に生きる仲間同士の絆を実感できる、というものもある。打ち合わせとデザインをすっかり終えたあと、ピッツァファイ・チームのメンバーにはまだ、現実の人々（友人や同僚や知らない人たち）に、わたしたちの想像上の企業の存在を信じてもらうという仕事が残っていた。アプリの〝牽引力（トラクション）〟を高めるためには、現実の人間にアプリに登録してもらい、また市場から何らかのお墨付きをもらう必要がある。わたしはドミノ・ピザに電話をかけた。ドミノ・ピザは400億ドル規模の米国ピザ市場において、9パーセントのシェアを有している。コミュニケーション副部門長のティム・マッキンタイアは、親切にもわたしの電話に出てくれた。わたしはアプリについて説明した――グループでピザを注文するんですけど、トッピングを決めるアルゴリズムがあって……うんぬんかんぬん。「それはいいアイデアですね」。いかにもびっくりしたような声で彼は言った。「そうしたアプリには、食欲をそそられる人がたくさんいるでしょう！」 ピザ業界で55年の歴史を持つ老舗であるだけでなく、ドミノはオンライン・オーダーの仕組みも持っており、さらにはピザの絵文字を公式アカウント宛てにツイートするだけで、お気に入り登録したピザを家まで届けてくれるというサービスまである。彼らはしかし、グループ・イベント向けのピザ計算アプリは持っていなかった。わたしはこれを、まだあまり開拓されていない市場ニッチを発見したという意味だと解釈し、マッキンタイアのコメントを、最終プレゼンテーションに向けて作成していたPowerPointのスライド・デッキに付け加えた。

噂によると、プログラマーの中には、ハッカソンからハッカソンへと渡り歩いて優勝することで生計を立てている者もいるという。わたし自身は、まだ少しも儲けてはいないし、これまでの戦績は、せいぜいもらった賞金で経費のもとをとった程度だ。わたしも、わたしのバスプレナー仲間たちも、このバスに乗るためにそれぞれ３００ドルを支払い、加えて自分の食費と、通常の4倍の値段のホテル代５日分も自腹で出していた。10億ドルの夢を追うのは安くない。

「要するにわたしは、人生のうち2カ月を棒に振って、これをオーガナイズしているわけ」。コンダクターのショウが、わたしに向かってそう言った。わたしたちはそのとき、ペンシルヴァニア州パンクサトーニーのピザハットで昼食をとっていた。ショウの隣には、また別のスタートアップ・バス経験者で、コードやビジネス戦略のアドバイスをするためにバスに同乗していたマイク・カプリオが座っていた。ショウが、昼食代は自分が持つと言った。「ありがたい。すっかり金欠なんだ」とカプリオが返した。

これには驚かされた。ショウもカプリオも、ふたつの会社を立ち上げた起業家だと聞いていたからだ。これもまた、テック・コミュニティーが抱える秘密だ――「起業家」とは「好調な会社を運営している人」を意味することもあれば、「アイデアはたくさんあるがお金はない人」を意味することもある。テック業界の人たちは、お金について、ほかの業界の人たちとはちょっと違った話し方をする。ハッカソンの参加者は、まるで一般の人たちがスポーツの統計値について話すように、テック企業の評価についての話をする。インスタカートという企業は、スタートアップ・バス発祥のサクセス・ストーリーだ。同社の創業者たちはこのバスを通じて知り合い、一緒に会社を立ち上げた。バスに乗っている間に、インスタカート社の企業価値は20億ドルまで成長したという話を、わたしは少なくとも10人以上の人たちから聞かされた。こうしたストーリーを通じて、破壊的イノベーションをめぐる神話は生き生きと語り継がれていく。

バスがナッシュヴィルのホテルに到着するころには、わたしのチームはすっかりくたびれ果てていた。ジャンクフードの食べ過ぎと睡眠不足が祟っていた。それでも、わたしたちが書いたコードはちゃんと動いたし、プレゼンテーション資料も書き終えて、この先に待っている試練に立ち向かう準備は万全だった。予選の朝、すべてのチームが薄汚れたニューヨーク・チームのバスに乗り込み、コンペティション会場に向かった。会場は、ナッシュヴィル北部の倉庫を利用したイベント・スペース「スタジオ615」だった。そこは、どこかのだれかがクールだと考えたのだろう雰囲気に仕上げられていた。輝く白い箱のような、天井の高い会場、間に合わせのステージ、大音量で鳴り響くクラブ・ミュージック。バスプレナーたちが一斉に会場になだれ込み、黒いビニールで覆われた折りたたみの長机の上に、ラップトップを積み上げた。ダンスをする人たちもいる。空間はファッション・ショー会場を思わせる作りだったが、時刻はまだ午前

9時30分で、片隅のテーブルにはおいしそうなシナモン・ピーカン・ロールとスウィート・ティーが並んでいるのが見えた。エディのTシャツは、テーブルの上に顎の高さまで積み上げられ、隣にはその他ふたつのテック企業の無料Tシャツと、ステッカーが入った箱もいくつか並べられた。

1回戦の会場は、メインの倉庫スペースとは別のこぢんまりとした控室で、壁は幾何学模様が描かれたチャコールグレーのウォールペーパーに覆われていた。壁には、床から天井まで届くほど大きい、レディホイップ〔市販のホイップ・クリーム〕の缶を手に持った裸の女性が夕暮れの砂漠に寝転がっている絵がかかっている。

審査員たちが、各チームのピッチを聞くため、カウチにぎゅう詰めになって腰を下ろした。ビザーニーズ、レペッティのほか、スタートアップ・バスの全国ディレクターであるリッキー・ロビネットとコール・ワーレイもいる。彼らのうち、報酬を受け取るのは全国ディレクターのふたりだけで、そのほかはコンダクターも含めて全員がボランティアだ。事前に聞いた情報によると、審査員は収益化、つまり提案する企業がどのようにお金を稼ぐのかについて質問をしてくるということだった。最初のチーム、Shar.ed（シェアード）がのろのろと控室に入ってきて、ラップトップを電源につないでピッチの準備をした。わたしはバスの中で3日間、彼らと一緒に過ごしたが、彼らのプロジェクトがどんなものなのか、具体的には知らなかった。Shar.edチームが発表したのは、クラウドソーシングを活用したオンデマンドの有償教育サービスで、ユーザーは自分がとりたい授業に投票し、インストラクターは投票に忠実に沿った授業を用意する、というものだった。彼らは資金の一部を調達するために、すでにIndiegogo（インディーゴーゴー）でクラウドファンディングを開始して、数百ドルを集めていた。

次に壇上に上がったScreet（スクリート）チームが提案したサービスは、激しい情熱にかられたカップル向けに、オンデマンドで商品をデリバリーするというサービスだった。Screetは、安全にことを済ませたい、しかしわざわざドラッグストアまで足を運びたくないという顧客をターゲットとしたスマートフォン用アプリで、ユーザーはリフト社やウーバー社のドライバーを呼び出し、コンドーム、デンタルダム（性感染予防のために口にあてて使う薄いラテックス製シート）、ラテックス手袋などをひっそりと届けてもらうことができる。ドライバーはそうした商品を、「SKU（在庫管理単位の意）」というラベルを貼った簡素な箱に入れて、車のトランクに常備しておくのだという。このサービスは、とくにLGBTQIAの人たちにとってては便利だというのが、Screetチームの主張だった。デンタルダムは、売っている店を見つけるのが難しいからだ。ふたつのピッチが終わったあと、わたしは控室をぶらぶらと出てチームに合流し、中継で残りのピッチを見た。Pizzafyの出番は、最後から2番目だ。

わたしは緊張していた。わたしはピッチに挑んだ。Pizzafyは準決勝に勝ち進んだ！　わたしたちのほかにはScreetと、iPadアプリで制御して、親子が想像上の恐竜ゲームで一緒に遊べるおもちゃを作ったシカゴのチームと、さらにいくつかのチームが勝ち残った。

わたしたちはボックス入りのランチを食べた。音楽が鳴っていた。ピッチをもう一度、今度はメインスペースの小さなステージで行なった。ピッチはすべてライブ配信されていた。ほかのスタートアップ・バスでやってきた人たちのうち、少なくとも十数人がオンラインでこれを見ていた。ヴァーチャル・リアリティー・アプリを作っていたニューヨークのチーム、SPACES（スペーシズ）がステージに上がり、審査員に謝辞を述べた。「この機会を頂けたことに感謝します。しかし、わたしたちのプレゼンには商標登録されている素材が含まれていますので、ピッチを辞退させていただきます」。チーム・リーダーのジョン・クリンケンビアードがそう言った。会場が騒然となった。エドウィン・ロジャーズが雄叫びを上げ始めた。「ニューヨーク・バス！　ニューヨーク・バス！　ニューヨーク・バス！」ヴァーチャル・ダンス・パーティーを構築したいと言っていたドレ・スミスを含むこのチームは、すでに外部投資家から2万5000ドルの投資を確保していたのだ。チームはステージから降りると、群衆の間を抜けながら、人々と握手を交わし、お祝いのハグを受け、幸せそうな顔でもみくちゃにされていた。ヘッドセットを着けてステージ脇に立つ全国ディレクターたちは、憤慨しているように見えた——もしかすると、ショーのクライマックスはまだ先なのに、SPACESが勝手に盛り上げすぎたとでも思っているのかもしれない。次にステージに上がるチームはやりにくいだろう。

Pizzafyはまた勝ち残った。一緒に残ったのはScreetと、メキシコシティ・バスの教育サービス、それからシカゴ・バスが提案した、薬を飲んだときにメールを送るサービスだった。その夜は、うちのチーム以外全員がナッシュヴィルの街に繰り出した。エマ、エディ、アリシアとわたしは、ホテルに戻った。外で飲んで帰ってきたほかのバスの人たちがやってきて、わたしたちの作業を手伝い、一緒にあれこれとおしゃべりをした。だれもが、バスの外での自分たちの生活について語った。そうしているとなんだか、人が「納屋の棟上げ」のことを連想するのは、きっとこんな瞬間なのだろうという気がした。納屋の棟上げをするときには、近隣の人たちが大勢集まって手を貸す。なぜなら、その作業はごく一部の人の利益にしかならないが、いずれはだれもが自分の納屋が必要になるからだ。バスに乗ってここまでやってきたハスラー〔イノベーション・チームにおけるビジネス面担当者〕、ハッカー、ヒップスター〔イノベーション・チームにおけるデザイン担当者）たちはみな、いずれは現実世界で人を雇ったり、企業に仕事を頼んだり、恐ろしいほど特殊な技術に関する質問の答えを見つける必要に迫られることになる。彼らはこのとき、わたしたちのピザ・パーティー・アプリづくりを手伝いながら、その日のための基礎を築いていたのだ。ここに、ハッカー文化のもうひとつの秘密がある——ときにあなたは、明確な目的もなしに、常軌を逸したほどテクニカルな作業を山ほどこなすことになる。なぜならそれが、ちょうどマラソンのように、大急ぎでやらなければならないことだからだ。

わたしたちは徹夜で作業を続け、翌日もぶっ通しで働いた。オーディエンスに協力してもらう演出を考え、スライド・デッキに手を入れ、わたしはピッチを磨き上げて、すべての間とすべてのピザ・ジョークを頭に叩き込んだ。そしてついに、その日の午後遅く、最後のピッチの時間がやってきた。決勝の審査には、インスタカート社の人も参加していた。わたしはステージに上がり、精一杯のピッチを披露した。

2位に入賞したのはPillyPod（ピリーポッド）だった。PillyPodは「あなたの愛する人が薬を飲み忘れたとき、アラートしてくれるデバイス」だ。彼らのURLは、その週の初めには「pillypad.co」だったのだが、「pillypad.com」がアダルト・コンテンツ・サイトであることが判明したため、母音をひとつ変えて「PillyPod」に変更されていた。

そしていよいよ勝者が発表される瞬間になり、審査員がうちのチームの名前を呼ぶ声が聞こえた。クラブ・ライトが狂ったように光り出し、DJがケイティ・ペリーの「ダーク・ホース」を大音量で鳴らした。チームの4人がステージに上がった。ショウがわたしをハグした。ロジャーズがわたしをハグし、知らない人たちがわたしをハグした。ロジャーズは泣いていた。わたしはチームのみんなと一緒にステージに立ち、ほんの数分間、最高の気分を味わった。

スタートアップ・バスの上で1週間を過ごした今、わたしはハッカソンで勝利を収めるというのがどんな気持ちかを、みなさんにお伝えすることができる。それはちょうど、パイの大食いコンテストでめいっぱいお腹にパイを詰め込み、手にした賞品が……さらにたくさんのパイであることに気づくような気持ちだ。もちろん、自分のピザ・アプリ会社を売って、お金を儲けることができればハッピーだろう。そんな期待を、わたしはしていない。ハッカー文化が抱えるとりわけ大きな秘密はこれだ。ひと晩での成功（オーバーナイト・サクセス）は、ブラック・スワンであり、落雷であり、外れ値だ（どれも非常にめずらしいの意）。有益で長持ちするテクノロジーを、たった一度の週末で作ることはできない。1週間かけても無理だ。それはマラソンであって、短距離走ではないのだから。

わたしたちは、ハッカソンでコンピュテーションによってどれだけのことが成し遂げられるかについて、文化的な幻想を抱いている。しかしたいていの場合、現実と想像は大きく異なる。スタートアップ・バスを見ていると、テクノロジーの変革可能性には、実にたくさんの誇張があることを実感する。[★5] わたしがニューヨーク・バスに乗っていた間に作られたアプリは、どれも大きな成功を収めなかった。イベント中に資金を調達したSPACESチームは、その後まもなく分裂した。現実においては、ソフトウェアが破壊的だったり、革新的だったりすることはほとんどないし、そのふたつが揃うことはさらに少ない（Google検索のような傑出した例はまた別だ）。覚えておいてほしいのは、わたしたちのピザ・アプリは、その大半が他人が作ったコードの寄せ集めから作られていたということ、そしてピザをいくつオーダーするかという計算は、破壊的でも、革新的でもないということだ。それはたんに、以前は手でやっていた計算を自動化しただけのものに過ぎない。それでもあのバスに乗ったおかげで、わたしはいくつかのことを学んだ。コーディングがうまくなったし、ピッチがうまくなったし、将来のプロジェクトで役に立ちそうなコネクションもできた。

ソフトウェア開発は、本質的に工芸（クラフト）であり、ほかのさまざまな工芸——木工や吹きガラス——と同じように、熟達するには長い時間（そしてある程度の見習い期間）を要する。そうした開発作業に従事し、これを民主化することは、驚天動地のテック・アイデアを思いつくことほどカッコよくはないかもしれない。それでも、未来はそこにこそある。

第11章 「第三の波」AI

本書ではここまで、ＡＩがなぜこちらが期待するほどうまく機能しないのかについて見てきた。そこには情報伝達の誤りがあり、予測分析を装ったレイシズムがあり、砕かれた夢があった。このへんで、もう少し明るい気持ちになれる事柄について話をしよう。ここからは、人間による最善の努力と、マシンによる最善の努力とを組み合わせて、一緒に前進していける道について見ていきたい。人間とマシンが協力すれば、人間だけ、あるいはマシンだけよりも、すぐれた仕事ができる。

まずは、10代のころのわたしと、実家にあった草地の話から始めることにする。わたしと両親が暮らしていたのは、もとは農場の家（ファームハウス）だった家屋で、４０００平方メートルほどの敷地に立っていた。11歳になると、草刈りの仕事はわたしに任されるようになった。うちには搭乗型の小型草刈り機があり、わたしはこれに乗れるのがうれしくて仕方がなかった。これを運転できれば、車を運転できるのももうすぐだという気がした。郊外に住むたいていの子供たちと同じく、わたしも一刻も早く運転免許を取りたいと思っていた。天気がよければ、土曜日にはいつも芝刈り機に乗って、ブンブンと音を立てて草を刈りながら敷地内をめぐった。草刈りは好きではなかったが、草刈り機を乗り回すのは本当に楽しかった。

家は古く、敷地は広く、また丘の斜面に位置していたため、庭を美しく保つための作業は、ひと筋縄ではいかなかった。草刈りをする場所としては、家の裏手にある不規則な形状の広い空間、家の両サイドにある円形に整えられたガーデンがふたつ、そして家の前にあるアルファベットのJの形をした土地があった。

わたしは草刈りをする際の順路を決めていた。裏庭からスタートして、だだっ広いスペースの外辺部をぐるりと一周して縁を刈り揃える。走ったコースには、草刈り機の車輪が平行の轍(わだち)を残した。そして、2度目の周回のときには、右前の車輪が、さっきの周回で左の車輪が残した轍にピタリと重なるように草刈り機を走らせた。こうすると、刃の刈り跡が均一な幅の列を作っていくので、草刈りが終わったあとで窓から敷地を眺めると、そこには螺旋(らせん)を平らにならしたような模様が描かれているのが見え、わたしはそれがとても気に入っていた。

母は庭造りにたいそう熱心で、広い敷地のあちこちに、手の込んだ設計のささやかなガーデンを作っていた。そうしたガーデンには、ところどころ花壇の角がきっかり90度になっている部分があった。それはとてもエレガントに見えた。ところが、わたしの搭乗型草刈り機の旋回半径と、刃が取り付けられている位置の関係上、その90度の角に沿って草を刈るのは、花壇の中に1メートル以上乗り上げない限りは無理だった。花壇の角ギリギリまで弧を描くように刈ることはできても、それは角にはならず、あくまでカーブだった。

その気になれば、作業の大半を搭乗型の草刈り機で済ませてから、もう一度戻って、手動草刈り機で仕上げをほどこし、カーブではなくきっちりとした角にすることもできただろう。わたしが11歳になる前まで草刈りの仕事を委託していたラルフはそうしていた。実際のところ、ラルフはすべての草を手押しの草刈り機で刈っていた。わたしがもっとよい人間、あるいはよい娘だったなら、きっと同じようにしただろう。母はわたしに、そうしてくれと100万回は頼んでいた。その頼みをわたしはほとんど聞かなかった。言い訳はいくつか考えつくが（アレルギー、疲労、熱中症）、本当の理由はおそらく、わたしが頑固な子供で、ただ嫌だからやりたくなかっただけなのだ。わたしは草や枝が手動草刈り機から吹き出して足にあたり、ミミズ腫れやじんましんを作るのが嫌だった。わたしは手動草刈り機が出すガソリンのにおいと熱気が嫌だった。草にアレルギーがあるので、手動草刈り機を押しているあいだじゅう、息苦しい感じがするのも嫌だった。搭乗型草刈り機であれば、わたしは草が吐き出される場所よりも前方の、高い位置にいられた。手動草刈り機の場合、わたしの位置は草が吐き出される場所のすぐうしろだった。手動草刈り機を使っていると、わたしはみじめな気持ちになった。

やがて母の方が折れて、花壇の形状を変え、角だったところをカーブにしてくれた。

あの搭乗型の草刈り機は、いわばコンピューターのようなものだ。わたしの両親が搭乗型草刈り機を買ったのは、それが省力化に役立つデバイスだと思ったからだ。ラルフを雇って草を刈ってもらうより、彼らはわたしを〝雇って〟、同じ仕事をもっと安くやらせればいいと考えた。ところが、搭乗型草刈り機（わたしは毎回必ず同じコースを走らせた。ちょうど自動掃除機のルンバが室内を移動するのと同じように）の造りは、ラルフの手動草刈り機とは異なっていた。その仕事のやり方も、手動草刈り機と同じではなかった。加えて、それを使う人間の違いもある。ラルフはプロの庭師で、プロの仕事をした。一方、わたしは草アレルギーのあるふてくされた娘で、いかにも素人くさい仕事をした。母は選択を迫られた。一方の選択肢は、手間賃が安く、高度なテクノロジーを採用しており、望み通りの仕事はしてもらえない。もう一方は、手間賃が高く、さほど高度ではないテクノロジーを採用しており、望み通りの仕事をしてもらえる。

　母は実利を重んじるタイプであり、子供の数も庭の数も多かったため、縁がカーブになった形状の花壇を作ることを選んだ。自動化（オートメーション）技術をめぐる問題においては、最終的にこういった対応に行き着くことが少なくない。自動化は、決まりきった平凡な作業なら山ほどこなすことができる。一方、めったに発生しないやっかいなケースは、自動化では解決することができない。そうした場合は、手作業での対応が必要になる。そこには人間による作業が不可欠であり、それがなければどうにもならない。

　同時に重要なのは、テクノロジーにやっかいなケースへの対応を期待しないことだ。利便性の高い人間中心の設計をしようとするなら、ときとして、作業を完遂するためには手作業で仕上げを行なう必要があることを、エンジニアは認めなければならない。たとえば電話の自動音声案内は、航空会社に電話をかけてくる人々が直面するごく一般的な問題の大半に対処することができる——それでも、電話に出て対応する人間は常に必要であり、その理由は、例外的なケースは常に発生するからだ。同様に、ニュースの編集局でも、自動化によって改善されることは山ほどある——それでも、電話に出たり、自動生成記事を公開前にチェックしたりする人間は常に必要であり、その理由は、テクノロジーには限界があるからだ。人間の目には見えていて、機械には見えないことが、世の中には存在する。

　このような、人間を包含するシステムは、「人間参加型システム」という名称で呼ばれている。ここ数年、わたしはこのフレームワークに基づいた技術を構築することに関心を抱いてきた。[★1] 2014年、AIで今度はどんな新しいことをしようかと探していたわたしは、いく人かのジャーナリストやプログラマーに、次に注目される分野は何だと思うかと尋ねてみた。圧倒的に多かった答えは選挙資金だ。当時はちょうど、米大統領選挙が近づいている時期だった。2010年の「シティズンズ・ユナイテッド判決」（2010年1月に米最高裁で下された、選挙献金の上限を定めた過去の法律を違憲とした判決。これにより企業・団体からの献金が事実上無制限となり、従来の政治資金団体「PAC」よりも多額の献金を集める「スーパーPAC」が組織されるに至った）を受けて、スーパーPACによる多額の選挙資金拠出への道が開かれたことから、政治資金調達には大きな変化が起こっていた。データ記者たちは、選挙資金に注目していた。

わたしもこの盛り上がりに便乗することにした。わたしは、選挙資金に関わる不正を発見し、隠された事実を探る新しい人工知能エンジンのプランをまとめた。それは、新しい調査報道のネタを見つけるプロセスを自動化してくれる「人間参加型システム」だ。多くのAIプロジェクトと同様、これは見事に機能するが、同時にうまく機能しない面もある。この人工知能エンジン・プロジェクトがどのように構築されたかをくわしく見ていくことによって、AIがなぜすばらしいと同時に役立たずであり得るのかについて、新たな知見を得られるだろう。

数ある調査報道記事のネタの中には、まるで樽の中の魚を捕まえるように容易にその手がかりをつかめるものもあり、そうしたものはAIを使うのにふさわしいネタだと言える。ネタ探しにコンピューターを使うためには、まずはそこからネタが見つかるという、ある程度の確信を持っている必要がある。大量に集められたお金はネタの宝庫だ。どこかに多額の資金があれば、そこには必然的にそれを奪おうと狙っている者たちがいる。悪事を働いている人間を探すなら、ハリケーン被害からの復興、経済刺激策、入札によらない随意契約など、たくさんの現金がある場所を見張っていれば、その周辺をうろついている人間が簡単に見つかる。

全国的な選挙運動に関わる大量のお金には、常に悪人が引き寄せられてくる。一般に、政治家は公的資金を問題なく管理しているし、熱心な公僕である場合が多い。一部には、そうでない人たちもいる。データジャーナリストの間では当時、２０１６年の大統領選を前に、選挙資金を厳しく監視するべきだという認識が共有されていた。

第５章で言及した教科書プロジェクトにおいて、わたしはＡＩソフトウェアを構築した。わたしは、Story Discovery Engine（ストーリー・ディスカバリー・エンジン）と名付けたこのソフトウェアを、別のコンテクストに適用できるかどうか試してみたいと考えた。テック業界の人々はよく、繰り返し（イテレーション）の価値に言及する。何かを構築し、それを再構築してよりよいものを作ることには価値がある。わたしは、その「繰り返し」をやってみることにした。わたしが以前作ったツールは、ある学区において問題がどこにあるのかを可視化（ヴィジュアライズ）するものだ。国内でもとりわけ重要な行政区であるワシントンＤＣにおける問題がどこにあるかを可視化するツールを作ることは、果たして可能だろうか。

コロンビア大学ジャーナリズム・スクールのトウ・デジタル・ジャーナリズム・センターからの手厚い資金援助を得たわたしは、選挙資金に焦点をあてた新たなStory Discovery Engineを開発することを決めた。このツールは、記者たちが選挙資金データの中から、すばやく効率的に新しい調査報道のネタを見つけるのを支援するものだ。前回作ったエンジンは、記者たちがひとつのネタ——学校にある教科書——について記事を書くのを支援するというアイデアを中心に構築されていた。今回わたしが目指すのは、記者たちがある一般的なトピックの領域の中で、多種多様なネタを探す作業を支援するものを作ることだった。わたしは以前よりも大規模なシステムを作り、それによって調査ジャーナリズムに関わる単調な作業を自動化したいと考えていた。選挙はまだかなり先だったため、ツールを作ってそれを公開し、選挙報道に使用するには十分な時間がありそうだった。

２０１０年の「シティズンズ・ユナイテッド判決」後、ダーク・マネーやスーパーＰＡＣについてはさまざまな話を耳にしていたものの、この複雑に絡み合ったシステムについて自分がまだ理解していないことがたくさんあることを、わたしは自覚していた。公教育と同様、選挙資金調達は大量のデータが関わる複雑かつ官僚的なシステムだ。新たなエンジンの構築を試みる対象としては、最適なテストケースと言える。わたしは果たして、ツールを作ることによって、自分たちで定めたルールを守っていない政治家を見つけ出すことができるだろうか。

まずは、デザイン思考のアプローチからスタートした。つまり、わたしがやりたいことについてよく知っている人たちと話をし、彼らがそれぞれの専門分野について語った言葉を道しるべとしたのだ。わたしは経験豊かな記者たちや、選挙資金の専門家たちと会った。わたしは多種多様な選挙資金データの専門家たち――ジャーナリスト、連邦選挙委員会（ＦＥＣ）の職員、法律家、選挙資金監視団体の運営者などに話を聞いた。とくに大きな助けとなってくれたのは、米政府の迅速対応テクノロジー・チーム「18Ｆ」に所属するデザイナーと開発者だった。

わたしがツールを開発していた時期、18Ｆでは、時代遅れになったＦＥＣのサイトのための、新たなユーザー・インターフェースを構築していた。FEC.govは、あらゆる選挙資金データにとっての主要な配布チャネルだ。このサイトは昔からナビゲーションが難解で、そのせいで内容も理解しにくかった。当時徐々に公開されつつあった新しいインターフェースのおかげで、情報はずいぶん見やすくなっていた。ただしFEC.govでは、ジャーナリストがネタを見つけるために必要な情報そのものを、ぴたりと探しあてることはできなかった。このサイトはむしろ、シンプルかつ効果的にＦＥＣデータを配布することに重点を置いていた（十分に価値ある目標だ）。そこでわたしは、18Ｆの新しいウェブサイトが持っていない、ジャーナリストの仕事をやりやすくするという機能を備えたインターフェースのデザインに注力することにした。わたしにとってとくに重要な情報提供者となってくれたのは、プロパブリカのデレク・ウィリスだった。彼は（おそらく）、ＦＥＣで働いている人たちよりも選挙資金データについてよく知っている。選挙資金に関する記事を数十年前から手がけてきたウィリスは、OpenElections（オープンエレクションズ）やPolitwoops（ポリトウープス）など、選挙報道に役立つ便利な自動化ツールをいくつも作っている。彼の仕事は実にすばらしいもので、同じことを改めてやる意味はまったくない。わたしが作りたいものは、まだだれもカバーしていない範囲のものであり、（ウィリスの作品のような）既存の検出ツールにさらなる機能を加えつつ、報道プロセスを加速するようなものだった。このほか、わたしはとにかく大量の文字を読んだ。このプロジェクトでもっとも労力を使ったのは、何百ページにもおよぶ、合衆国法典とＦＥＣの規則および政策を読む作業だった。わたしは、その中から見えてくる一般的なテーマをいくつも書き出していった。そこで人々が使っている用語には、とくに注意を払った。

最初のステップは、システムのアーキテクチャーを設計することだった。ソフトウェアには、ビルと同じように基礎となる構造（アーキテクチャー）がある。Story Discovery Engine はＡＩシステムだが、機械学習に頼ったものではない。これはまた別のＡＩプログラムである「エキスパート・システム」を利用したものだ。１９８０年代に登場したエキスパート・システムというアイデアはもともと、「箱の中に入った専門家（エキスパート）」のようなものを作る、というものだった。ちょうど医師や弁護士に質問をするようにその箱に質問をすると、箱が専門的な情報をもとに判断した答えをくれるのだ。残念ながら、エキスパート・システムはうまく機能するには至らなかった。人間の専門性は、単純な二進法のシステム（コンピューターとはそういうものだ）で表現するには、あまりに複雑なのだ。しかし、わたしはエキスパート・システムのアイデアをハックして、記者たちが有するこの分野の専門知識をもとに作られたルールに基づいて動く人間参加型システムに作り変えることにした。これはなかなかうまくいった。わたしは答えを教えてくれる箱を作ったのではない。わたしが作ったのは、記者である自分がネタをすばやく探すのを支援してくれるエンジンだ。

　新しい Story Discovery Engine のルールは、現実世界の政治システムのルールによって決定されるようにした。この判断は賢明であり――なぜなら、自分で新しいコンピューテーションのルールを作る必要がないから――、同時に欠点でもあった。なぜなら、アメリカの選挙資金のルールはまるでユダヤ教の律法のように複雑だからだ。これについて、少しだけ説明してみることにしよう。連邦公職選挙の各候補者は授権委員会を有する。個々の市民が、個々の候補者に授権委員会を通じて寄付することができる金額には上限がある。この上限は現在、ひとつの選挙ごとに２７００ドルだ。その他の政治活動委員会（ＰＡＣ）は、資金を調達したり、候補者の委員会に寄付したりすることができる。ＰＡＣによる発言や寄付にも、限度が存在する。独立支出のみの委員会、いわゆるスーパーＰＡＣは、ひとりの候補者のために上限なしに資金を調達・使用することができる。ただし、スーパーPACはそうした支出について、候補者や候補者の公式な委員会と連携した動きをとることはできない。その他の利益団体としては、リーダーシップPAC、ケアリー委員会、共同資金調達委員会、527団体、501（c）団体などがあり、これらすべてがひとりかそれ以上の候補者に利するため、あるいは対抗するために、資金を集め、資金を使い、選挙運動に参加している。委員会とPACは、それぞれの支出および受領額をFECに届け出る必要がある。527団体、501（c）団体の場合は、アメリカ合衆国内国歳入庁（IRS）に届け出る。

米政府の官僚主義に対しては、文句を言いたい人もいるだろうが、これがデータベース・モデリングに非常に適していることは間違いない。官僚主義は規則や規制が複雑に絡み合った迷路のようなもので、さまざまなことが詳細に定められている。詐欺や、そこまで大げさではないささやかなごまかし行為は、規則と規則の間にあるわずかな隙間をついて起こる。コンピューターのコードもまた、たくさんの規則が集まってできている。だからこそ、少し工夫をしてそうした規則をコンピューター的に表現すれば、選挙資金調達においてものごとがどのように機能しているべきなのかを効率的にモデル化することができる。モデル化ができれば、どこを見れば規則に外れたものが見つかるかがわかるというわけだ。わたしは、各種関連団体とそれぞれの関係をモデル化した設計図を作った。関連団体はオブジェクトになった。

「選挙資金詐欺」というのは使い勝手のいい言葉だが、これはとくに規模の大きいものだけを指す。実際のところ、選挙資金をめぐる詐欺はほんの少数しか存在しない。なぜなら、今ではごく一部の行為しか違法とみなされないからだ。1970年代、米国では、候補者が調達・支出できる金額、まただれから資金を調達するかについて、非常に厳格な制限が導入された。その後、数々の重要な決議や判決により、そうした制限は徐々に縮小されていった。２００２年には、超党派選挙運動改革法が制定され、候補者や政党への寄付の限度額が数年ごとに引き上げられることが決まった。２０１０年の「シティズンズ・ユナイテッド判決」では、スーパーＰＡＣのような外部団体が、候補者と意思を通じることなく行なう限りにおいて、その候補者のために無制限に資金を調達・支出できるようになった。同じく２０１０年の「スピーチナウ対連邦選挙委員会」裁判の判決は、５２７団体のような外部団体が調達できる資金の限度額を撤廃した。そうした団体に課せられた義務は現在、寄付者の名前の公表のみとなっている。２０１４年の「マッカチオン対連邦選挙委員会」裁判は、個人が候補者や政党、ＰＡＣに対して寄付できる総額の上限を取り払った。[★2] 選挙資金についてすべて説明するのは本書の役割を超えているが、みなさんには「責任ある政治センター（Center for Responsive Politics）」〔政治資金を監視する民間団体〕のウェブサイトを覗いてみることを強くお勧めしたい。そこには、選挙資金について一般の人たちが知るべき入門知識がわかりやすくまとめられている。

　すべての専門家と話をしたあと、わたしは彼らとの会話から共通の要素を抽出した。そうした専門家たちはだれもが、選挙資金のごまかしを探す（あるいは調べる）際、特定のタイプの「例外」、つまり繰り返し登場する特定の警戒信号（レッド・フラッグ）に目を光らせている。過剰な管理支出は、そうしたレッド・フラッグのひとつだ。過剰な管理支出について理解するには、まずはその定義から始めなければならない。すべての政治委員会は、厳密には非営利法人だ。しかし通常の非営利団体とは異なり、政治委員会は会計報告書を内国歳入庁（ＩＲＳ）ではなく連邦選挙委員会（ＦＥＣ）に提出する。すべての非営利法人において、資金の一部は組織の目的のために使われ、一部は組織運営の維持に使われる。目的に応じた支出は「プログラム支出」と呼ばれる。内部経費は「管理支出」と呼ばれる。政治委員会の場合、プログラム支出は選挙運動の費用などがこれにあたる。たとえば、テレビの購入、印刷、デジタル広告などのコストや、庭に掲げてもらう看板を購入する費用、候補者への寄付といったものだ。管理支出は、給料、事務用品、資金集めのイベントを開催するコストなどだ。どんな非営利団体においても、支出全体における管理支出の割合は、その健全性を測るめやすとなる。だれに寄付するかを決める際、この割合を見て、非営利団体の経営状態を評価する人も多い。

もうひとつ注目すべきレッド・フラッグは、業者(ベンダー)をめぐるネットワークだ。たとえば、ジェーン・ドウという名前の候補者が大統領選に立候補したとする。支援者のジョー・ビッグズは、ドウのために100万ドル寄付したいと考えている。寄付されたお金は、直接候補者に渡されるのではないことを思い出してほしい。寄付先は基本的に候補者の主要な選挙運動委員会であり、この場合は「ジェーン・ドウを大統領に(JDP：Jane Doe for President)」という団体になる。しかしながら、ビッグズは100万ドルをドウの選挙運動委員会に渡すことはできない。個人の寄付は上限が2700ドルだからだ。一方、スーパーPACである「正義と民主主義の政治活動委員会(JDPAC：Justice and Democracy Political Action Committee)」であれば、ビッグズからその100万ドルを受け取ることには何の問題もない。スーパーPACはそのお金を、ドウを当選させるために好きなように使うことができる。JDPACはビッグズのお金を「独立支出」と呼ばれるものとして使う。(スーパーPACのような)独立支出のみの団体の難点は、公式の選挙委員会と連携して動くことができないということだ——つまりJDPACは、ジェーン・ドウの選挙委員会であるJDPと連携を取ることが禁じられている。

さて、ＪＤＰが選挙運動用の広告を作るために、ウィチタにあるグラフィック・デザイン会社と契約したとしよう。「ウィチタ・デザイン」というその会社の名称は、ＪＤＰがＦＥＣに提出する支出報告書に記録される。そして、ＪＤＰＡＣが偶然にも、この同じグラフィック・デザイン会社と契約したとする。これもまた、ＪＤＰＡＣがＦＥＣに提出する支出報告書に記載される。こうした状況においても、両団体の間に連携がないというのはあり得ないことではない。もしかするとそのグラフィック・デザイン会社は、業務上の情報管理が非常に行き届いているところかもしれない。この会社は社内にファイヤーウォールを築き、スタッフに対しては、連携はあってはならないのだから、ふたつの業務をしっかりと区別するようにと教育するだろう。これは完全にあり得ることであり、合法かつ適切なことだ。また別のケースとしては、非常に多くの選挙委員会が、ごく一般的なタスクを同じベンダーに委託しているというものもある。たとえばアメリカには、給与処理企業は非常に限られた数しか存在しない。選挙団体や外部団体の大半は、ＡＤＰ社〔民間の給与計算アウトソーシング企業〕に給与処理を任せており、これは報道価値があるネタにはならない。ただし、ベンダー・レベルで連携が取られているという可能性も、同程度に存在する。そのため、もしＪＤＰＡＣとＪＤＰが同じ名称のウィチタのグラフィック・デザイン会社を使っていて、さらにその経営者がたまたまジェーン・ドウの大学時代のルームメイトであるという事実を容易に見つけることができたなら、それを発見したジャーナリストは必ずやフォローアップの取材をし、そこで違法な連携が行なわれていないかどうかを確かめるだろう。そこにはおそらく、記事にするネタが存在する。

昔から、ソフトウェア・プロジェクトには、ちょうどペットに名前を付けるように、名称を付けるのが決まりだ。名前があれば、プロジェクトについて、これに関わる人たちが共通の言葉で言及できるようになる。わたしはこのプロジェクトを「Bailiwick（ベイリウィック）」と呼ぶことにした。メリアム＝ウェブスターの辞書によると、Bailiwick という言葉にはふたつの意味がある。「廷吏の管轄区あるいは事務所」と「専門領域」だ。どちらの定義もこのソフトにふさわしいように思えたし、とくに「裁判所で裁判官が法廷の人々を管理するのを助ける役人」である「廷吏」に関わりがあるところが気に入った。わたしは自分のプログラムが、１９８０年代のコメディ番組『ナイト・コート』に出てくる、背が高くて頭の禿げた廷吏ブルや、ジョーク好きな廷吏ロズのような役割を果たすところを思い描いてみた。わたしのプログラムは、人とデータの間で文書を運び、媒介者としてまるで役人のような機能を果たすだろう。また、「ベイリウィック」という言葉がかわいらしく、楽しい響きを持っているところも好ましかった。わたしの世界では、選挙運動資金データをより楽しいものにしてくれるものなら、なんでも大歓迎なのだ。

より実用的な面で言えば、ソフトウェアに名称が必要なのは、それをコンピューターのディレクトリーに入れる必要があるからであり、そのディレクトリーにもまた名前が付いている必要がある。名前は必ずプロジェクトの冒頭で決定しておかなければならない。赤ん坊に名前を付けるのと同じようなものだ。ただし赤ん坊の場合は、最初にジョセフという名前を付けて、２日後にやっぱりヨッシーという名前にしたくなったなら、あなたはただその時点から赤ん坊をヨッシーと呼び始めて、その子のTシャツの内側には「Yossi」と書けばそれですむ。コンピューター・プログラムの場合、もしベース・ディレクトリーにある名称を変更したなら、コードの内部で深刻な問題が引き起こされることになる。

そんなわけで、名称は Bailiwick と決まった。Bailiwick のＵＲＬは「campaign-finance.org」だ。

ここからは、開発プロセスに入っていく。このプロジェクトの過程でわたしが直面した課題の中には、コーディング・プロジェクトの最中に起こり得る一般的な問題を象徴するようなものも含まれている。たとえば、締め切りがタイトだったことから、わたしはコードを書くのを手伝ってくれる人を雇うことにした。開発者を雇うのは、法律家を雇うのとよく似ている。腕のいい開発者は恐ろしいほど報酬が高い。腕のいい人を見つけるのもまた難しい。なぜなら、彼らは宣伝をしないからだ。そんなことをする必要がないのだ。もちろん人名録（ディレクトリー）も多少は存在するのだが、ごく普通の人間には、それを使いこなすのが容易ではない。ネットで「hire Django developer（雇用　Django 開発者）」で検索してみても、使いものにならない情報が山ほど出てくる。検索結果は、たとえばこんなものだ。

Django の仕事｜**Django 開発者**｜フリーランスの仕事
Django チームは、ネットでもっとも人気の高い django 向けフリーランス・ジョブサイトのひとつ。
Django チームはトップレベルの django 開発者、エンジニア、プログラマー、コーダー、アーキテクトたちの市場（スーク）であり……。

ネットで開発者を探すのは、とにかく難度が高すぎた。そこでわたしは、個人的なネットワークを頼って推薦してもらうことにした。ネットを通じて専門家に仕事を頼むというのは、テクノロジーによって以前よりも手軽になったはずの領域だが、実際の難易度はネットのせいで上昇している。いちばん上に乗せられたアルゴリズムの層は、利益目的での操作が可能であり、そうした仕組みが、ソフトウェア開発者を探すといったシンプルなタスクをこなすごく普通の人間にとっての障害となる。これと同じ問題は、わたしが家で何かを修理してもらうために便利屋を探そうとしたときにも起こった。こうした事態に遭遇すると、キュレーションの有益さを思い知らされる。ネットの世界では、だれもが自身の求める真実を探せることになっているはずだが、ときにはごく簡単なタスクに果てしない時間がかかってしまう。選択肢がありすぎて選択できないというパラドクスは、ときに重たい足かせとなる。

遺憾ながら、いつの間にかわたしは、計算手が必要なのに見つけることができない19世紀の数学者たちと同じ苦境に陥っていた。できれば、女性と有色人種だけで構成されたチームと契約したいというのが、わたしの希望だった。わたしは自分のネットワークをフルに活用した。人探しはしかし、予想していたよりもはるかに難航した。わたしは、自分で事務所を経営している有色人種の女性に声をかけてみた。わたしの予算では、彼女を雇うことはできなかった。それどころか、ある友人のソフトウェア会社が提示してくれた、大幅に値下げをした金額さえ、わたしには賄うことができなかった。最終的に、わたしは女性1人、男性3人と、それぞれ個別に契約を交わし、プロジェクトの女性と男性の比率は2対3というところに落ち着いた。小さなチームで、締め切りはすぐそこに迫っているのだから、これでなんとかやってみるしかない。

プロジェクト管理に関して、だれもが知っている公然の秘密とは、ソフトウェア開発プロジェクトに必要な時間はだれにもわからない、というものだ。その原因は、ひとつには、コンピューターのコードを書く作業が、物品の製造よりもエッセイの執筆に近いためだ。オリジナルのコードというものは、かつてだれも書いたことがないコードなのだから、それを書き上げるまでにどれくらいの時間がかかるかを見積もる確実な方法は、実質上存在しない——そのコードが、前例のない作業を行なうためのものであればなお

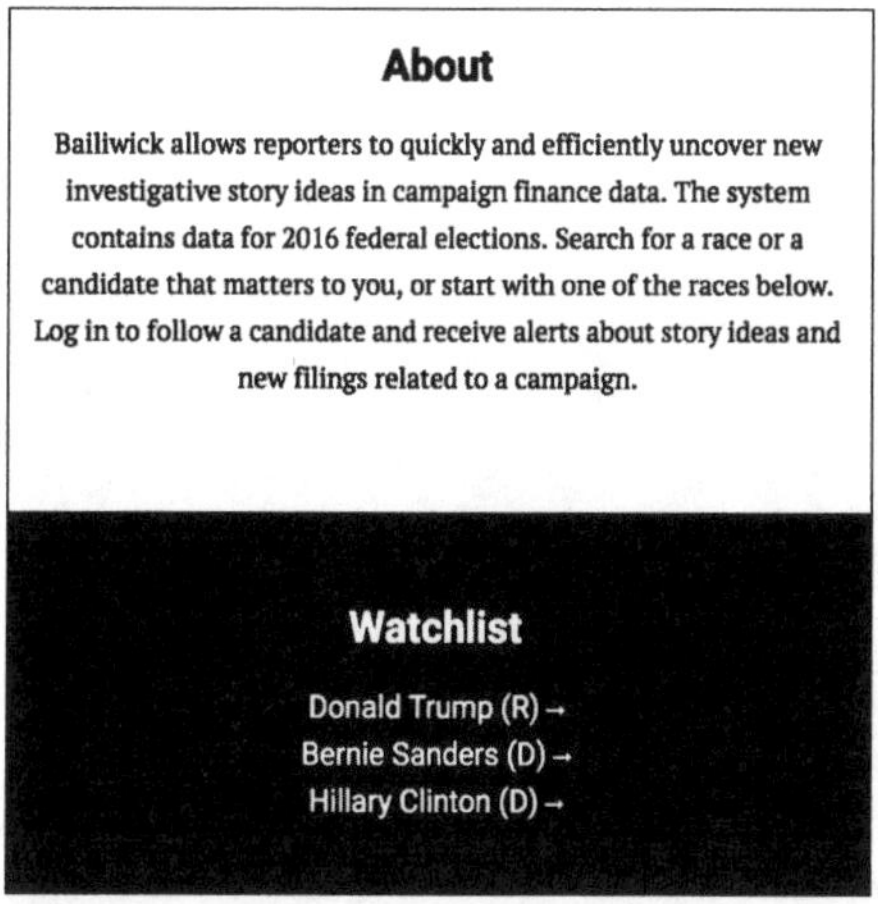

About

Bailiwick allows reporters to quickly and efficiently uncover new investigative story ideas in campaign finance data. The system contains data for 2016 federal elections. Search for a race or a candidate that matters to you, or start with one of the races below. Log in to follow a candidate and receive alerts about story ideas and new filings related to a campaign.

Watchlist

Donald Trump (R) →
Bernie Sanders (D) →
Hillary Clinton (D) →

図上部の紹介文
「Bailiwickを使えば、選挙資金データの中から、記者がすばやく、効率的に新しい調査報道記事のアイデアを探すことができます。Bailiwickのシステムには、2016年の連邦選挙のデータが含まれています。あなたが関心を持っている選挙戦あるいは候補者を検索するか、下記の選挙戦の中からひとつ選んでください。ログインすれば、候補者を追跡し、記事のアイデアや、選挙関連の新たな情報の到着を知らせるアラートを受け取れます。」

図 11.1　Bailiwick のスプラッシュ・スクリーン。2016 年の米大統領選候補者 3 名を表示するようカスタマイズされている〔図下部の Watchlist〕。

さらだ。もうひとつの問題は、コードを書くのが機械ではなく、人間であることだ。人間は時間や活動を見積もるのが得意ではない。人間は休暇を取る。人間は午後をプログラミングする代わりに、フェイスブックを覗いて過ごす。つまるところ、彼らは人間なのだ。彼らは変数であって、定数ではない。

　選挙運動資金の世界の複雑な関係を、シンプルで、ネタを見つけやすい形で表現するというのは難題だった。わたしはユーザー・インターフェースの専門家、アンドリュー・ハーヴァードと一緒に作業を進め、彼には、記者たちが自分にとって重要な情報を効率的に整理・分類することができるページを、いくつかデザインしてもらった。州の報道機関の記者たちは一般に、自分の州の選挙戦に関わりのあるネタを見つけたいと思っている。全国規模の報道機関の記者たちは一般に、大統領選と重要な州の選挙戦に焦点をあてる。いずれにせよ、このシステムでは、自分が関心を持っている選挙戦と候補者をセレクトすることができる。セレク

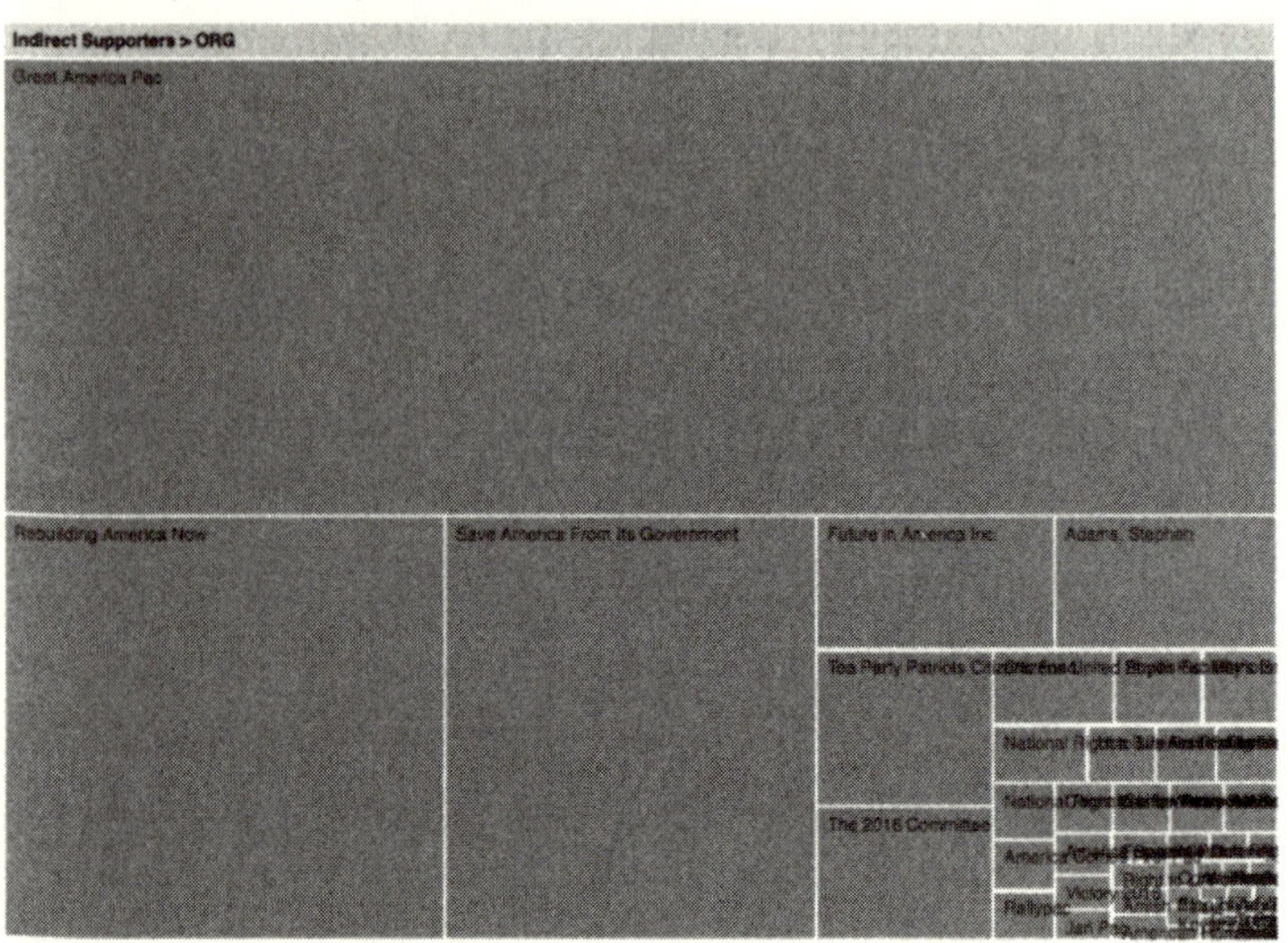

図 11.2　ドナルド・トランプ支援のための独立支出〔上半分の長方形がグレート・アメリカ PAC〕。

トした対象は、ログインしたときにお気に入りリストとして表示される。図11・1は、２０１６年大統領選候補のドナルド・トランプ、バーニー・サンダース、ヒラリー・クリントンをお気に入りにしている記者が、ログイン時に見る画面だ。いずれかの名前をクリックすれば、その候補者のページに移動する。候補者はそれぞれ、ＦＥＣに一連の財務報告書を提出している。記者はBailiwick 上でスクロールしながら各財務報告書に目を通したり、使い勝手のよい形でまとめられた財務報告書の数字の合計値を見たりすることができる。

　人は一般に、寄付はある候補者を応援するためのものと、ある候補者に対抗するためのもののどちらかだと考える傾向にある。一方、選挙資金法では、寄付はいくつものグループに分けられている。授権委員会へ

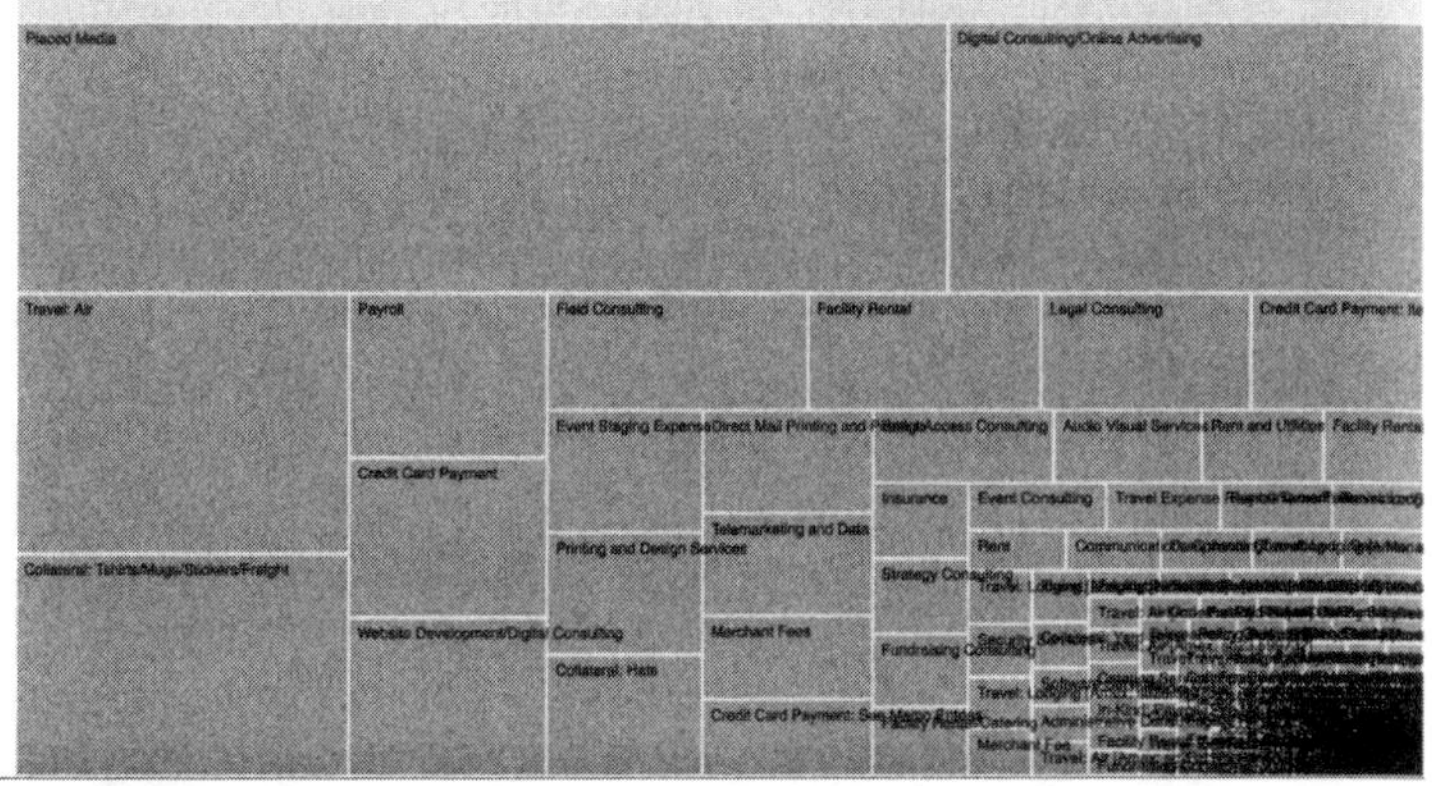

図 11.3　カテゴリー別にまとめた、2017年12月時点のドナルド・トランプ選挙委員会の運営支出。下部中央にある「Collateral: Hats（宣伝用品——帽子）」と記された長方形に注目。

の寄付と、独立支出が存在することを覚えているだろうか。Bailiwickは、これらの報告書を解析して、支持グループと対抗グループにまとめ直す作業を行なう。こうすれば時間と手間の節約になるし、関連する人々の名前をざっと確認することも容易にできるようになる。

内部団体および外部団体の情報が、ツリーマップの内容を形成する。ツリーマップとは、ごく一般的なデータ可視化（ヴィジュアライゼーション）の形式で、これが各候補者ページの下に表示される。数字を解析するのは難しい。しかし、もし一件一件の支出がカテゴリー別にまとめられていれば、データの中にあるパターンを見つけることは格段に容易になる。ツリーマップの中では、各カテゴリーが長方形で表示されている。重要なのは各長方形の相対的なサイズ、寄付をした人の数、寄付金の総額だ。いずれかの長方形をクリックすれば、さらに詳細な情報を見ることができる。大統領就任式の時点では、「グレート・アメリカPAC」という団体が、独立支出においてもっとも多額の資金を使っていた（図11・2参照）。同団体の長方形をクリックすると、彼らは選挙戦の間に数十回におよぶ個別の取引を行ない、1270万ドルをトランプの支援のために使っていることがわかる。

データ・ヴィジュアライゼーションをきっかけとして記事のアイデアが見つかることは少なくない。たとえば、トランプの選挙委員会の支出パターンを初めて見たとき、わたしはある比較的大きな長方形が「帽子」だけで形成されていることに気がついた（図11・3参照）。2016年12月の時点で、選挙委員会はカリ＝フェーム社という企業が販売している帽子に220万ドルを使っている（図11・4参照）。

2016年の秋には、わたしはカリ＝フェーム社について何も知らなかったが、トランプによる帽子への支出には、何かしら記事になるネタがありそうに思われた。記者のフィリップ・バンプも、わたしと同じことを考えていた。2016年10月25日、バンプは『ワシントン・ポスト』紙に、「ドナルド・トランプの選挙委員会、世論調査よりも帽子に多額の支出」と題した記事を発表した。[★3] これ以外にも、トランプの選挙委員会は1430万ドルをTシャツ、マグ、シール、輸送費に使っている。取引相手はたったの1社。石油・ガス業界の作業着を専門とするエース・スペシャルティーズLLCという企業だった。同社のオーナー、クリストル・マフフーズは、エリック・トランプ財団の理事に名を連ねている。[★4] これは何を意味しているだろうか。わたしにはわからない。もしわたしが政治番の記者だったなら、きっとこのネタも追いかけるだろう。

旅行業界向けのニュース・サイトSkift（スキフト）の記者アンドリュー・シヴァフマンは、また別の観点からデータを見ていた。彼はBailiwickを利用して、「クリントンVS.トランプ――大統領選候補は交通

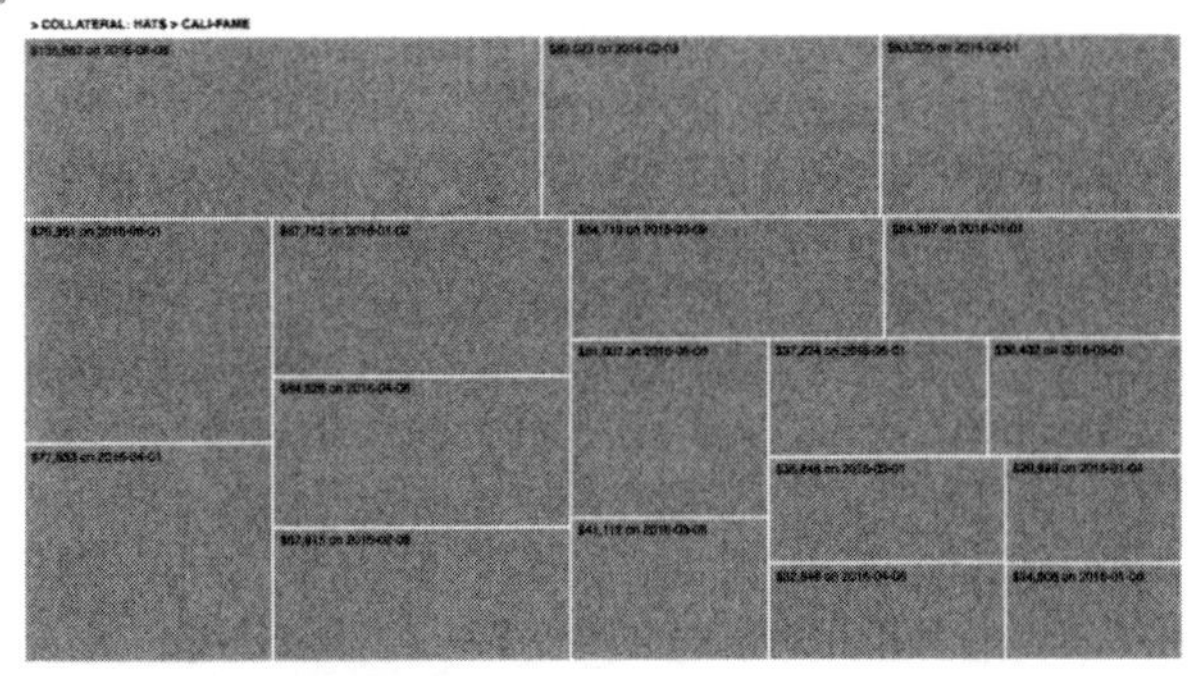

図 11.4　ドナルド・トランプの選挙委員会からカリ＝フェーム社への「帽子」項目での支払い。日付と金額でまとめられている。

費を何に使っているか」という記事を書いた。この記事で彼は、トランプが選挙中の交通費を、自身が所有するTAG航空に対して、選挙資金から支払っている実情を分析している。[★5] これは違法ではないものの、注目には値する。この記事はまた、選挙資金にまつわる、合法ではあっても適切とは言い難いさまざまな事柄について議論するきっかけを提供している。こうした問題についての公共の対話（パブリック・カンヴァセーション）をうながす唯一の方法は、ストーリーを伝えることだ。ストーリーを伝えることによって、わたしたちは世界を理解する。簡単な答えは存在しない。わたしたちには公共の対話が必要だ。多様な声を含む対話を持つことによって、そうした問題を民主的な方法で解決することができる。

Story Discovery Engine は、自律システムというよりも、人間参加型システムだ。人間参加型システムと自律システムとの違いは、ドローンとジェットパックの違いに似ている。この違いは、効率的なソフトウェア設計にとって重要な意味を持つ。あなたがもしコンピューターに魔法のような技を期待しているなら、きっとがっかりさせられるだろう。あなたがもし作業のスピードを上げたいなら、きっと期待通りの結果を得られる。このような、人間がマシンの支援を受ける形を好ましいととらえる態度は、2兆9000万ドル規模のアメリカのヘッジファンド・ビジネスにおいて注目を浴びつつある。ヘッジファンド業界は、計量的手法の使用では常に最先端を走ってきた。チューダー・インベストメントを率いる億万長者のポール・チューダー・ジョーンズが、2016年、自身のヘッジファンド・チームに向かってこう発言したのは有名な話だ。「マシンよりすぐれた人間はいないし、マシンを持つ人間よりすぐれたマシンはない[★6]」

より一般的な観点から、このツールがどのような働きをするものであるかを表現するなら、これは何かが「実際にどうなっているか」と、それが「どうあるべきか」の違いを明るみに出すものだと言えるだろう。「どうあるべきか」というのはたとえば、グループの管理支出は、支出総額の20パーセント以下でなければならない、といったものであり、「実際にどうなっているか」というのは、FECに提出されている財務報告書類において、管理支出として分類されているものの年間支出におけるパーセンテージそのものを指す。もしそこに変則的な数字があれば——もし管理支出が20パーセントよりも大きければ——、記事になるネタが見つかるチャンスがある。

わたしが「チャンス」と言っていることに注目してほしい。そこに確実にネタがあるわけではない。なぜなら、まったく正当な理由から、ある四半期に管理支出として多額の資金を使うことはあり得るからだ。わたしたちが作りたいのは、ある政治グループの管理支出が先月よりも今月の方が2パーセント高いのだから、彼らが違法行為を行なっている確率は47パーセントある、などと教えてくれるマシンではない。それはあまりに馬鹿げているし、誹謗(ひぼう)行為にもなりかねない。

コンピューターサイエンティストはよく、データセットの中で見るべきは、もっとも高い結果5件と、もっとも低い結果5件と、平均値だという話をする。これは悪くない考え方ではあるものの、ジャーナリスト的な視点からは、おもしろみに欠ける場合もある。たとえば、調べる対象がどこかの学区の雇用者の給与リストだとしよう。もっとも高い給与を受け取っている雇用者は、校長や高い地位にある管理職になる可能性が高い。もっとも低い給与を受け取っている雇用者は、労働組合に属していない、パートタイムの人たちになるだろう。これはニュースでもなんでもない。給与体系をあまり見たことのない人であれば、驚いたり、少しくらいはおもしろいと思ったりするかもしれないが、それは報道価値があるかどうかとは別問題だ。ジャーナリズムにおいては、ネタは正確かつ大衆にとって興味深いという、その両方の基準を満たすことが求められる。コンピューターサイエンティストはそうした条件にしばられずに、非常に専門的な知識を持つオーディエンスに対して、小さなスケールの事象を興味深いものとして発表することができる（わたしにとってこれは、とてつもなく羨ましいことだ）。興味深さのしきい値は、分野によって大きく異なる。

もしわたしが、管理支出の大きいグループを調べるとしたら、おそらくいちばん最初に注目するのは、管理支出の割合がもっとも大きいグループだろう。平均的な値から大きく外れた数値からは、ネタが見つかりやすい。わたしはもっとも高い割合のグループと、もっとも低い割合のグループを調べて、そこに何かおもしろいものがないかどうか確かめてみるだろう。

わたしは、Story Discovery Engine にひとつ大きな修正を施した。わたしが教科書のエンジンについて説明しようとしたとき、人からはよくこんな風に聞かれた。「つまり、記事のネタを吐き出すマシンを作ったっていうこと?」わたしは、これは記事のネタを吐き出すマシンではなく、もっと間接的に役立つものだと説明したり、自動化についての話をしたりした。大半の人はこのあたりで、目がうつろになってくる。そこでわたしは、第2弾のStory Discovery Engineを、本当に記事のネタを吐き出すマシンとして作ってみようと考えた。図11・5は、この機能がどんな見た目になるかを示したものだ。

ここではっきりと断っておきたいのは、ほかの機能とは異なり、記事アイデア機能は「実用に足る最小限の製品(MVP：Minimum Viable Product)」であるということだ。この機能はきちんと動くし、実際の結果を目で確かめることができる——しかし、それはひとつのケースに関してだけであり、本来計画していたすべてのケースについてではない。これについては、Bailiwickの仕様文書で明確に説明してある。わたしは記事アイデア機能について、これはきちんと機能すると胸を張って断言することができる。つまり開発者としてのわたしの観点からは、これはすでに解決された問題だ。しかし、ソフトウェアの場合、機能するとは言っても、それが完璧に機能するとは限らない。それは動く、動かないという二択の状況ではない。人間が少しだけ妊娠するというのはあり得ないが、ソフトウェア・プログラムには、少しだけ機能するという状況があり得る。MVPというものが持つ重要な意義は、だれかに実演してみせることができる程度に製品が機能するところまで仕上げて、顧客を得たり、次の開発につなげるための資金を調達したりすることだ。これはよいやり方でも、よい習慣でもなく、また半端に機能するソフトウェアを世間に出すことはユーザーにとってもよいことではない。それでも、これは今や標準的な習慣になっている。もっとすぐれたやり方があると、わたしは思っている。問題はたいていの場合、わたしがBailiwickの開発で突き当たったものと同じだ。つまり、開発チームに許された資金も時間も、記事アイデア機能を仕上げる

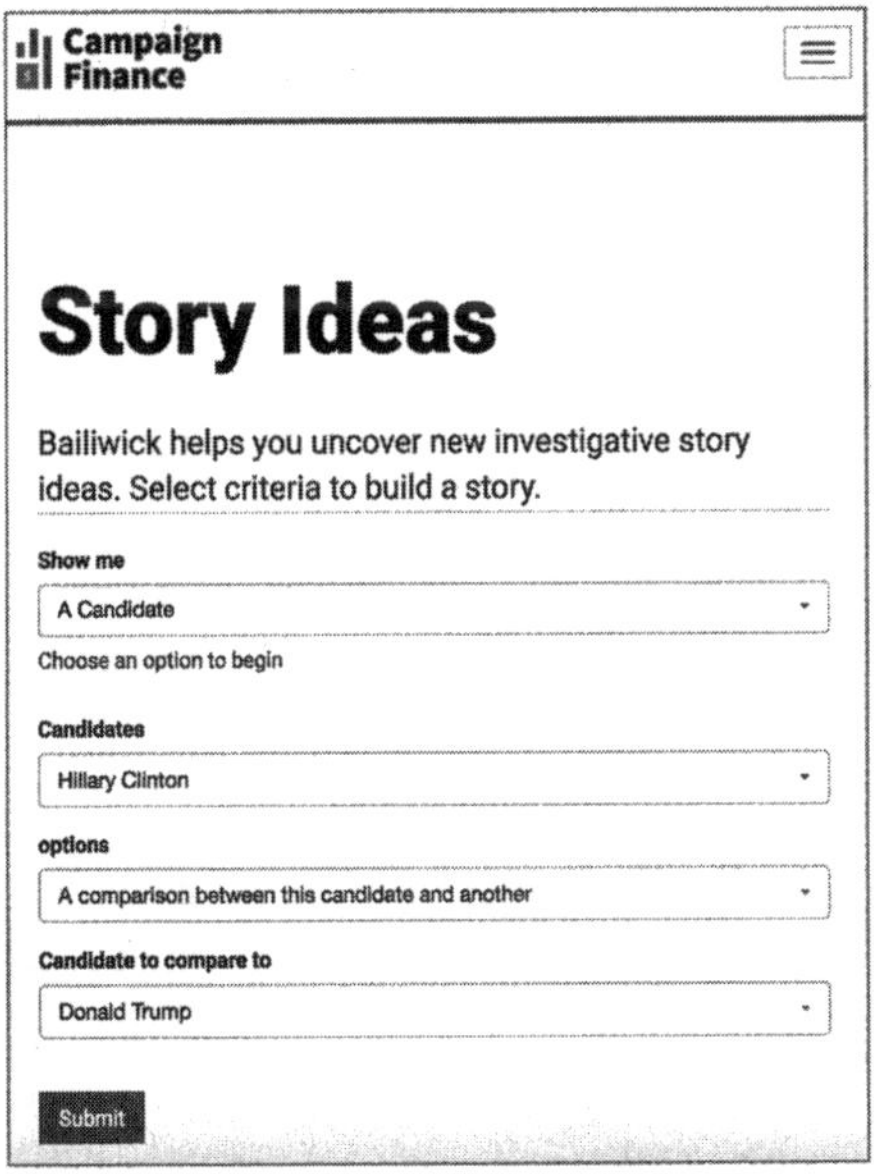

Campaign
Finance

Story Ideas

Bailiwick helps you uncover new investigative story ideas. Select criteria to build a story.

Show me

A Candidate

Choose an option to begin

Candidates

Hillary Clinton

options

A comparison between this candidate and another

Candidate to compare to

Donald Trump

Submit

記事のアイデア
Bailiwickは新しい調査報道記事のアイデア探しをお手伝いします。記事を作るための基準を選んでください。

見たいもの
候補者
選択肢からどれかひとつ選んでください

候補者
ヒラリー・クリントン

オプション
この候補者と別の候補者の比較

比較する候補者
ドナルド・トランプ

図 11.5　記事のアイデアのページ。

前に底をついてしまったのだ。

以下に挙げる例もまた、開発プロセスにおいて非常に典型的な問題だが、対処を怠れば、その影響は広範囲におよぶ。ある日、わたしのコードが理解できないエラーを吐いた。わたしは新しいデータベースを作り、全３５０万件の記録を最初からロードしてコードをテストしてみることにした。最初の10秒間はうまくいった――そして、さっきとは別のエラーが出た。わたしは問題があると思われる箇所を修正した。そして、もう一度データをロードした。うまくいかない。わたしはまた別の問題と思われる箇所を修正した。事態はさらに悪化した。わたしは最初のデータベースに戻り、エラーを再現してみようとした。今度は今までとはまったく別のエラーが出た。わたしは、最初のデータベースは――永遠に――修復できないことに気づき、完全に２番目のデータベースに切り替えた。気分は最悪だった。チームの人たちは最初のデータベースを使っており、それを使わせておいて壊したということは、わたしはほかの人たちのコーディングの邪魔をしていることになる。これはよくあるバージョン管理問題だったが、コンピュテーションでは精度が重要であるため、わたしが原因で起こっているエラーはおそらく、ほかの人たちにとっても不可解でいらだたしいエラーをいくつも発生させることになる。

こうした類の障害が、テクノロジーをニュース編集の現場に取り入れるのを難しくしている。小さな規模で障害への対処を行なっていけば、大規模な取り組みがどうすればうまくいくかが見えてくるかもしれない。また、なぜ大規模な取り組みが失敗するのか、その理由を理解できる可能性もある。さらには、なぜコードを書くという仕事が、組立てラインで成し遂げられる類のものではないのかという理由もわかるはずだ。ものづくりの形には、(組立てラインを使った)工場モデルもあれば、小ロット・モデルもある。工場では、すべてのタスクを確認したうえで、どれが自動化でき、どれが繰り返し可能かを見定めることができる。小ロット生産でも、同じことが行なわれる――ただしこちらの場合、一部には相変わらず手作業が残るはずだ。コンピュテーショナル・ジャーナリズムとはいわば、スローフード運動のようなものだと考えてもいいだろう。

これまでのところ、Bailiwick ツールは小さくとも強力なインパクトを発揮している。実際に何人の記者が Bailiwick を使って記事を書いたかについては確かめていないが、わたし自身はこのツールを授業で定期的に使っている。わたしは毎学期、30人ほどの学生を教える。これはつまり、少なくとも毎年60本の記事が Bailiwick から生み出されるということだ。開発にかかったコストを考えると、悪くない成果だ。

もしBailiwickがニュース編集局で定期的に使われた場合、これを利用して書かれた記事の一本一本が、記事の横に配置される広告を通して収入を生み出すことになる。莫大な収入をもたらすことはないだろうが、バケツの中の一滴にはなるだろう。大量生産の組立てラインから生まれる製品ほどのお金にはならずとも、それは収入を生み出す力を持つ、工芸職人によって作られた作品ということだ。

さしあたって、わたしの選挙資金ツールはお金を少しも生み出してはいない。財政面における持続可能性への道は見えていない。Bailiwickには、授業のツールとして、調査プロジェクトのモデルとして、またコンピュテーショナル・ジャーナリズムにおける応用研究（つまり〝理論的研究の反対〟）の例としての価値がある。大変残念なことに、そうした漠然とした価値は、Bailiwickのサーバーを動かしておくためにかかる月1000ドルのコストをカバーしてはくれない。これはテック世界が抱えるもうひとつの秘密だ。イノベーションにはお金がかかる。もしわたしがこのプロジェクトにこれほど費用がかかることを知っていたなら、途中で違う選択をしていたかもしれない——しかし、こうしたタイプのソフトウェアはだれも作ったことがなかったのだから、費用を予測する方法は実質上存在しなかった。プロジェクトの運営費用に関して、わたしには〝盲点〟があったと言えるだろう。こうした類の不測の事態は、新しいテクノロジーを構築するときには、必ずと言っていいほど起こる。必要なのは、自分が作ろうとしているものの完成を信じ、また金銭的な面もきっとうまくいくはずだと信じることだ。エンジニアリングはときとして、未知の世界へのスリリングな跳躍なのだから。

第12章　加齢するコンピューター

わたしは、この先も末永くBailiwickの運営を続けようとは思っていない。どこかの時点で、わたしはこれをインターネットと切り離してアーカイヴし、また次のソフトウェア制作へと移っていくだろう。車や、植物や、人間関係と同じように、ソフトウェアも、手をかけて世話することと、常に心を配ることを必要としている。そしてまた、ソフトウェアには寿命もある。

ウェブサイトやアプリやプログラムは、いつか必ず使えなくなるときがくる。なぜなら、それが搭載されているコンピューターが消耗し、アップデートが必要になるからだ。世界は変わる。ソフトウェアはアップデートが必要になる。たとえばあなたが、どこかの企業が提供しているごくシンプルなウェブサイトを運営しているとして、その企業はいつか必ず、幹部の交代や買収を経験したり、サーバーのアップデートを行なったりするときがくるし、そうなれば否応なしに、何かしらうまくいかないことが出てくる。あなたが毎年、ソフトウェア制作を行なうたびに、技術的な負債が積み上がる——その負債とはつまり、現在のソフトウェアを維持し、パッチ〔修正・更新用のプログラム〕をあてたり修正を加えたりするコストのことだ。大学教授のアンドリュー・ラッセルとリー・ヴィンセルが執筆した『ニューヨーク・タイムズ』紙の社説によると、ソフトウェア開発費の60パーセントは、バグ修正やアップグレードといったルーチンのメンテナンスに費やされているという。[★1] 一般的な認識とは裏腹に、将来的に労働力として必要とされる大勢のエンジニアやソフトウェア開発者は、革新的な新規プロジェクトに駆り出されるわけではない。エンジニアの70パーセントは、既存のプロダクトのメンテナンスに従事しているのであって、新しいものを作っているのではない。

メンテナンスの問題はわたしたちに、デジタル世界はもはや新しいものではないという現実を突きつけてくる。最初のドットコム・ブームを巻き起こした人々がそうであるように、デジタル世界も今や中年になった。もしデジタル世代はミンスキーやチューリングとともに始まったとするなら、もう十分高齢者と言ってもいい。このあたりでそろそろ、テクノロジーに今、何が費やされており、テクノロジーを機能させ続けるために何が必要なのかについて、より正直かつ現実的になるべきだろう。テクノロジーが民主主義と人間の尊厳とを支えるために用いられる未来へと続く道はきっと見つかると、わたしは信じている。

過ちはあった。そのせいで、メディア産業は今後、デジタル革命を謳わなくなるのかもしれない。またそのせいで、テック産業も今後、デジタル革命を謳わなくなるのかもしれない。大切なのは、過去を理解し、この先同じ過ちを繰り返さないことだ。

わたしたちにできることは、ひとつにはテクノロジーを新しい、光り輝く、革新的なものとして扱うのをやめ、ごくあたりまえの生活の一部であると考えることだ。最初のコンピューターであるＥＮＩＡＣは、

１９４６年に稼働した。わたしたちは半世紀という時をかけて、テクノロジーと社会をどのように統合すればよいか、その答えを探してきた。これは相当に長い年月だ。しかしこれだけの時がたった今でも、テック会議の冒頭の10分間が、スクリーンにPowerPointのプレゼン資料を映し出すために、だれかがプロジェクターの使い方を解明するのを待ちながら気まずいまま過ぎていくといったことはしょっちゅうだ。これまでのところ、わたしたちがデジタル・テクノロジーを使って成し遂げたことといえば、合衆国内の経済的不平等の拡大、違法ドラッグ濫用の促進、自由な報道機関（フリー・プレス）の経済的持続性の阻害、〝フェイク・ニュース〟危機の誘発、選挙権と公正な労働者保護の縮小、市民に対する監視、ニセ科学の流布、ネット上での人（主に女性や有色人種）に対する嫌がらせやストーキング、人々をイラつかせ、最悪の場合は爆弾を落とす空飛ぶロボットの制作、なりすまし犯罪の増加、不正利用を目的とした数百万件ものクレジットカード番号盗難につながるハッキング、大量の個人データの販売、そしてドナルド・トランプの大統領への選出などだ。これは、初期のテック伝道者たちが約束していた、よりよい世界ではない。これは、常にわたしたちとともにある旧態依然とした人間の問題を抱えた、旧態依然とした世界だ。そうした問題はコードやデータの中に隠されているせいで見えにくく、無視しやすくなっている。

アプローチを変える必要があるのは明らかだ。わたしたちはテクノロジー崇拝をやめなければならない。アルゴリズムを精査し、不平等に目を光らせ、コンピューテーショナル・システムの、そしてテック産業内部のバイアスを減らしていかなければならない。もしローレンス・レッシグ（米法学者）の言うようにコードが法律であるのなら、わたしたちは、コードを書く人間が法の支配に則ってそれを行なっていることを確かめなければならない。彼らのセルフガヴァナンスに対する努力には、まだまだ改善の余地がある。

わたしたちは過去から学ぶことができるが、まずはその過去がどんなものだったのかを、よく見定めなければならない。

ジャーナリズムやアカデミアからは、AIに対する、より新しくバランスのとれた見方を提示するプロジェクトが生まれている。そうした例のひとつが、マイクロソフト研究所のケイト・クロフォードとグーグルのメレディス・ウィテカーが2017年に立ち上げた、ニューヨーク大学の政策グループ「AIナウ研究所」だ。シリコンバレーが出資する同研究所は、オバマ大統領時代の米科学技術政策局と米国家経済会議のジョイント・プロジェクトとして誕生した。AIナウ研究所による最初の報告書は、人工知能テクノロジーの四つの基礎領域である健康管理、労働、不平等、倫理において、近い将来持ち上がるだろう社会的・経済的課題に焦点をあてたものだった。報告書の第二部は、以下のように呼びかけている。「あらゆる主要な公的機関——刑事司法、健康管理、福祉、教育などに責任を持つ機関——は、〝ブラックボックス〟化したAIやアルゴリズム・システムの使用をすみやかに中止し、検証、監査、市民による評価などの仕組みを通じて説明責任を果たすシステムへと移行しなければならない」[★2]。ダナ・ボイドが代表を務めるまた別のシンクタンク「データ&ソサエティ」は、AIシステムの中で人間が果たす役割に対する理解や関心を高めることを目指している[★3]。第9章で取り上げた〝よい自撮り〟実験は、そうした自撮りの一枚一枚をポピュラーなものにしている(そして、実験を行なっている)人々の社会的コンテクストについて、より繊細な部分まで理解したうえで実施したなら、もっと有益な結果を導くことができたかもしれない。

もうひとつ、研究に値する分野として、ソーシャル・ネットワークから不適切なコンテンツを排除する、人間を介したシステムを挙げておきたい。暴力的あるいはポルノ的なコンテンツがネットに上げられたときには、常に人間が目で確かめ、それが斬首の場面を映した動画なのか、人体の開口部に物体が不適切に挿入されている写真なのか、あるいはそれ以外の、人間の最悪の部分をさらけ出した何かなのかを、確かめなければならない。日々、醜悪なものを大量に見続けることによる精神的な負担は相当なものになるだろう。[★4]わたしたちはこうした慣習について厳しく問いただし、そこにどんな意味があるのか、それに対してどんな対処をしなければならないかを、文化を共有する者同士として、ともに決断していかなければならない。

機械学習コミュニティー内部には、アルゴリズムの不平等や説明責任への理解を深めていこうとの動きがある。「機械学習における公正と透明性」と題した会議およびコミュニティーが、この分野を先導している。[★5]一方、ハーヴァード大学教授のラターニャ・スウィーニーが主宰する、ハーヴァード大学計量社会科学研究所のデータ・プライバシー研究室は、とくに医療データを中心とする巨大なデータセットにおいて、プライバシーの侵害が起こる可能性を理解するための画期的な研究に取り組んでいる。同研究室が目指すのは、「プライバシーの保護を保証しつつ、同時に、社会が個人の情報を数々の価値ある目的のために収集・シェアすることを可能にする」テクノロジーと政策を作ることだ。[★6]また伊藤穰一が所長を務めるケンブリッジ〔米国マサチューセッツ州〕のMITメディアラボも、コンピューターサイエンスにおける人種的・民族的多様性を取り巻く従来の認識を変え、システムの検証をスタートさせるという、すばらしい仕事に取り組んでいる。MIT大学院生のカーシック・ディナカーが手がけた人間参加型のシステムに関する仕事に触発されて、MITメディアラボの教授イヤッド・ラーワンは、彼が「社会参加型機械学習」と呼ぶものの研究を開始しており、彼はこれをAIにおける倫理問題〔たとえばトロッコ問題など〕に明確な答えを出すために活用したいとしている。ＭＩＴメディアラボとハーヴァードのバークマン・センターが主導する、ＡＩの倫理とガヴァナンスに焦点をあてたまた別のプロジェクトには、「人工知能の倫理とガヴァナンスのための基金」が資金を提供している。

そしてもちろん、業界内の人員やコストの削減にも負けずに高いレベルの仕事を提供し続ける、データジャーナリストたちもいる。数々のすばらしいツールは、文書やデータの精巧な分析を可能にしてくれる。文書をネット上に安全に保管するリポジトリーであるDocumentCloudは、現時点で３６０万件のソース・ドキュメントを保持し、世界の１６１９の団体に所属する８４００人のジャーナリストによって利用されている。DocumentCloudは、大小さまざまな世界中の団体によって使われており、パナマ文書やスノーデン文書といった、社会に大きな衝撃を与えた報道にも資料を提供してきた。[★7] 世界のデータジャーナリストの数は徐々に増えつつある。データジャーナリストが集う年に一度のＮＩＣＡＲ〔全米コンピューター支援報道研究会〕の参加者は、２０１６年に初めて１０００人を超えた。真に大きな影響力のある調査データ・プロジェクトに対しては、毎年、データジャーナリズム・アウォードなどの賞が贈られている。わたしが未来を楽観視していることには、それなりの理由があるのだ。

本書では、現在のコンピューティング・テクノロジーを作り上げた数々の歴史上の成り行きや、これを支えている基盤について見てきた。人々がコンピューターをどのようなものであると理解しているかについて思いをめぐらせる中で、わたしはコンピューティングが始まった場所である、ペンシルヴァニア大学のムーア電気工学校を訪ねてみようと思い立った。ここでは、世界初のデジタル・コンピューターとされるＥＮＩＡＣの現存部分が来訪者に公開されている。ある意味、ＥＮＩＡＣが安置されているこの家は、わたしが始まった場所でもある。わたしはこの学校の隣にある病院で生まれた。わたしの両親は1970年代、ペンシルヴァニア大学の学部生だったときに、デートに出かけるようになった。ふたりはコンピューター・センターのキャンパスで、一緒に長い時間を過ごした。彼らはパンチカードを揃えて箱に入れ、コンピューター・センターに出向いて、自分の順番が来るのを待ってから、カードを入力デバイスに通して、大型コンピューターで統計的実験を行なった。もしカードを落としてしまったら、すべておじゃんだったと、母は言っていた。そうなればもう一度、正しい順番にカードを並べ直すしかない。

ムーア校の校舎の外には記念の説明板があり、ベッツィー・ロス（初めて星条旗を作ったとされる女性）の家など、フィラデルフィアの偉人たちにゆかりのある場所に掲げられた説明板と揃いのフォントで、ＥＮＩＡＣの業績を讃える文章が刻まれている。その日は、すっきりと晴れた気持ちのよい天気だった。黒っぽいスーツやワンピースに身を包んだ数十人の高校生が、歩道を歩くわたしの脇をゾロゾロと追い越していった。いく人かの手に、「模擬議会（モデル・コングレス）」と書かれた3本リングの白いバインダーが見える。男の子の中には、慣れないスーツの上にスキー・ジャケットを着込んでいる子や、フードの回りにファーが付いたカモフラージュ柄のジャケットを着ている子もいる。ひとりの女の子が不満そうな声で、友人に話しかけていた。「ヒールだとどうやって歩けばいいのかもわかんないよ」。そう言いながら彼女は、黒いスウェードのパンプスでヨタヨタと歩道を歩いていく。ピカピカの格好をした陽気な子供たちは、視界のどこにも教師の姿がない大学のキャンパスで、大人になった気分を満喫していた。そういえば、「模擬国連（モデルUN）」のようなイベントは（着慣れない服などもすべてひっくるめて）、わたし自身やわたしの友人たちが大人になるのを後押ししてくれたものだ。大人のような服を着て、模擬的な職場の活動に参加することで、わたしたちはどんな風に仕事のできる大人になっていけばいいのかを学んでいった。おそらく、こうした類の体験を、ビデオ会議やライブチャットに置き換えることは可能だろう。ただしそれはきっと退屈で、得られるデータの密度も低い。10代の子供たちがそれに参加したがるとは、とうてい思えない。

わたしは入館カードを持っていなかったため、建物の入り口付近で待っていると、やがてカードを持っている学部生が現れた。彼はこちらにチラリと目をやり、わたしが無害な存在であることを見て取ると、手に持った電話での会話に戻っていった。わたしは彼と一緒に建物に入り、ウロウロと歩き回り、迷子になりかけながら、迷路のような廊下を進んでいった。研究室をいくつも通り過ぎる。ラピッド・プロトタイピング〔3次元の形状データを利用して迅速に試作品を作製する技術〕の研究室や、精密加工の研究室など、どの部屋の中にも、やけに大きなボール盤や3Dプリンターや巨大な機械の破片が山ほど置かれており、そのどれもがどこかしら壊れていた。エンジニアは備品を酷使する。ある機械工学科の学生がわたしに同情して、ENIACがある場所まで案内してくれた。そこは建物の1階にある学生ラウンジで、わたしは木製の両開きの扉を開いて中に入った。展示されている制御パネルは、ほんの数点だ。1960年代のフォントで刻まれた説明板にはこうある。「ENIAC、世界最初の電子大規模汎用デジタル・コンピューター」

ラウンジには、共同作業をする学生向けの、レストランにあるような木製のブースが3カ所あるほか、共同作業をしない人たち向けの、バースツールを置いたバーカウンターも3カ所あった。あるバーの上には、フェイスブックの宣伝用ポストカードの束がところ狭しと置かれ、その隣にはコンピューターとプリンターが鎮座している。「フェイスブックのソフトウェア・エンジニアなら、インターンでも新卒でも、あなたが書くコードは世界の14億人を超える人々に影響を与えます」。カードには、そんな文言が書かれていた。フェイスブックはどうやら、すばやく動き、物を作り、リスクを取り、問題を解決する人々をリクルートしたいらしい。「世界をコネクトするためには、わたしたち一人ひとりの力が必要です」とカードは訴えていた。わたしもそう思う。世界をコネクトするというのは共同作業だ。しかし、テクノロジーだけが答えではない。テクノロジーが原因で生まれた社会構造のほころびは、集団や機関の内部における、直接顔を合わせての社会的な結び付きがこれまで以上に重要であることを示唆している。理解、そして集団としてのアイデンティティは、直接の交流とオンラインでの交流の両方を通して育まれるのであって、画面越しの交流だけでは不十分だ。

コンピューターの横には、忘れものの教科書の束が置かれている。その題名を、声に出さずに読んでみる。『ライフ――生物の科学』『高等工業数学　第3版』『高等工業数学付属学生用解答マニュアル　第3版』。この教科書は、どこかのぼんやりとした学生に置き去りにされたものだろうが、生物と数学が隣り合わせになっている光景は、どこか微笑ましかった。学生が自然の進化とテクノロジーの進化の両方について考えるというのは、よい兆候だ。

ラウンジの外には三つのコンピューター研究室があり、どの部屋も数えきれないほどのコンピューターで溢れていた。ラウンジにいる学生たちは、ＥＮＩＡＣには見向きもしない。Python の問題集に取り組んでいる者がいる。数人で医学部入学試験〈ＭＣＡＴ〉の勉強をしたかどうかと話している者たちがいる。白いビニール袋といい香りを漂わせるテイクアウト容器を持った人たちが、ラウンジに入ってきた。外に駐車している屋台のトラックでランチを買ってきたのだろう。研究室にいる学生たちは、熱心で、真面目で、かわいらしく、いかにも大学生らしく見える。彼らは、模擬国連に参加する子供たちが、数年後にはあんな風になりたいと憧れる対象だ。子供たちはすばらしい。わたしは大学での仕事を愛している。大学は大きな希望に満ちた、人々に手を差し伸べる場所だ。

ＥＮＩＡＣは、ガラスケースの向こうで縮こまっているように見えた。オリジナルのＥＮＩＡＣは、地下のひと部屋をまるごと使うほど大きかった。ここにあるいくつかの制御パネルは、本来の巨大な機械のほんの小さな断片に過ぎない。床には真空管が並んでいる。その形は、ミニチュアの白熱電球によく似ている。ブルックリンのおしゃれなバーで使われているような、発光するワイヤーがむき出しになっている、昔懐かしいタイプの電球だ。

わたしはメインのディスプレイの前に立ってみた。黒いワイヤーが何本も垂れ下がり、弧を描いてプラグからプラグへと延びている。いくつものプラグがあり、いくつものつまみがあった。サイクリング・ユニット〈ＥＮＩＡＣを構成する全ユニットの動作を制御するふたつのユニットのうちのひとつ。システム全体に、複数の回路を同期させるためのクロック信号を提供する〉があるパネルに付いた大きな白い目玉は、こちらをぼんやりと見ているかのようだ。これは読出し装置だろうか。この目玉には見覚えがある。これは、クラークとキューブリックとミンスキーが、『２００１年宇宙の旅』に登場する〝知覚力を持つコンピューター〟、ＨＡＬ９０００に与えた、あのカメラ・アイだ。ＥＮＩＡＣの目玉は白い。ＨＡＬの目玉は赤い。赤は白よりも、ずっと恐ろしい印象を与える。

壁に貼られた白黒写真には、かつてＥＮＩＡＣが置かれていた地下室で、これを操作していた人々が写っている。８人の男性がコンピューターの前に立たされて、こわばったポーズをとっている。作業をしている様子をとらえた写真では、スーツを着て実用的な平底の靴を履き、髪を完璧にセットした女性たちが、つまみを回し、プラグをさしていた。わたしがこうした写真を目にするようになったのは、ここ数年のことだ。もしかすると、以前から自分の周りにあったのに、気づかなかっただけなのかもしれない。もしかすると、女性をコンピューターサイエンスの物語に視覚的に入れ込もうという意図的な試みは、ずっと以前からなされてきたのかもしれない。いずれにせよ、これはすてきな写真だ。計算手の女性が全部で6人、互いの上に折り重なるようにして笑っている、カジュアルな雰囲気の写真も気に入った。女の子たちがみんなでうれしそうにしている様子がとてもいい。その姿は、コンピューティングが男性に独占された領域である必要はないことを思い出させてくれる。1940年代から50年代にかけて活躍した計算手の多くは女性だったにもかかわらず、（その大半が男性の）開発者たちがデジタル・コンピューターの開発を進めようと決めたとき、女性たちの仕事はなくなった。コンピューティングが給与の高い職業になっていくにつれ、女性たちはここでも少しずつ締め出されていった。これは意図的な選択の結果だ。人々は初期のコンピューティングにおける女性の役割をあいまいにすることを選び、女性を労働力から排除することを選んだ。これを変えるために、わたしたちは今すぐ行動を始めることができる。

ENIACと、Windows PCやLinux PCを貸し出す大学の機材室にあるコンピューターとの間にはどれだけのへだたりがあるのだろうかと、わたしは考えた。これらのマシンは、人間の多大なる努力と多大なる創造力の象徴だ。わたしはサイエンスとテクノロジーの歴史に、深い敬意を抱いている。コンピューターが間違いを犯すときにはしかし、その間違いが起こる原因は、コンピューターが特定の社会的・歴史的コンテクストの中にいる人間によって作られていることにある。技術者たちには、特有の学問的優先事項があり、彼らはそれに従って、意思決定アルゴリズムの開発に関わる決定を下す。そうした優先事項のせいで、技術システムや訓練データを作る際、人間が果たす役割があいまいになってしまうことも少なくない。こうしたやり方は最悪の場合、職場の自動化によってどんな結果がもたらされるかを顧みない態度につながる。

ＥＮＩＡＣを眺めていると、このカチャカチャと音が聞こえてきそうな金属の塊が、世界中の問題をすべて解決してくれると想像することさえ、バカバカしいように思えてくる。しかしＥＮＩＡＣがより小さく、よりパワフルになり、わたしたちのポケットの中で持ち歩けるようになるにつれて、コンピューターに対してさまざまに想像をめぐらせ、自分の空想をそこに投影することは、そう難しいことではなくなっていった。そうした行為は、もうやめなければならない。現実の生活を数学に変えるのは奇跡のような魔法の技だが、その方程式に組み込まれた使い勝手の悪い人間的な部分が、脇に追いやられてしまうことがあまりに多い。人間は今も昔も、決して使い勝手の悪い存在などではない。人間こそが主役だ。人間は、これらすべてのテクノロジーが奉仕すべき存在だ。そしてその対象となるのは、ごく一部の小さな集団だけではない――そこにはすべての人間が含まれるべきであり、わたしたち全員が、テクノロジーの発展と適用の恩恵を受けるべきなのだ。

謝辞

この本を現実にするために力を貸してくださったすべてのみなさんにお礼を。ニューヨーク大学（NYU）アーサー・L・カーター・ジャーナリズム研究所の同僚たち、ニューヨーク大学データサイエンス・センターのムーア＝スローン・データサイエンス・エンヴァイロメントの同僚たち、コロンビア大学ジャーナリズム・スクールのトウ・デジタル・ジャーナリズム・センターの教職員のみなさん、そしてテンプル大学とペンシルヴァニア大学の元同僚たちに感謝を捧げる。この原稿を読んだり、助言をくれたり、さらにはその誕生を手助けしてくれた以下のみなさんには、返し切れない恩義を感じている。エレナ・ラー＝ヴィヴァス、ロザリー・シーゲル、ジョーダン・エレンバーグ、キャシー・オニール、ミリアム・ペスコウィッツ、サミラ・ベアード、ロリ・サープス、キラ・ベイカー＝ドイル、ジェーン・ドゥモチョウスキ、ジョゼフィン・ウォルフ、サロン・バロカス、ハナ・ウォラック、ケイティ・ボス、ジャネット・オルトヴィーア、レスリー・ハント、エリザベス・ハント、ケイ・キンゼイ、カレン・マッセ、スティーヴィー・サンタンジェロ、ジェイ・カーク、クレア・ウォードゥル、ジータ・マナクタラ、メリンダ・ランキン、キャスリーン・カルーソー、カイル・ギプソン、わたしの記者仲間、そしてMITプレスの才能溢れるチームのみなさん。データジャーナリストとニュースおたくのコミュニティーに加われたことは光栄だった。年に一度のコンピュテーション＋ジャーナリズム・シンポジウムで会う仲間たち、NICAR－Lのメーリングリストのみなさん、プロパブリカのチーム、その中でもとくにスコット・クライン、デレク・ウィリス、セレステ・ルコンプトゥにお礼を伝えたい。ジェイコブ・フェントン、アリー・カニク、アンドリュー・ハーヴァード、チェイス・デイヴィス、マイケル・ジョンストン、ジョナサン・ストレイ、BC・ブルサード、ヴァラン・DN、そしてBailiwickの件で助力やアドバイスをくださったすべての人に、心からお礼を。わたしの家族、友人、拡大家族へ、この本を書いている間の手助けとサポートをありがとう。そしていつもの通り、特別な存在でいてくれる夫と息子に感謝を。

訳者あとがき

本書『ＡＩには何ができないか——データジャーナリストが現場で考える』は、データジャーナリストのMeredith Broussardによる著書*Artificial Unintelligence: How Computers Misunderstand the World*（The MIT Press, 2018）の全訳である。

訳者による補足は〔　〕で加えた。また、本文中で言及された参考文献は、邦訳のあるものについては邦題を示したが、引用文は訳者によるものである。

ＡＩ（人工知能）という言葉から、みなさんは何を連想されるだろうか。こちらの呼びかけに応じて、音楽をかけたり照明をつけたりしてくれるデバイス。くるくると回り、ときどきネコなどを乗せながら、部屋を掃除してくれるマシン。高度な知性を持ち、ある日突然、人間社会を支配しようと反乱を起こす存在。さらには、機械学習やディープラーニングといった言葉を思い浮かべる人もいるだろう。いずれにせよ、ＡＩと呼ばれるものがすでに、わたしたちにとって非常に身近な存在となっていることは間違いない。

本書では、ＡＩとは何か、ＡＩの歴史といった基礎的な情報から、ＡＩが実際にどのように生み出され、どのように活用されているのかといった最新の事例までが紹介されている。そして著者が特に焦点を当てているのは、ＡＩにできないこととは何か、またそうした不得意な作業をＡＩに任せた場合、どのような事態が起こり得るのかということだ。

コンピューターやＡＩとは何かを解説した冒頭の数章は、こういった分野に馴染みのない方にとって、非常にとっつきやすい入門書として読むことができる。また、ＡＩの不適切かつ過剰な使用が社会におよぼす意外な影響についての考察は、技術的なことに詳しい読者にも、興味深く受け止めていただけるだろうと思っている。

著者のメレディス・ブルサードは、大学でコンピューターサイエンスを学び、またコンピューターサイエンティストとして仕事をした経験も持つデータジャーナリストだ。技術に関する正確な知識とすぐれたストーリーテリングのスキルを併せ持つ彼女は、ともすれば複雑な印象になりがちな内容を、わかりやすく、おもしろく伝えるうえで、まさに適任と言える。事実、本書にはＩＴ、教育、報道の現場でブルサードが実際に体験したストーリーが数多く掲載されており、読者は専門的な洞察に基づく彼女の指摘に納得したり、思わぬ展開にワクワクしたりしながら読み進めることができる。翻訳をするうえでは、技術的な情報を正確に伝えると同時に、作者が心を砕いただろう読み物としての楽しさが存分に伝わってほしいと思いながら作業を進めた。

ＡＩが活用される場面は、この先もますます増え続ける。どちらへ進めば、だれにとってもよりよい選択肢となるのか、その正解を探すために不可欠な道先案内人として、本書が果たす役割は決して小さなものではないだろう。

北村京子

索引

あ行

アシモフ、アイザック　125
アシャー、ニッキ　083
アセンブリー言語　045–046
アマゾン　070, 127–128, 202, 278
アームソン、クリス　221, 236
アルゴリズム　017, 077–079, 163, 181, 262–263, 274–276
アルゴリズムの説明責任報道　017, 077–078, 080, 114, 271–272
アルファベット（企業）　167
アレクサンダー、ミシェル　279
アングウィン、ジュリア　272–274
アンダーソン、C. W.　083
イーサ、アーファン　082
意識　034, 059, 067
意思決定　017, 077, 200, 230, 262
伊藤穰一　258, 339
イノベーション　047, 281, 285–287
インスタカート　300
ウィーズナー、ジェリー　124
ウィテカー、メレディス　338
ウィノグラード、テリー　128
ウェイド、ジェイミー　238
ヴェイパーウェア　291
ウェイモ　236–238, 244, 246, 249
『ウォール・ストリート・ジャーナル』　080, 082, 201, 266–268, 277
ウクピアグヴィク・イヌピアト　240
宇宙エレベーター　125–126
ウーバー　130, 212, 242–244, 246, 249, 253, 295
ウルフ、トム　142
ウルフラム、スティーヴン　138
ウルブリヒト、ロス　280
運転中のメール　257
エキスパート・システム　092, 315
エヌビディア　243, 246, 249
エレベーター　275–277
エンゲルバート、ダグラス　047, 141
オットー　249
オートパイロット　212, 218–219, 237, 243–245, 248–249
オニール、キャシー　164
オバマ、バラク　258, 338
オピオイド危機　278, 281
オブジェクト　168
オペレーティング・システム　046–048
オライリー、ティム　142
音声アシスタント　053–054, 127

か行

階差機関　134
解析機関　134–135
カウンターカルチャー　013, 022, 142, 278
顔認識　277
価格最適化　201
価格差別　082, 201–202
柯潔　061
家族の教育上の権利及びプライバシー法（FERPA）　111
カーツワイル、レイ　128, 155
『ガーディアン』　080, 082–083, 153, 280

カーニハン、ブライアン・W　027
カーネギー・メロン大学　160, 200, 216, 221, 226, 236
カラニック、トラヴィス　130, 243–244
カリ＝フェーム　326–327
カルパシー、アンドレイ　261–262
機械学習　023–024, 092, 155, 157–165, 167, 181–183, 200, 203, 209, 228, 232, 339
機械語層　045–046
機械の中のゴースト　059, 071
技術至上主義（者）　018, 054–055, 078, 109–110, 114, 121, 132, 212, 239, 256, 274, 285
ギフォーズ、ガブリエル　038–039
キューブリック、スタンリー　125, 344
教師あり学習　159, 161–162, 167
キルゴア、バーニー　267
グーグル　081, 127–128, 208–209, 229, 241, 253, 265–266, 278
グーグルX　241, 244
クラインバーグ、ジョン　273–274
クラウド　048
クラーク、アーサー・C　125–126, 344
グラフィカル・ユーザー・インターフェース　→　GUI
クラフシク、ジョン　238–239
クリステンセン、クレイトン　285
クルーガー、ブルック　136
ケイ、アラン　047, 126
計算機械学会　→　ACM
計算手　135, 137, 345
ゲイツ、ビル　105–106
ゲイツ、メリンダ　277
ゲーム　060–065, 067–069
検索　127, 209–210, 211, 264–266, 321
言論の自由（フリー・スピーチ）　018, 144
広告（インターネット）　265
肯定的な非対称　053
ゴーカー　146
コックス、アマンダ　074–075
国防高等研究計画局　→　DARPA
コープランド、ジャック　130–132
コンテンツ管理システム（CMS）　049–050
コンピューター囲碁　063
コンピューター支援報道　079–080
コンピュテーショナル・ジャーナリズム　017, 332–333

さ行

才能神話　146
ザッカーバーグ、マーク　058, 123
サーバー　050
サール、ジョン　069–070
三目並べ　062
シェル言語　031
ジェンダー　068–069, 130, 136, 138, 145, 147–148, 202, 262, 277–278
シーゲルマン、ハヴァ　232
シティズンズ・ユナイテッド判決　311, 313, 317
児童オンライン・プライバシー保護法（COPPA）　111
自動車事故　239–240, 244–245, 257
自撮り　261–262, 338
社会参加型機械学習　339
ジャカール、ジョゼフ・マリー　134
シャーキー、パット　203
州共通コアスタンダード　105
ジョブズ、スティーヴ　047, 123, 126, 141–142
ジョーンズ、ポール・チューダー　328
シリコンバレー　140–141, 146, 278, 286
シルヴァー、ネイト　084

シンギュラリティー　155–156
人種　077–079, 137–138, 146–147, 149, 202, 272–274, 279
新聞　081, 266, 268
スウィーニー、ラターニャ　339
数表　135–136
スカリー、ジョン　126–127
スコープ・クリープ　106
スタイガー、ポール　080
スタートアップ・バス　286–287, 290–292, 300, 305
スタンフォード・レーシング・チーム　216–217, 221–222, 226
ステップ・レカナー　133
スノーデン文書　340
「スピーチナウ対連邦選挙委員会」裁判　317
スラン、セバスチアン　216–217, 229–230, 236, 241, 244
スロヴィック、ポール　146
精密な報道　079
セルロ、カレン・A　053
選挙資金　311–317
ソフトウェア　043

た行

タイタニック沈没事故　165–167, 203–208, 210
ダークウェブ　144
タココプター　054–056
ダニアー、ミッチェル　203
タフト、エドワード　297
タプリン、ジョナサン　146
ターミナル　029–030
ダンカン、アーン　089
チェス　061, 161
チャペック、カレル　226
中国語の部屋　069–070
チューリング、アラン　061, 067–069, 130–132
チューリング・テスト　061, 067, 070
超党派選挙運動改革法　317
ツイッター　051, 120
ディープラーニング　060, 181
ティール、ピーター　145–146, 280
テクノショーヴィニズム　→　技術至上主義
テクノリバタリアニズム　018, 144
デズモンド、マシュー　203
テスラ　212, 237, 243–252, 261
データ＆ソサエティ　338
データ・ヴィジュアライゼーション　058, 074, 325–326
データ駆動型　107, 211–212
データジャーナリズム（データジャーナリスト）　014, 017, 074–077, 080–085, 272, 312, 340
データ・プライバシー研究室（ハーヴァード大学）　339
データ密度　297
テッククランチ　292
デトロイトでの人種暴動　079
天才崇拝　132
電子フロンティア財団　145
特化型 AI　022–023, 059–060, 071, 169, 200, 226, 228
トーバルズ、リーナス　046
トヨタ　213, 245
ドラッグ　142, 278–281, 337
トランプ、ドナルド　146, 324–327, 337
トロッコ問題　252–253, 258
ドローン　054–056, 118–120, 327

な行

『ニューヨーク・タイムズ』　074, 083, 166, 209, 268, 276, 336

ニューラルネットワーク　060, 181
人間参加型システム　310–311, 315, 327
ネヴィル＝ニール、ジョージ・V　161
脳　038–039, 211, 224, 231
ノーヴィグ、ピーター　162, 208
ノースポイント　272, 274

は行

バイアス　053, 078, 130, 138, 148, 262–263, 274, 277
ハーヴァード大学　012, 121, 123, 147–148, 339–340
ハーヴェイ、アーロン　208
バウヘッド・システムズ・マネジメント　239–240
パスクアーレ、フランク　203
パーソナル・コンピューター革命　013, 046
ハッカー　091, 121, 123, 145, 291, 296–297, 304–305
ハッカソン　024, 290–294, 297–300, 305
パティス、リチャード　226
バーナーズ＝リー、ティム　012, 084
パナマ文書　340
パパート、シーモア　127–128
バベッジ、チャールズ　134–135
ハミルトン、ジェームズ・T　084
ハラスメント　015, 018, 120, 130
パランティア　145
パロアルト研究所　047, 126
バーロウ、ジョン・ペリー　145
バロウズ、ウィリアム・シュワード　135
ハーン、アレックス　280
パンチカード　134, 341
バンプ、フィリップ　326
汎用型AI　022–023, 059–061, 071, 222
ビザーニーズ、エリアス　290–292
ヒューゴ、クリストファー・フォン　254
ヒューリスティック　166
ピュリッツァー賞　076, 079–081
ヒューレット・パッカード　277
標準テスト　090–094, 104
ヒリス、ダニー　128–129
ビル＆メリンダ・ゲイツ財団　105, 277
ピンカー、スティーヴン　156
ファウラー、スーザン　130
ファクトチェック　081, 183
フィラデルフィア学区　093, 113
フェイク・ニュース　270–271, 337
フェイスブック　058, 123, 145, 156, 254, 268, 278, 342
フォード　245
フォン・ノイマン、ジョン　125
不合理な有効性　207–209, 211–212, 226, 230
不平等　015, 017, 085, 203, 274–275, 337–339
フューチャリスト　067, 155–156
プライバシー　111, 120, 339
ブラウン、ジョシュア・B　244–245, 249
ブランド、スチュアート　013, 055, 123, 128, 142–143
ブリン、セルゲイ　127, 265
ブール、ジョージ　135
ブール代数　135
プロパブリカ　078, 080, 083, 201, 272–273, 314
米国運輸省道路交通安全局　→　NHTSA
ペイジ、カール・ヴィクター、シニア　127
ペイジ、ラリー　127–128, 229, 265
ベゾス、ジェフ　128, 202
ペーパークリップ理論　155–156
ベル研究所　027–028
ペンシルヴァニア学校評価システム　→　PSSA

変数　034, 153
ベン・フランクリン・レーシング・チーム　213
ボイド、ダナ　338
ボースーク、ポーライナ　144
『ホール・アース・カタログ』 013, 128, 141–143
ホロヴァティ、エイドリアン　081

ま行

マイクロソフト　106, 120, 127, 277
マクナミー、ロジャー　241
マスク、イーロン　249, 252
マッカーシー、ジョン　123–124
「マッカチオン対連邦選挙委員会」裁判　317
マッピング　228–229
マンロー、ランドール　151
ミッチェル、トム・M　160
ミンスキー、マーヴィン　022, 121–130, 133, 138–139, 141–143, 147, 155, 226, 231, 254, 344
ムーア電気工学校　340–341
無政府資本主義　146, 149
メルセデス　253–254
モデル　060, 162–164
モーテンセン、デニス・R　231
モンティ・パイソン　154

や・ら・わ行

予測分析　060, 307
ライト兄弟　230
ライプニッツ、ゴットフリート　133, 135
ライブラリー　167–168
ラインハルト、ジャンゴ　154
ラヴレース、エイダ　134
ラッセル、スチュアート・J　162
ラニアー、ジャロン　255–256
ラーワン、イヤッド　339
リスク　166, 201, 272–274
リチャードソン、キャスリーン　127
リッチー、デニス・M　027–028, 046
リバタリアニズム　144
リプトン、ザカリー　200
利用可能性ヒューリスティック　166
倫理　252–254, 258–259, 271, 338–340
ルーカス、ジョージ　123
ルカン、ヤン　156
ルディッシュ、グロリア　129, 139
ルンバ　049, 153
レヴァンドウスキ、アンソニー　244, 249
レヴィ、スティーヴン　123
レクサス　215, 245
レッシグ、ローレンス　337
連邦選挙委員会　→　FEC
ロード、ウォルター　205–206
ロング・ナウ協会　128
ワン・ラップトップ・パー・チャイルド　→　OLPC

英数字

ACM（計算機械学会） 047, 254, 271
AI ナウ研究所　338
Alexa　070–071, 127
AlphaGo　061–062, 065–067
Apple Watch　277
Bailiwick　320, 323–326, 330–333
C 言語　028, 034
CERN　012
Chrome　048, 050
COMPAS（代替的制裁のための矯正的犯罪者管理プロファイリング） 078, 272–274, 281
Cortana　127
DarkMarket　280
DARPA（国防高等研究計画局） 215, 232

DARPAグランド・チャレンジ（2005年） 219
DARPAグランド・チャレンジ（2007年） 214, 216, 220, 232
DataCamp 167, 181, 183, 200
Deep Blue 061
Django 081, 154, 321
DocumentCloud 092, 340
Eliza 051–053
ENIAC 125, 336, 340, 342–346
EveryBlock 081
FEC（連邦選挙委員会） 313–314, 316–317, 319, 324, 328
FiveThirtyEight.com 084
GitHub 236, 296
GOFAI（古き良き人工知能） 023
Google Maps API 081
Googleストリートビュー 229
Googleドキュメント 048
Greyball 130
GUI（グラフィカル・ユーザー・インターフェース） 030, 047, 126
「Hello, world」 027–035, 042–043, 045–046, 061–062
hitchBOT 120–121
Internet Explorer 048
Java 154
JavaScript 154
Kaggle 167
Karel the Robot 226–228
Kinect 277
LinkedIn 238, 278
Linux 046–047
LSD 141–142, 278
MIT人工知能研究所 123
MITメディアラボ 123, 126, 258, 339–340
NHTSA（米国運輸省道路交通安全局） 233, 239–240, 245, 251, 257
NLS（oN-Line System） 047
numpy 167, 169
OLPC（ワン・ラップトップ・パー・チャイルド） 112–113
OpenBazaar 280
OSX 047
Overview Project 092
PageRank 127, 265–266
Pandas 167–170, 181
PayPal 145
Pizzafy 289, 302–303
PolitiFact 081
PSSA（ペンシルヴァニア学校評価システム） 092–095
Python 029–031, 033–034, 042, 154, 160, 167–168, 343
Reddit 144
Safari 048, 050
Scikit-learn 160, 167-169
SendGrid 295
SF 023, 125–126, 149
Silk Road 280
Siri 053–055, 127
Smart games format（SGF） 064
STEM 014, 146–148
Story Discovery Engine 312, 315, 327, 329–330
Tay 120
TMRC（工学模型鉄道クラブ） 121–123
Udacity 236, 241
Unix 028, 046
Venmo 280–281
Vicemo.com 280
WELL（Whole Earth eLectronic Link） 143–145
『Wired』 055, 142, 237, 258
18F 296, 313–314
『2001年宇宙の旅』（映画） 057, 125, 344

註

第1章　ハロー、読者のみなさん

★1　Turner, *From Counterculture to Cyberculture*.

★2　Brand, "We Owe It All to the Hippies."

★3　Dreyfus, *What Computers Still Can't Do*.

第2章　ハロー、ワールド

★1　Weizenbaum, "Eliza."

★2　Cerulo, *Never Saw It Coming*.

★3　Miner et al., "Smartphone-Based Conversational Agents and Responses to Questions about Mental Health, Interpersonal Violence, and Physical Health."

★4　Bonnington, "Tacocopter."

第3章　ハロー、AI

★1　Silver et al., "Mastering the Game of Go with Deep Neural Networks and Tree Search," 484.

★2　Turing, "Computing Machinery and Intelligence."

★3　Searle, "Artificial Intelligence and the Chinese Room."

第4章　ハロー、データジャーナリズム

★1　Cox, Bloch, and Carter, "All of Inflation's Little Parts."

★2　Hart, Robbins, and Teegardin, "How the Doctors & Sex Abuse Project Came About."

★3　Kestin and Maines, "Cops Hitting the Brakes—New Data Show Excessive Speeding Dropped 84% since Investigation."

★4　Kunerth, "Any Way You Look at It, Florida Is the State of Weird."

★5　Pierson et al., "A Large-Scale Analysis of Racial Disparities in Police Stops across the United States."

★6　Angwin et al., "Machine Bias."

★7　Meyer, *Precision Journalism*, 14.

★8　Lewis, "Journalism in an Era of Big Data"; Diakopoulos, "Accountability in Algorithmic Decision Making"; Houston, *Computer-Assisted Reporting*; Houston and In-

vestigative Reporters and Editors, Inc., *The Investigative Reporter's Handbook.*

★9 Holovaty, "A Fundamental Way Newspaper Sites Need to Change."

★10 Waite, "Announcing Politifact."

★11 Holovaty, "In Memory of Chicagocrime.org."

★12 Daniel and Flew, "The Guardian Reportage of the UK MP Expenses Scandal"; Flew et al., "The Promise of Computational Journalism."

★13 Valentino-DeVries, Singer-Vine, and Soltani, "Websites Vary Prices, Deals Based on Users' Information."

★14 Diakopoulos, "Algorithmic Accountability."

★15 Anderson, "Towards a Sociology of Computational and Algorithmic Journalism"; Schudson, "Four Approaches to the Sociology of News."

★16 Usher, *Interactive Journalism.*

★17 Royal, "The Journalist as Programmer."

★18 Hamilton, *Democracy's Detectives.*

★19 Arthur, "Analysing Data Is the Future for Journalists, Says Tim Berners-Lee."

★20 Silver, *The Signal and the Noise.*

第5章　お金のない学校はなぜ標準テストで勝てないのか

★1 Duncan, "Robust Data Gives Us the Roadmap to Reform."

★2 Lane, "What the AP U.S. History Fight in Colorado Is Really About."

★3 Broussard, "Why E-books Are Banned in My Digital Journalism Class"; Wästlund et al., "Effects of VDT and Paper Presentation on Consumption and Production of Information"; Noyes and Garland, "VDT versus Paper-Based Text"; Morineau et al., "The Emergence of the Contextual Role of the E-book in Cognitive Processes through an Ecological and Functional Analysis"; Noyes and Garland, "Computer vs. Paper-Based Tasks"; Keim, "Why the Smart Reading Device of the Future May Be ... Paper."

★4 Ames, "Translating Magic."

★5 Kraemer, Dedrick, and Sharma, "One Laptop per Child"; Purington, "One Laptop per Child."

★6 Broussard, "Why Poor Schools Can't Win at Standardized Testing."

★7 School District of Philadelphia, "Budget Adoption Fiscal Year 2016–2017."

第6章　人間の問題

★1 Christian and Cabell, *Initial Investigation into the Psychoacoustic Properties of Small Unmanned Aerial System Noise.*

★2 Martinez, "'Drone Slayer' Claims Victory in Court."

★3 Vincent, "Twitter Taught Microsoft's AI Chatbot to Be a Racist Asshole in Less

than a Day."

★4 Plautz, "Hitchhiking Robot Decapitated in Philadelphia."

★5 特に明記のない限り、ここで引用しているミンスキーによる発言の出典はすべてMinsky, "Web of Stories Interview."

★6 Brand, *The Media Lab*; Levy, *Hackers*.

★7 Dormehl, "Why John Sculley Doesn't Wear an Apple Watch (and Regrets Booting Steve Jobs)."

★8 Lewis, "Rise of the Fembots"; LaFrance, "Why Do So Many Digital Assistants Have Feminine Names?"

★9 Hillis, "Radioactive Skeleton in Marvin Minsky's Closet."

★10 Alba, "Chicago Uber Driver Charged with Sexual Abuse of Passenger"; Fowler, "Reflecting on One Very, Very Strange Year at Uber"; Isaac, "How Uber Deceives the Authorities Worldwide."

★11 Copeland, "Summing Up Alan Turing."

★12 "The Leibniz Step Reckoner and Curta Calculators—CHM Revolution."

★13 Kroeger, *The Suffragents*; Shetterly, *Hidden Figures*; Grier, *When Computers Were Human*.

★14 Wolfram, "Farewell, Marvin Minsky (1927–2016)."

★15 Alcor Life Extension Foundation, "Official Alcor Statement Concerning Marvin Minsky."

★16 Brand, "We Are As Gods."

★17 Turner, *From Counterculture to Cyberculture*.

★18 Brand, "We Are As Gods."

★19 Hafner, *The Well*.

★20 Borsook, *Cyberselfish*, 15.

★21 Barlow, "A Declaration of the Independence of Cyberspace."

★22 Thiel, "The Education of a Libertarian."

★23 Taplin, *Move Fast and Break Things*.

★24 Slovic, *The Perception of Risk*; Slovic and Slovic, *Numbers and Nerves*; Kahan et al., "Culture and Identity-Protective Cognition."

★25 Leslie et al., "Expectations of Brilliance Underlie Gender Distributions across Academic Disciplines," 262.

★26 Bench et al., "Gender Gaps in Overestimation of Math Performance," 158. 以下も参照のこと。Feltman, "Men (on the Internet) Don't Believe Sexism Is a Problem in Science, Even When They See Evidence"; Williams, "The 5 Biases Pushing Women Out of STEM"; Turban, Freeman, and Waber, "A Study Used Sensors to Show That Men and Women Are Treated Differently at Work"; Moss-Racusin, Molenda, and Cramer, "Can Evidence Impact Attitudes?"; Cohoon, Wu, and Chao, "Sexism: Toxic to

Women's Persistence in CSE Doctoral Programs."

★27 Natanson, "A Sort of Everyday Struggle."

第7章 機械学習

★1 https://xkcd.com/1425 を参照のこと。同サイト上でこの作品にカーソルを合わせた際に表示されるテキストに注目。マーヴィン・ミンスキーに関するある有名な逸話が紹介されている。

★2 Solon, "Roomba Creator Responds to Reports of 'Poopocalypse.'"

★3 Busch, "A Dozen Ways to Get Lost in Translation"; van Dalen, "The Algorithms behind the Headlines"; ACM Computing Curricula Task Force, *Computer Science Curricula 2013*.

★4 IEEE Spectrum, "Tech Luminaries Address Singularity."

★5 Gomes, "Facebook AI Director Yann LeCun on His Quest to Unleash Deep Learning and Make Machines Smarter."

★6 "machine, *n*."

★7 Butterfield and Ngondi, *A Dictionary of Computer Science*.

★8 Pedregosa et al., "Scikit-Learn: Machine Learning in Python."

★9 Mitchell, "The Discipline of Machine Learning."

★10 Neville-Neil, "The Chess Player Who Couldn't Pass the Salt."

★11 Russell and Norvig, *Artificial Intelligence*.

★12 O'Neil, *Weapons of Math Destruction*.

★13 Grazian, *Mix It Up*.

★14 Blow, *Fire Shut Up in My Bones*.

★15 Tversky and Kahneman, "Availability." 以下も参照のこと。Kahneman, *Thinking, Fast and Slow*; Slovic, *The Perception of Risk*; Slovic and Slovic, *Numbers and Nerves*; Fischhoff and Kadvany, *Risk*.

★16 タイタニックのデータサイエンスに関するさらに詳しいチュートリアルは、以下を参照のこと。https://www.datacamp.com 本書では読みやすさを考慮し、チュートリアルの一部を省略している。

★17 Quach, "Facebook Pulls Plug on Language-Inventing Chatbots?"

★18 Angwin et al. "A World Apart."

★19 Valentino-DeVries, Singer-Vine, and Soltani, "Websites Vary Prices, Deals Based on Users' Information."

★20 Hannak et al., "Measuring Price Discrimination and Steering on E-Commerce Web Sites."

★21 Heffernan, "Amazon's Prime Suspect."

★22 Angwin, Mattu, and Larson, "Test Prep Is More Expensive—for Asian Students."

★23 Brewster and Lynn, "Black-White Earnings Gap among Restaurant Servers."

★24 Sharkey, "The Destructive Legacy of Housing Segregation."

★25 Pasquale, *The Black Box Society.*

★26 Lord, *A Night to Remember*; Brown, "Chronology—Sinking of S.S. TITANIC."

★27 Halevy, Norvig, and Pereira, "The Unreasonable Effectiveness of Data," 8.

第8章　車は自分で走らない

★1 "Robot Car 'Stanley' designed by Stanford Racing Team."

★2 "Karel the Robot."

★3 Pomerleau, "ALVINN, an Autonomous Land Vehicle in a Neural Network"; Hawkins, "Meet ALVINN, the Self-Driving Car from 1989."

★4 Mundy, "Why Is Silicon Valley So Awful to Women?"

★5 Oremus, "Terrifyingly Convenient."

★6 DARPA Public Affairs, "Toward Machines That Improve with Experience."

★7 National Highway Traffic Safety Administration and US Department of Transportation, "Federal Automated Vehicles Policy."

★8 以下を参照のこと。Yoshida, "Nvidia Outpaces Intel in Robo-Car Race." この記事で吉田が言及している基準書が、本書で取り上げたものとは別物という可能性もある。その場合、吉田の言うレベル2は本書で引用したもののレベル3にあたる。言語と基準は、エンジニアリングにおいて重大な意味を持つことを改めて強調しておく。

★9 Liu et al., "CAAD: Computer Architecture for Autonomous Driving"; Thrun, "Making Cars Drive Themselves"; Thrun, "Winning the DARPA Grand Challenge."

★10 以下を参照のこと。Singh, "Critical Reasons for Crashes Investigated in the National Motor Vehicle Crash Causation Survey." 世論を構築したり、これに影響を与えたりするために統計を利用している特定の利益団体についてさらに詳しくは、以下を参照のこと。Best, *Damned Lies and Statistics.* 統計は、わたしたちが社会問題を理解するための方法のひとつであり、社会悪への関心を高めるうえで役立つ場合も多い。たとえば、非営利団体「飲酒運転根絶を目指す母親の会（Mothers Against Drunk Driving)」は、統計を利用して飲酒運転に関する法律の改正を促し、市民の安全に大きく貢献した。今では大多数の人が、飲酒運転をすべきではないと考えている。一方で、車の運転は人ではなく機械がすべきだという主張は、まったく別の話だ。

★11 Chafkin, "Udacity's Sebastian Thrun, Godfather of Free Online Education, Changes Course."

★12 Marantz, "How 'Silicon Valley' Nails Silicon Valley."

★13 Dougherty, "Google Photos Mistakenly Labels Black People 'Gorillas.'"

★14 Evtimov et al., "Robust Physical-World Attacks on Deep Learning Models."

★15 Hill, "Jamming GPS Signals Is Illegal, Dangerous, Cheap, and Easy."

★16 以下を参照のこと。Harris, "God Is a Bot, and Anthony Levandowski Is His Messenger"; Marshall, "Uber Fired Its Robocar Guru, But Its Legal Fight with Google

Goes On." ハリスはまた、レヴァンドウスキは宗教団体「未来の道（Way of the Future)」を設立し、その目的は「人工知能に基づいて神への気づきを発現させ、促すため」だと書いている。

★17 Vlasic and Boudette, "Self-Driving Tesla Was Involved in Fatal Crash, U.S. Says."

★18 Tesla, Inc., "A Tragic Loss."

★19 Lowy and Krisher, "Tesla Driver Killed in Crash While Using Car's 'Autopilot.'"

★20 Liu et al., "CAAD: Computer Architecture for Autonomous Driving."

★21 Sorrel, "Self-Driving Mercedes Will Be Programmed to Sacrifice Pedestrians to Save the Driver."

★22 Taylor, "Self-Driving Mercedes-Benzes Will Prioritize Occupant Safety over Pedestrians."

★23 Been, "Jaron Lanier Wants to Build a New Middle Class on Micropayments."

★24 Pickrell and Li, "Driver Electronic Device Use in 2015."

★25 Dadich, "Barack Obama Talks AI, Robo Cars, and the Future of the World."

第9章 「ポピュラー」は「よい」ではない

★1 Newman, "What Is an A-Hed?"

★2 US Bureau of Labor Statistics, "Newspaper Publishers Lose over Half Their Employment from January 2001 to September 2016."

★3 Pasquale, *The Black Box Society*; Gray, Bounegru, and Chambers, *The Data Journalism Handbook*; Diakopoulos, "Algorithmic Accountability"; Diakopoulos, "Accountability in Algorithmic Decision Making"; boyd and Crawford, "Critical Questions for Big Data"; Hamilton and Turner, "Accountability through Algorithm"; Cohen, Hamilton, and Turner, "Computational Journalism"; Houston, *Computer-Assisted Reporting*.

★4 Angwin et al., "Machine Bias."

★5 California Department of Corrections and Rehabilitation, "Fact Sheet."

★6 Angwin and Larson, "Bias in Criminal Risk Scores Is Mathematically Inevitable, Researchers Say"; Kleinberg, Mullainathan, and Raghavan, "Inherent Trade-Offs in the Fair Determination of Risk Scores."

★7 Bogost, "Why Nothing Works Anymore"; Brown and Duguid, *The Social Life of Information*.

★8 Hempel, "Melinda Gates Has a New Mission."

★9 Somerville and May, "Use of Illicit Drugs Becomes Part of Silicon Valley's Work Culture."

★10 Alexander and West, *The New Jim Crow*.

★11 Hern, "Silk Road Successor DarkMarket Rebrands as OpenBazaar."

★12 Brown, "Nearly a Third of Millennials Have Used Venmo to Pay for Drugs."

★13 Newman, "Who's Buying Drugs, Sex, and Booze on Venmo? This Site Will Tell

You."

第10章　スタートアップ・バスにて

★1　"Jeremy Corbyn, Entrepreneur."

★2　Terwiesch and Xu, "Innovation Contests, Open Innovation, and Multiagent Problem Solving."

★3　Morais, "The Unfunniest Joke in Technology."

★4　Tufte, *The Visual Display of Quantitative Information.*

★5　Seife, *Proofiness*; Kovach and Rosenstiel, *Blur.*

第11章　「第三の波」AI

★1　Broussard, "Artificial Intelligence for Investigative Reporting."

★2　Mayer, *Dark Money*; Smith and Powell, *Dark Money, Super PACs, and the 2012 Election.*

★3　Bump, "Donald Trump's Campaign Has Spent More on Hats than on Polling."

★4　Donn, "Eric Trump Foundation Flouts Charity Standards."

★5　Sheivachman, "Clinton vs. Trump."

★6　Fletcher and Zuckerman, "Hedge Funds Battle Losses."

第12章　加齢するコンピューター

★1　Russell and Vinsel, "Let's Get Excited about Maintenance!"

★2　Crawford, "Artificial Intelligence's White Guy Problem"; Crawford, "Artificial Intelligence—With Very Real Biases"; Campolo et al., "AI Now 2017 Report"; boyd and Crawford, "Critical Questions for Big Data."

★3　boyd, Keller, and Tijerina, "Supporting Ethical Data Research"; Zook et al., "Ten Simple Rules for Responsible Big Data Research"; Elish and Hwang, "Praise the Machine! Punish the Human! The Contradictory History of Accountability in Automated Aviation."

★4　Chen, "The Laborers Who Keep Dick Pics and Beheadings Out of Your Facebook Feed."

★5　Fairness and Transparency in Machine Learning, "Principles for Accountable Algorithms and a Social Impact Statement for Algorithms."

★6　Data Privacy Lab, "Mission Statement"; Sweeney, "Foundations of Privacy Protection from a Computer Science Perspective."

★7　Pilhofer, "A Note to Users of DocumentCloud."

参考文献

ACM Computing Curricula Task Force, ed. *Computer Science Curricula 2013: Curriculum Guidelines for Undergraduate Degree Programs in Computer Science*. New York: ACM Press, 2013. http://dl.acm.org/citation.cfm?id=2534860

Alba, Alejandro. "Chicago Uber Driver Charged with Sexual Abuse of Passenger." *New York Daily News*, December 30, 2014. http://www.nydailynews.com/news/crime/chicago-uber-driver-charged-alleged-rape-passenger-article-1.2060817

Alcor Life Extension Foundation. "Official Alcor Statement Concerning Marvin Minsky." *Alcor News*, January 27, 2016.

Alexander, Michelle, and Cornel West. *The New Jim Crow: Mass Incarceration in the Age of Colorblindness*. Revised ed. New York: New Press, 2012.

Ames, Morgan G. "Translating Magic: The Charisma of One Laptop per Child's XO Laptop in Paraguay." In *Beyond Imported Magic: Essays on Science, Technology, and Society in Latin America*, edited by Eden Medina, Ivan da Costa Marques, and Christina Holmes, 207–224. Cambridge, MA: MIT Press, 2014.

Anderson, C. W. "Towards a Sociology of Computational and Algorithmic Journalism." *New Media & Society* 15, no. 7 (November 2013): 1005–1021. doi:10.1177/1461444812465137.

Angwin, Julia, and Jeff Larson. "Bias in Criminal Risk Scores Is Mathematically Inevitable, Researchers Say." *ProPublica*, December 30, 2016. https://www.propublica.org/article/bias-in-criminal-risk-scores-is-mathematically-inevitable-researchers-say

Angwin, Julia, Jeff Larson, Lauren Kirchner, and Surya Mattu. "A World Apart; A Joint Investigation by Consumer Reports and ProPublica Finds That Consumers in Some Minority Neighborhoods Are Charged as Much as 30 Percent More on Average for Car Insurance than in Other Neighborhoods with Similar Accident-Related Costs. What's Really Going On?" *Consumer Reports*, July 1, 2017.

Angwin, Julia, Jeff Larson, Surya Mattu, and Lauren Kirchner. "Machine Bias." *ProPublica*, May 23, 2016. https://www.propublica.org/article/machine-bias-risk-assessments-in-criminal-sentencing

Angwin, Julia, Surya Mattu, and Jeff Larson. "Test Prep Is More Expensive—for Asian Students." *Atlantic*, September 3, 2015. https://www.theatlantic.com/education/archive/2015/09/princeton-review-expensive-asian-students/403510

Arthur, Charles. "Analysing Data Is the Future for Journalists, Says Tim Berners-Lee."

Guardian (US edition), November 22, 2010. https://www.theguardian.com/media/2010/nov/22/data-analysis-tim-berners-lee

Barlow, John Perry. "A Declaration of the Independence of Cyberspace." Electronic Frontier Foundation, February 8, 1996. https://www.eff.org/cyberspace-independence

Been, Eric Allen. "Jaron Lanier Wants to Build a New Middle Class on Micropayments." *Nieman Lab*, May 22, 2013. http://www.niemanlab.org/2013/05/jaron-lanier-wants-to-build-a-new-middle-class-on-micropayments

Bench, Shane W., Heather C. Lench, Jeffrey Liew, Kathi Miner, and Sarah A. Flores. "Gender Gaps in Overestimation of Math Performance." *Sex Roles* 72, no. 11–12 (June 2015): 536–546. doi:10.1007/s11199-015-0486-9.

Best, Joel. *Damned Lies and Statistics: Untangling Numbers from the Media, Politicians, and Activists*. Updated ed. Berkeley, CA; London: University of California Press, 2012.（初版の邦訳：ジョエル・ベスト『統計はこうしてウソをつく――だまされないための統計学入門』、林大訳、白揚社、2002 年）

Blow, Charles M. *Fire Shut Up in My Bones: A Memoir*. New York: Houghton Mifflin, 2015.

Bogost, Ian. "Why Nothing Works Anymore." *Atlantic*, February 23, 2017. https://www.theatlantic.com/technology/archive/2017/02/the-singularity-in-the-toilet-stall/517551

Bonnington, Christina. "Tacocopter: The Coolest Airborne Taco Delivery System That's Completely Fake." *Wired*, March 23, 2012.

Borsook, Paulina. *Cyberselfish: A Critical Romp through the Terribly Libertarian Culture of High Tech*. 1st ed. New York: PublicAffairs, 2000.

boyd, danah, and Kate Crawford. "Critical Questions for Big Data: Provocations for a Cultural, Technological, and Scholarly Phenomenon." *Information Communication and Society* 15, no. 5 (June 2012): 662–679. doi:10.1080/1369118X.2012.678878.

boyd, danah, Emily F. Keller, and Bonnie Tijerina. "Supporting Ethical Data Research: An Exploratory Study of Emerging Issues in Big Data and Technical Research." Data & Society Research Institute, August 4, 2016.

Brand, Stewart. *The Media Lab: Inventing the Future at MIT*. New York: Viking, 1987.（スチュアート・ブランド『メディアラボ――「メディアの未来」を創造する超・頭脳集団の挑戦』、室謙二・麻生九美共訳、福武書店、1988 年）

Brand, Stewart. "We Are As Gods." *Whole Earth Catalog* (blog), Winter 1998. http://www.wholeearth.com/issue/1340/article/189/we.are.as.gods

Brand, Stewart. "We Owe It All to the Hippies." *Time*, March 1, 1995. http://content.time.com/time/magazine/article/0,9171,982602,00.html

Brewster, Zachary W., and Michael Lynn. "Black-White Earnings Gap among Restaurant Servers: A Replication, Extension, and Exploration of Consumer Racial Discrimination

in Tipping." *Sociological Inquiry* 84, no. 4 (November 2014): 545–569. doi:10.1111/soin.12056.

Broussard, Meredith. "Artificial Intelligence for Investigative Reporting: Using an Expert System to Enhance Journalists' Ability to Discover Original Public Affairs Stories." *Digital Journalism* 3, no. 6 (November 28, 2014): 814–831. https://doi.org/10.1080/21670811.2014.985497.

Broussard, Meredith. "Why E-books Are Banned in My Digital Journalism Class." *New Republic*, January 22, 2014. https://newrepublic.com/article/116309/data-journalim-professor-wont-assign-e-books-heres-why

Broussard, Meredith. "Why Poor Schools Can't Win at Standardized Testing." *Atlantic*, July 15, 2014. http://www.theatlantic.com/features/archive/2014/07/why-poor-schools-cant-win-at-standardized-testing/374287

Brown, David G. "Chronology—Sinking of S.S. TITANIC." *Encyclopedia Titanica*. Last updated June 9, 2009. https://www.encyclopedia-titanica.org/articles/et_timeline.pdf

Brown, John Seely, and Paul Duguid. *The Social Life of Information*. Updated, with a new preface. Boston: Harvard Business Review Press, 2017.（初版の邦訳：ジョン・シーリー・ブラウン、ポール・ドゥグッド『なぜ IT は社会を変えないのか』、宮本喜一訳、日本経済新聞社、2002 年）

Brown, Mike. "Nearly a Third of Millennials Have Used Venmo to Pay for Drugs." *Lend-EDU.com* (blog), July 10, 2017. https://lendedu.com/blog/nearly-third-millennials-used-venmo-pay-drugs

Bump, Philip. "Donald Trump's Campaign Has Spent More on Hats than on Polling." *The Washington Post*, October 25, 2016. https://www.washingtonpost.com/news/the-fix/wp/2016/10/25/donald-trumps-campaign-has-spent-more-on-hats-than-on-polling

Busch, Lawrence. "A Dozen Ways to Get Lost in Translation: Inherent Challenges in Large-Scale Data Sets." *International Journal of Communication* 8 (2014): 1727–1744.

Butterfield, A., and Gerard Ekembe Ngondi, eds. *A Dictionary of Computer Science*. 7th ed. Oxford Quick Reference. Oxford, UK; New York: Oxford University Press, 2016.

California Department of Corrections and Rehabilitation. "Fact Sheet: COMPAS Assessment Tool Launched—Evidence-Based Rehabilitation for Offender Success," April 15, 2009. http://www.cdcr.ca.gov/rehabilitation/docs/FS_COMPAS_Final_4-15-09.pdf

Campolo, Alex, Madelyn Sanfilippo, Meredith Whittaker, Kate Crawford, Andrew Selbst, and Solon Barocas. "AI Now 2017 Report." AI Now Institute, New York University, October 18, 2017. https://assets.contentful.com/8wprhhvnpfc0/1A9c3ZTCZa2KEYM64Wsc2a/8636557c5fb14f2b74b2be64c3ce0c78/_AI_Now_Institute_2017_Report_.pdf

Cerulo, Karen A. *Never Saw It Coming: Cultural Challenges to Envisioning the Worst.*

Chicago: University of Chicago Press, 2006.

Chafkin, Max. "Udacity's Sebastian Thrun, Godfather of Free Online Education, Changes Course." *Fast Company*, November 14, 2013. https://www.fastcompany.com/3021473/udacity-sebastian-thrun-uphill-climb

Chen, Adrian. "The Laborers Who Keep Dick Pics and Beheadings Out of Your Facebook Feed." *Wired*, October 23, 2014. https://www.wired.com/2014/10/content-moderation

Christian, Andrew, and Randolph Cabell. *Initial Investigation into the Psychoacoustic Properties of Small Unmanned Aerial System Noise*. Hampton, VA: NASA Langley Research Center, American Institute of Aeronautics and Astronautics, 2017. https://ntrs.nasa.gov/archive/nasa/casi.ntrs.nasa.gov/20170005870.pdf

Cohen, Sarah, James T. Hamilton, and Fred Turner. "Computational Journalism." *Communications of the ACM* 54, no. 10 (October 1, 2011): 66. doi:10.1145/2001269.2001288.

Cohoon, J. McGrath, Zhen Wu, and Jie Chao. "Sexism: Toxic to Women's Persistence in CSE Doctoral Programs," 158. New York: ACM Press, 2009. https://doi.org/10.1145/1508865.1508924

Copeland, Jack. "Summing Up Alan Turing." *Oxford University Press* (blog), November 29, 2012. https://blog.oup.com/2012/11/summing-up-alan-turing

Cox, Amanda, Matthew Bloch, and Shan Carter. "All of Inflation's Little Parts." New York Times, May 3, 2008. http://www.nytimes.com/interactive/2008/05/03/business/20080403_SPENDING_GRAPHIC.html

Crawford, Kate. "Artificial Intelligence—With Very Real Biases." *Wall Street Journal*, October 17, 2017. https://www.wsj.com/articles/artificial-intelligencewith-very-real-biases-1508252717

Crawford, Kate. "Artificial Intelligence's White Guy Problem." *New York Times*, June 26, 2016. https://www.nytimes.com/2016/06/26/opinion/sunday/artificial-intelligences-white-guy-problem.html

Dadich, Scott. "Barack Obama Talks AI, Robo Cars, and the Future of the World." *Wired*, November 2016. https://www.wired.com/2016/10/president-obama-mit-joi-ito-interview

Daniel, Anna, and Terry Flew. "The Guardian Reportage of the UK MP Expenses Scandal: A Case Study of Computational Journalism." In *Communications Policy and Research Forum 2010*, November 15–16, 2010. https://www.researchgate.net/publication/279424256_The_Guardian_Reportage_of_the_UK_MP_Expenses_Scandal_A_Case_Study_of_Computational_Journalism

DARPA Public Affairs. "Toward Machines That Improve with Experience," March 16, 2017. https://www.darpa.mil/news-events/2017-03-16

Data Privacy Lab. "Mission Statement," n.d. https://dataprivacylab.org/about.html

Diakopoulos, Nicholas. "Accountability in Algorithmic Decision Making." *Communications of the ACM* 59, no. 2 (January 25, 2016): 56–62. doi:10.1145/2844110.

Diakopoulos, Nicholas. "Algorithmic Accountability: Journalistic Investigation of Computational Power Structures." *Digital Journalism* 3, no. 3 (November 7, 2014) 398–415. https://doi.org/10.1080/21670811.2014.976411

Donn, Jeff. "Eric Trump Foundation Flouts Charity Standards." *AP News*, December 23, 2016. https://apnews.com/760b4159000b4a1cb1901cb038021cea

Dormehl, Luke. "Why John Sculley Doesn't Wear an Apple Watch (and Regrets Booting Steve Jobs)." *Cult of Mac*, February 19, 2016. https://www.cultofmac.com/413044/john-sculley-apple-watch-steve-jobs

Dougherty, Conor. "Google Photos Mistakenly Labels Black People 'Gorillas.'" *New York Times*, July 1, 2015. https://bits.blogs.nytimes.com/2015/07/01/google-photos-mistakenly-labels-black-people-gorillas

Dreyfus, Hubert L. *What Computers Still Can't Do: A Critique of Artificial Reason*. Cambridge, MA: MIT Press, 1992.

Duncan, Arne. "Robust Data Gives Us the Roadmap to Reform." Paper presented at the Fourth Annual IES Research Conference, June 8, 2009. https://www.ed.gov/news/speeches/robust-data-gives-us-roadmap-reform

Elish, Madeleine, and Tim Hwang. "Praise the Machine! Punish the Human! The Contradictory History of Accountability in Automated Aviation." Comparative Studies in Intelligent Systems—Working Paper #1. Intelligence and Autonomy Initiative: Data & Society Research Institute, February 24, 2015. https://datasociety.net/pubs/ia/Elish-Hwang_AccountabilityAutomatedAviation.pdf

Evtimov, Ivan, Kevin Eykholt, Earlence Fernandes, Tadayoshi Kohno, Bo Li, Atul Prakash, Amir Rahmati, and Dawn Song. "Robust Physical-World Attacks on Deep Learning Models." In *arXiv Preprint 1707.08945*, 2017.

Fairness and Transparency in Machine Learning. "Principles for Accountable Algorithms and a Social Impact Statement for Algorithms," n.d. https://www.fatml.org/resources/principles-for-accountable-algorithms

Feltman, Rachel. "Men (on the Internet) Don't Believe Sexism Is a Problem in Science, Even When They See Evidence," January 8, 2015.

Fischhoff, Baruch, and John Kadvany. *Risk: A Very Short Introduction*. Oxford: Oxford University Press, 2011.（Baruch Fischhoff, John Kadvany『リスク——不確実性の中での意思決定』（サイエンス・パレット）、中谷内一也訳、丸善出版、2015 年）

Fletcher, Laurence, and Gregory Zuckerman. "Hedge Funds Battle Losses," 2016. http://ezproxy.library.nyu.edu:2048/login?url=http://search.proquest.com/docview/1811735200?accountid=12768

Flew, Terry, Christina Spurgeon, Anna Daniel, and Adam Swift. "The Promise of Computational Journalism." *Journalism Practice* 6, no. 2 (April 2012): 157–171. doi:10.1080/17512786.2011.616655.

Fowler, Susan J. "Reflecting on One Very, Very Strange Year at Uber." *Susan Fowler* (blog), February 19, 2017. https://www.susanjfowler.com/blog/2017/2/19/reflecting-on-one-very-strange-year-at-uber

Gomes, Lee. "Facebook AI Director Yann LeCun on His Quest to Unleash Deep Learning and Make Machines Smarter." *IEEE Spectrum* (blog), February 18, 2015. http://spectrum.ieee.org/automaton/robotics/artificial-intelligence/facebook-ai-director-yann-lecun-on-deep-learning

Gray, Jonathan, Liliana Bounegru, and Lucy Chambers, eds. *The Data Journalism Handbook: How Journalists Can Use Data to Improve the News.* Sebastopol, CA: O'Reilly Media, 2012.（Data Journalism Handbook 日本語版　http://datajournalismjp.github.io/handbook）

Grazian, David. *Mix It Up: Popular Culture, Mass Media, and Society*. 2nd ed. New York: W. W. Norton, 2017.

Grier, David Alan. *When Computers Were Human*. Princeton, NJ: Princeton University Press, 2007.

Hafner, Katie. *The Well: A Story of Love, Death, and Real Life in the Seminal Online Community*. New York: Carroll & Graf, 2001.

Halevy, Alon, Peter Norvig, and Fernando Pereira. "The Unreasonable Effectiveness of Data." *IEEE Intelligent Systems* 24, no. 2 (March 2009): 8–12. https://doi.org/10.1109/MIS.2009.36

Hamilton, James. 2016. *Democracy's Detectives: The Economics of Investigative Journalism*. Cambridge, MA: Harvard University Press.

Hamilton, James T., and Fred Turner. "Accountability through Algorithm: Developing the Field of Computational Journalism." Paper presented at the Center for Advanced Study in the Behavioral Sciences Summer Workshop, July 2009. http://web.stanford.edu/~fturner/Hamilton%20Turner%20Acc%20by%20Alg%20Final.pdf

Hannak, Aniko, Gary Soeller, David Lazer, Alan Mislove, and Christo Wilson. "Measuring Price Discrimination and Steering on E-Commerce Web Sites." In *Proceedings of the 2014 Internet Measurement Conference*, 305–318. New York: ACM Press, 2014. doi:10.1145/2663716.2663744.

Harris, Mark. "God Is a Bot, and Anthony Levandowski Is His Messenger." *Wired*, September 27, 2017. https://www.wired.com/story/god-is-a-bot-and-anthony-levandowski-is-his-messenger

Hart, Ariel, Danny Robbins, and Carrie Teegardin. "How the Doctors & Sex Abuse Project Came About." *Atlanta Journal-Constitution*, July 6, 2016. http://doctors.ajc.com/

about_this_investigation

Hawkins, Andrew J. “Meet ALVINN, the Self-Driving Car from 1989.” *The Verge*, November 27, 2016. http://www.theverge.com/2016/11/27/13752344/alvinn-self-driving-car-1989-cmu-navlab

Heffernan, Virginia. “Amazon's Prime Suspect.” *New York Times*, August 6, 2010. http://www.nytimes.com/2010/08/08/magazine/08FOB-medium-t.html

Hempel, Jessi. “Melinda Gates Has a New Mission: Women in Tech.” *Wired*, Backchannel, September 28, 2016. https://backchannel.com/melinda-gates-has-a-new-mission-women-in-tech-8eb706d0a903

Hern, Alex. “Silk Road Successor DarkMarket Rebrands as OpenBazaar.” *The Guardian*, April 30, 2014. https://www.theguardian.com/technology/2014/apr/30/silk-road-darkmarket-openbazaar-online-drugs-marketplace

Hill, Kashmir. “Jamming GPS Signals Is Illegal, Dangerous, Cheap, and Easy.” *Gizmodo*, July 24, 2017. https://gizmodo.com/jamming-gps-signals-is-illegal-dangerous-cheap-and-e-1796778955

Hillis, W. Daniel. “Radioactive Skeleton in Marvin Minsky's Closet.” Paper presented at the Web of Stories, n.d. https://webofstories.com/play/danny.hillis/174

Holovaty, Adrian. “A Fundamental Way Newspaper Sites Need to Change.” Holovaty.com, September 6, 2006. http://www.holovaty.com/writing/fundamental-change

Holovaty, Adrian. “In Memory of Chicagocrime.org.” Holovaty.com, January 31, 2008. http://www.holovaty.com/writing/chicagocrime.org-tribute

Houston, Brant. *Computer-Assisted Reporting: A Practical Guide*. 4th ed. New York: Routledge, 2015.

Houston, Brant, and Investigative Reporters and Editors, Inc., eds. *The Investigative Reporter's Handbook: A Guide to Documents, Databases, and Techniques*. 5th ed. Boston: Bedford/St. Martin's, 2009.

IEEE Spectrum. “Tech Luminaries Address Singularity.” *IEEE Spectrum*, June 1, 2008. http://spectrum.ieee.org/computing/hardware/tech-luminaries-address-singularity

Isaac, Mike. “How Uber Deceives the Authorities Worldwide.” *New York Times*, March 3, 2017. https://www.nytimes.com/2017/03/03/technology/uber-greyballprogram-evade-authorities.html

“Jeremy Corbyn, Entrepreneur.” *Economist*, June 15, 2017. http://www.economist.com/news/britain/21723426-labours-leader-has-isrupted-business-politics-jeremy-corbyn-entrepreneur.

Kahan, Dan M., Donald Braman, John Gastil, Paul Slovic, and C. K. Mertz. “Culture and Identity-Protective Cognition: Explaining the White-Male Effect in Risk Perception.” *Journal of Empirical Legal Studies* 4, no. 3 (November 2007): 465–505.

Kahneman, Daniel. *Thinking, Fast and Slow*. New York: Farrar, Straus and Giroux, 2013.

（ダニエル・カーネマン『ファスト＆スロー――あなたの意思はどのように決まるか？』上・下（ハヤカワ文庫 NF）、村井章子訳、早川書房、2014 年）

"Karel the Robot: Fundamentals." Middle Tennessee State University, n.d. Accessed April 14, 2017. https://cs.mtsu.edu/~untch/karel/fundamentals.html

Keim, Brandon. "Why the Smart Reading Device of the Future May Be … Paper." *Wired*, May 1, 2014. https://www.wired.com/2014/05/reading-on-screen-versus-paper

Kestin, Sally, and John Maines. "Cops Hitting the Brakes—New Data Show Excessive Speeding Dropped 84% since Investigation." *Sun Sentinel* (Fort Lauderdale, FL), December 30, 2012.

Kleinberg, J., S. Mullainathan, and M. Raghavan. "Inherent Trade-Offs in the Fair Determination of Risk Scores." *ArXiv E-Prints*, September 2016.

Kovach, Bill, and Tom Rosenstiel. *Blur: How to Know What's True in the Age of Information Overload*. New York: Bloomsbury, 2011.（ビル・コヴァッチ、トム・ローゼンスティール『インテリジェンス・ジャーナリズム――確かなニュースを見極めるための考え方と実践』、奥村信幸訳、ミネルヴァ書房、2015 年）

Kraemer, Kenneth L., Jason Dedrick, and Prakul Sharma. "One Laptop per Child: Vision vs. Reality." *Communications of the ACM* 52, no. 6 (June 1, 2009): 66. doi:10.1145/1516046.1516063.

Kroeger, Brooke. 2017. *The Suffragents: How Women Used Men to Get the Vote*. Albany: State University of New York Press.

Kunerth, Jeff. "Any Way You Look at It, Florida Is the State of Weird." *Orlando Sentinel*, June 13, 2013. http://articles.orlandosentinel.com/2013-06-13/features/os-florida-is-weird-20130613_1_florida-state-weird-florida-central-florida-lakes

LaFrance, Adrienne. 2016. Why Do So Many Digital Assistants Have Feminine Names? *Atlantic*, March 30, 2016. https://www.theatlantic.com/technology/archive/2016/03/why-do-so-many-digital-assistants-have-feminine-names/475884

Lane, Charles. "What the AP U.S. History Fight in Colorado Is Really About." *Washington Post*, November 6, 2014. https://www.washingtonpost.com/blogs/post-partisan/wp/2014/11/06/what-the-ap-u-s-history-fight-in-colorado-is-really-about

"The Leibniz Step Reckoner and Curta Calculators." Computer History Museum, n.d. Accessed April 14, 2017. http://www.computerhistory.org/revolution/calculators/1/49

Leslie, S.-J., A. Cimpian, M. Meyer, and E. Freeland. "Expectations of Brilliance Underlie Gender Distributions across Academic Disciplines." *Science* 347, no. 6219 (January 16, 2015): 262–265. doi:10.1126/science.1261375.

Lewis, Seth C. "Journalism in an Era of Big Data: Cases, Concepts, and Critiques." *Digital Journalism* 3, no. 3 (November 27, 2014): 321–330. https://doi.org/10.1080/21670811.2014.976399

Lewis, Tanya. "Rise of the Fembots: Why Artificial Intelligence Is Often Female." *Live-*

Science, February 19, 2015.

Levy, Steven. 2010. *Hackers*. 1st ed. Sebastopol, CA: O'Reilly Media.（スティーブン・レビー『ハッカーズ』、古橋芳恵・松田信子共訳、工学社、1987 年）

Liu, Shaoshan, Jie Tang, Zhe Zhang, and Jean-Luc Gaudiot. "CAAD: Computer Architecture for Autonomous Driving." *CoRR* abs/1702.01894 (February 7, 2017). http://arxiv.org/abs/1702.01894

Lord, Walter. *A Night to Remember*. New York: Henry, Holt, and Co., 2005.（ウォルター・ロード『タイタニック号の最期』（ちくま文庫）、佐藤亮一訳、筑摩書房、1998 年）

Lowy, Joan, and Tom Krisher. "Tesla Driver Killed in Crash While Using Car's 'Autopilot.'" *Associated Press*, June 30, 2016. http://www.bigstory.ap.org/article/ee71bd075fb948308727b4bbff7b3ad8/self-driving-car-driver-died-after-crash-florida-first

"machine, n." *OED Online*, Oxford University Press. Last updated March 2000. http://www.oed.com/view/Entry/111850

Marantz, Andrew. "How 'Silicon Valley' Nails Silicon Valley." *New Yorker*, June 9, 2016. http://www.newyorker.com/culture/culture-desk/how-silicon-valley-nails-silicon-valley

Marshall, Aarian. "Uber Fired Its Robocar Guru, But Its Legal Fight with Google Goes On." *Wired*, May 30, 2017. https://www.wired.com/2017/05/uber-fires-anthony-levandowski-waymo-google-lawsuit

Martinez, Natalia. "'Drone Slayer' Claims Victory in Court." *WAVE 3 News*, October 26, 2015. http://www.wave3.com/story/30355558/drone-slayer-claims-victory-in-court

Mayer, Jane. *Dark Money: The Hidden History of the Billionaires behind the Rise of the Radical Right*. New York: Doubleday, 2016.（ジェイン・メイヤー『ダーク・マネー――巧妙に洗脳される米国民』、伏見威蕃訳、東洋経済新報社、2017 年）

Meyer, Philip. *Precision Journalism: A Reporter's Introduction to Social Science Methods*. 4th ed. Lanham, MD: Rowman & Littlefield Publishers, 2002.

Miner, Adam S., Arnold Milstein, Stephen Schueller, Roshini Hegde, Christina Mangurian, and Eleni Linos. "Smartphone-Based Conversational Agents and Responses to Questions about Mental Health, Interpersonal Violence, and Physical Health." *JAMA Internal Medicine* 176, no. 5 (May 1, 2016): 619. doi:10.1001/jamainternmed.2016.0400.

Minsky, Marvin. "Web of Stories Interview: Marvin Minsky." *Web of Stories*, January 29, 2011. https://www.webofstories.com/play/marvin.minsky/1

Mitchell, Tom M. "The Discipline of Machine Learning." Pittsburgh, PA: School of Computer Science, Carnegie Mellon University, July 2006. http://reports-archive.adm.cs.cmu.edu/anon/ml/abstracts/06-108.html

Morais, Betsy. "The Unfunniest Joke in Technology." *New Yorker*, September 9, 2013.

https://www.newyorker.com/tech/elements/the-unfunniest-joke-in-technology

Morineau, Thierry, Caroline Blanche, Laurence Tobin, and Nicolas Guéguen. "The Emergence of the Contextual Role of the E-book in Cognitive Processes through an Ecological and Functional Analysis." *International Journal of Human-Computer Studies* 62, no. 3 (March 2005): 329–348. doi:10.1016/j.ijhcs.2004.10.002.

Moss-Racusin, Corinne A., Aneta K. Molenda, and Charlotte R. Cramer. "Can Evidence Impact Attitudes? Public Reactions to Evidence of Gender Bias in STEM Fields." *Psychology of Women Quarterly* 39 (2) (June 2015): 194–209. https://doi.org/10.1177/0361684314565777

Mundy, Liza. "Why Is Silicon Valley So Awful to Women?" *The Atlantic*, April 2017. https://www.theatlantic.com/magazine/archive/2017/04/why-is-silicon-valley-so-awful-to-women/517788

Natanson, Hannah. "A Sort of Everyday Struggle." *The Harvard Crimson*, October 20, 2017. https://www.thecrimson.com/article/2017/10/20/everyday-struggle-women-math

National Highway Traffic Safety Administration and US Department of Transportation. "Federal Automated Vehicles Policy: Accelerating the Next Revolution in Roadway Safety," September 2016.

Neville-Neil, George V. "The Chess Player Who Couldn't Pass the Salt." *Communications of the ACM* 60, no. 4 (March 24, 2017): 24–25. doi:10.1145/3055277.

Newman, Barry. "What Is an A-Hed?" *Wall Street Journal*, November 15, 2010. https://www.wsj.com/articles/SB10001424052702303362404575580494180594982

Newman, Lily Hay. "Who's Buying Drugs, Sex, and Booze on Venmo? This Site Will Tell You." *Future Tense: The Citizen's Guide to the Future*, February 23, 2015. http://www.slate.com/blogs/future_tense/2015/02/23/vicemo_shows_venmo_transactions_related_to_drugs_alcohol_and_sex.html

Noyes, Jan M., and Kate J. Garland. "VDT versus Paper-Based Text: Reply to Mayes, Sims and Koonce." *International Journal of Industrial Ergonomics* 31, no. 6 (June 2003): 411–423. doi:10.1016/S0169-8141(03)00027-1.

Noyes, Jan M., and Kate J. Garland. "Computer- vs. Paper-Based Tasks: Are They Equivalent?" *Ergonomics* 51, no. 9 (September 2008): 1352–1375. doi:10.1080/00140130802170387.

O'Neil, Cathy. *Weapons of Math Destruction: How Big Data Increases Inequality and Threatens Democracy*. 1st ed. New York: Crown Publishers, 2016.（キャシー・オニール『あなたを支配し、社会を破壊する、AI・ビッグデータの罠』、久保尚子訳、インターシフト、合同出版（発売）、2018 年）

Oremus, Will. "Terrifyingly Convenient." *Slate*, April 3, 2016. http://www.slate.com/articles/technology/cover_story/2016/04/alexa_cortana_and_siri_aren_t_novelties_any

more_they_re_our_terrifyingly.html

Pasquale, Frank. *The Black Box Society: The Secret Algorithms That Control Money and Information*. Cambridge, MA: Harvard University Press, 2015.

Pedregosa, F., G. Varoquaux, A. Gramfort, V. Michel, B. Thirion, O. Grisel, M. Blondel, et al. "Scikit-Learn: Machine Learning in Python." *Journal of Machine Learning Research* 12 (2011): 2825–2830.

Pickrell, Timothy M., and Hongying (Ruby) Li. "Driver Electronic Device Use in 2015." Traffic Safety Facts Research Note. Washington, DC: National Highway Traffic Safety Administration, September 2016. https://www.nhtsa.gov/sites/nhtsa.dot.gov/files/documents/driver_electronic_device_use_in_2015_0.pdf

Pierson, E., C. Simoiu, J. Overgoor, S. Corbett-Davies, V. Ramachandran, C. Phillips, and S. Goel. "A Large-Scale Analysis of Racial Disparities in Police Stops across the United States." Stanford Open Policing Project. Stanford University, 2017. https://5harad.com/papers/traffic-stops.pdf

Pilhofer, Aron. "A Note to Users of DocumentCloud." *Medium*, July 27, 2017. https://medium.com/@pilhofer/a-note-to-users-of-documentcloud-org-2641774661bb.

Plautz, Jessica. "Hitchhiking Robot Decapitated in Philadelphia." *Mashable*, August 1, 2015. http://mashable.com/2015/08/01/hitchbot-destroyed

Pomerleau, Dean A. "ALVINN, an Autonomous Land Vehicle in a Neural Network." Carnegie Mellon University, 1989. http://repository.cmu.edu/cgi/viewcontent.cgi?article=2874&context=compsci

Purington, David. "One Laptop per Child: A Misdirection of Humanitarian Effort." *ACM SIGCAS Computers and Society* 40, no. 1 (March 1, 2010): 28–33. doi:10.1145/1750888.1750892

Quach, Katyanna. "Facebook Pulls Plug on Language-Inventing Chatbots? The Truth." *Register*, August 1, 2017. https://www.theregister.co.uk/2017/08/01/facebook_chatbots_did_not_invent_new_language.

"Robot Car 'Stanley' Designed by Stanford Racing Team." Stanford Racing Team, 2005. http://cs.stanford.edu/group/roadrunner/stanley.html

Royal, Cindy. "The Journalist as Programmer: A Case Study of the *New York Times* Interactive News Technology Department." University of Texas at Austin, April 2010. http://www.cindyroyal.com/present/royal_isoj10.pdf

Russell, Andrew, and Lee Vinsel. "Let's Get Excited about Maintenance!" *New York Times*, July 22, 2017. https://mobile.nytimes.com/2017/07/22/opinion/sunday/lets-get-excited-about-maintenance.html

Russell, Stuart J., and Peter Norvig. *Artificial Intelligence: A Modern Approach*. 3rd ed. Harlow, UK: Pearson, 2016.（第 2 版の邦訳：Stuart Russell, Peter Norvig『エージェントアプローチ――人工知能』、古川康一監訳、共立出版、2008 年）

School District of Philadelphia. "Budget Adoption Fiscal Year 2016–2017." May 26, 2016. http://webgui.phila.k12.pa.us/uploads/jq/BX/jqBX-vKcX2GM7Nbrpgqwzg/FY17-Budget-Adoption_FINAL_5.26.16.pdf

Schudson, Michael. "Four Approaches to the Sociology of News." In *Mass Media and Society*, 4th ed., edited by James Curran and Michael Gurevitch, 172–197. London: Hodder Arnold, 2005.

"Scientists Propose a Novel Regional Path Tracking Scheme for Autonomous Ground Vehicles." Phys Org, January 16, 2017. https://phys.org/news/2017-01-scientists regional-path-tracking-scheme.html

Searle, John R. "Artificial Intelligence and the Chinese Room: An Exchange." *New York Review of Books*, February 16, 1989. http://www.nybooks.com/articles/1989/02/16/artificial-intelligence-and-the-chinese-room-an-ex

Seife, Charles. *Proofiness: How You're Being Fooled by the Numbers*. New York: Penguin, 2011.

Sharkey, Patrick. "The Destructive Legacy of Housing Segregation." *Atlantic*, June 2016. https://www.theatlantic.com/magazine/archive/2016/06/the-eviction-curse/480738

Sheivachman, Andrew. "Clinton vs. Trump: Where Presidential Candidates Spend Their Travel Dollars." *Skift*, October 4, 2016. https://skift.com/2016/10/04/clinton-vs-trump-where-presidential-candidates-spend-their-travel-dollars

Shetterly, Margot Lee. *Hidden Figures: The American Dream and the Untold Story of the Black Women Mathematicians Who Helped Win the Space Race*. New York: HarperCollins, 2016.

Silver, David, Aja Huang, Chris J. Maddison, Arthur Guez, Laurent Sifre, George van den Driessche, Julian Schrittwieser, et al. "Mastering the Game of Go with Deep Neural Networks and Tree Search." *Nature* 529 (January 28, 2016): 484–489. doi:10.1038/nature16961.

Silver, Nate. *The Signal and the Noise: Why so Many Predictions Fail—but Some Don't*. New York: Penguin Books, 2015.（ネイト・シルバー『シグナル＆ノイズ——天才データアナリストの「予測学」』、川添節子訳、日経BP社、日経BPマーケティング（発売）、2013年）

Singh, Santokh. "Critical Reasons for Crashes Investigated in the National Motor Vehicle Crash Causation Survey." *Traffic Safety Facts Crash Stats*. Washington, DC: Bowhead Systems Management, Inc., working under contract with the Mathematical Analysis Division of the National Center for Statistics and Analysis, NHTSA, February 2015. https://crashstats.nhtsa.dot.gov/Api/Public/ViewPublication/812115

Slovic, Paul. *The Perception of Risk. Risk, Society, and Policy Series*. Sterling, VA: Earthscan Publications, 2000.

Slovic, S., and P. Slovic, eds. *Numbers and Nerves: Information, Emotion, and Meaning in*

a *World of Data*. Corvallis: Oregon State University Press, 2015.

Smith, Melissa M., and Larry Powell. *Dark Money, Super PACs, and the 2012 Election. Lexington Studies in Political Communication*. Lanham, MD: Lexington Books, 2013.

Solon, Olivia. "Roomba Creator Responds to Reports of 'Poopocalypse': 'We See This a Lot.'" *Guardian* (US edition), August 15, 2016. https://www.theguardian.com/technology/2016/aug/15/roomba-robot-vacuum-poopocalypse-facebook-post

Somerville, Heather, and Patrick May. "Use of Illicit Drugs Becomes Part of Silicon Valley's Work Culture." *San Jose Mercury News*, July 25, 2014. http://www.mercurynews.com/2014/07/25/use-of-illicit-drugs-becomes-part-of-silicon-valleys-work-culture

Sorrel, Charlie. "Self-Driving Mercedes Will Be Programmed to Sacrifice Pedestrians to Save the Driver." October 13, 2016. https://www.fastcompany.com/3064539/self-driving-mercedes-will-be-programmed-to-sacrifice-pedestrians-to-save-the-driver

Sweeney, Latanya. "Foundations of Privacy Protection from a Computer Science Perspective." Carnegie Mellon University, 2000. http://repository.cmu.edu/isr/245

Taplin, Jonathan. *Move Fast and Break Things: How Facebook, Google, and Amazon Cornered Culture and Undermined Democracy*. New York: Little, Brown and Co., 2017.

Taylor, Michael. "Self-Driving Mercedes-Benzes Will Prioritize Occupant Safety over Pedestrians." *Car and Driver* (blog), October 7, 2016. https://blog.caranddriver.com/self-driving-mercedes-will-prioritize-occupant-safety-over-pedestrians

Terwiesch, Christian, and Yi Xu. "Innovation Contests, Open Innovation, and Multiagent Problem Solving." *Management Science* 54, no. 9 (September 2008): 1529–1543. doi: 10.1287/mnsc.1080.0884.

Tesla, Inc. "A Tragic Loss," June 30, 2016. https://www.tesla.com/blog/tragic-loss.

Thiel, Peter. "The Education of a Libertarian." *Cato Unbound* (blog), April 13, 2009. https://www.cato-unbound.org/2009/04/13/peter-thiel/education-libertarian.

Thrun, S. "Winning the DARPA Grand Challenge: A Robot Race through the Mojave Desert," 11. IEEE, 2006. https://doi.org/10.1109/ASE.2006.74.

Thrun, Sebastian. "Making Cars Drive Themselves," 1–86. IEEE, 2008. https://doi.org/10.1109/HOTCHIPS.2008.7476533

Tufte, Edward R. 2001. *The Visual Display of Quantitative Information*. 2nd ed. Cheshire, CT: Graphics Press.

Turban, Stephen, Laura Freeman, and Ben Waber. "A Study Used Sensors to Show That Men and Women Are Treated Differently at Work." *Harvard Business Review*, October 23, 2017. https://hbr.org/2017/10/a-study-used-sensors-to-show-that-men-and-women-are-treated-differently-at-work

Turing, A. M. "Computing Machinery and Intelligence." *Mind* 59, no. 236 (1950): 433–460.

Turner, Fred. *From Counterculture to Cyberculture: Stewart Brand, the Whole Earth Net-*

work, and the Rise of Digital Utopianism. Chicago: University of Chicago Press, 2008.

Tversky, Amos, and Daniel Kahneman. "Availability: A Heuristic for Judging Frequency and Probability." *Cognitive Psychology* 5, no. 2 (September 1973): 207–232. doi:10.10 16/0010-0285(73)90033-9.

US Bureau of Labor Statistics. "Newspaper Publishers Lose over Half Their Employment from January 2001 to September 2016." TED: The Economics Daily, April 3, 2017. https://www.bls.gov/opub/ted/2017/newspaper-publishers-lose-over-half-their-em ployment-from-january-2001-to-september-2016.htm.

Usher, Nikki. *Interactive Journalism: Hackers, Data, and Code*. Urbana: University of Illinois Press, 2016.

Valentino-DeVries, Jennifer, Jeremy Singer-Vine, and Ashkan Soltani. "Websites Vary Prices, Deals Based on Users' Information." *Wall Street Journal*, December 24, 2012. https://www.wsj.com/articles/SB10001424127887323777204578189391813881534

van Dalen, Arjen. "The Algorithms behind the Headlines: How Machine-Written News Redefines the Core Skills of Human Journalists." *Journalism Practice* 6, no. 5–6 (October 2012): 648–658. doi:10.1080/17512786.2012.667268.

Vincent, James. "Twitter Taught Microsoft's AI Chatbot to Be a Racist Asshole in Less than a Day." *The Verge*, March 24, 2016. https://www.theverge.com/2016/3/24/1129 7050/tay-microsoft-chatbot-racist

Vlasic, Bill, and Neal E. Boudette. "Self-Driving Tesla Was Involved in Fatal Crash, U.S. Says." *New York Times*, June 30, 2016. https://www.nytimes.com/2016/07/01/busi ness/self-driving-tesla-fatal-crash-investigation.html

Waite, Matt. "Announcing Politifact." *MattWaite.com* (blog), August 22, 2007. http:// www.mattwaite.com/posts/2007/aug/22/announcing-politifact

Wästlund, Erik, Henrik Reinikka, Torsten Norlander, and Trevor Archer. "Effects of VDT and Paper Presentation on Consumption and Production of Information: Psychological and Physiological Factors." *Computers in Human Behavior* 21, no. 2 (March 2005): 377–394. doi:10.1016/j.chb.2004.02.007.

Weizenbaum, Joseph. "Eliza," n.d. http://www.atariarchives.org/bigcomputergames/ showpage.php?page=23

Williams, Joan C. "The 5 Biases Pushing Women Out of STEM." *Harvard Business Review*, March 24, 2015. https://hbr.org/2015/03/the-5-biases-pushing-women-out-of-stem

Wolfram, Stephen. "Farewell, Marvin Minsky (1927–2016)." *Stephen Wolfram* (blog), January 26, 2016. http://blog.stephenwolfram.com/2016/01/farewell-marvin-minsky-19272016

Yoshida, Junko. "Nvidia Outpaces Intel in Robo-Car Race." *EE Times*, October 11, 2017. https://www.eetimes.com/document.asp?doc_id=1332425

Zook, Matthew, Solon Barocas, danah boyd, Kate Crawford, Emily Keller, Seeta Peña Gangadharan, Alyssa Goodman, et al. "Ten Simple Rules for Responsible Big Data Research." Edited by Fran Lewitter. *PLOS Computational Biology* 13, no. 3 (March 30, 2017): e1005399. https://doi.org/10.1371/journal.pcbi.1005399

著者＊メレディス・ブルサード（Meredith Broussard）
アメリカのデータジャーナリスト。『フィラデルフィア・インクワイアラー』紙の記者や、AT & T ベル研究所・MIT メディアラボのソフトウェア開発者を務め、現在、ニューヨーク大学アーサー・L・カーター・ジャーナリズム研究所准教授。『アトランティック』誌、『ハーパーズ』誌、『スレート』誌、『ワシントン・ポスト』紙などに寄稿。

訳者＊北村京子（きたむら・きょうこ）
ロンドン留学後、会社員を経て翻訳者に。訳書に、P・ストーカー『なぜ、1% が金持ちで、99% が貧乏になるのか？』、P・ファージング『犬たちを救え！』（以上、作品社）、『ビジュアル科学大事典 新装版』（日経ナショナルジオグラフィック社、共訳）など。

Japanese translation published by arrangement
with The MIT Press
through The English Agency (Japan) Ltd.

AI には何ができないか

データジャーナリストが現場で考える

2019 年 8 月 5 日　初版第 1 刷印刷
2019 年 8 月 10 日　初版第 1 刷発行

著者 メレディス・ブルサード
訳者 北村京子

発行者 和田 肇
発行所 株式会社作品社
〒102-0072　東京都千代田区飯田橋 2-7-4
電話 03-3262-9753
ファクス 03-3262-9757
振替口座 00160-3-27183
ウェブサイト http://www.sakuhinsha.com

装幀 加藤愛子（オフィスキントン）
カバー・扉写真 © Besjunior/Shutterstock.com
本文組版 大友哲郎
印刷・製本 シナノ印刷株式会社

ISBN978-4-86182-761-7　C0040　Printed in Japan